储层岩石物理与地震反射机理

［美］Jack Dvorkin　Mario A. Gutierrez　Dario Grana　著

曾庆才　姜　仁　黄家强　张连群　等译

石油工业出版社

图书在版编目（CIP）数据

储层岩石物理与地震反射机理 /（美）杰克·德沃尔
金（Jack Dvorkin），（美）马里奥·A.古铁雷斯
（Mario A. Gutierrez），（美）达里奥·格拉纳
（Dario Grana）著；曾庆才等译 . —北京：石油工业
出版社，2022.1
　　书名原文：Seismic Reflections of Rock Properties
　　ISBN 978-7-5183-5099-5

　　Ⅰ . ①储… Ⅱ . ①杰… ②马… ③达… ④曾… Ⅲ .
①储集层 – 岩石物理学②储集层 – 地震反应分析 Ⅳ .
① P618.130.2

中国版本图书馆 CIP 数据核字（2022）第 022952 号

出版发行：石油工业出版社
　　　　　（北京安定门外安华里 2 区 1 号　　100011）
　　　　　网　　址：www.petropub.com
　　　　　编辑部：（010）64523594　　图书营销中心：（010）64523633
经　　销：全国新华书店
印　　刷：北京中石油彩色印刷有限责任公司

2022 年 1 月第 1 版　2022 年 1 月第 1 次印刷
787×1092 毫米　开本：1/16　印张：18.5
字数：380 千字

定价：130.00 元
（如出现印装质量问题，我社图书营销中心负责调换）

版权所有，翻印必究

前言 /PREFACE

岩石物理作为地球物理学中的一部分，主要用来建立岩石各种性质之间的关系。由于弹性波勘探是查明地下构造的主要方法，岩石物理的主要目标是建立起纵波速度、横波速度、纵波阻抗、横波阻抗和泊松比等岩石弹性参数与孔隙度、岩性和孔隙流体之间的关系。岩石物理模型大多数是在实验数据、物理理论或综合二者的基础上发展起来的。这些模型通常是关于孔隙度、岩石结构（包括岩石颗粒组合方式、孔隙分布方式等）、矿物组分和孔隙流体压缩系数（体积模量的倒数）的函数，可以用来正演模拟得到岩石的弹性性质。地震反射产生的原因是地下介质的弹性性质存在差异，所以岩石物理可以用来正演模拟不同岩石类型（例如非储层与储层）之间的以及储层内部的不同流体类型之间（例如气油界面和油水界面）的地震反射特征。

然而在实际应用中，研究者面对的反演问题往往具有多解性，例如如何根据储层性质和所处的环境来解释地震反射背景中出现高亮同相轴的原因。这个问题的难点在于影响孔隙岩石弹性性质变量的数量大于地震观测数据的数量。地球物理学家已经采用了很多策略来降低这种不确定性，其中大多数都是利用统计方法，统计方法可以用来评估地下三维空间中出现某一地质目标（例如含油高孔隙砂岩）的概率。在利用统计方法的过程中，依据测井资料或岩石物理理论进行地震反射正演模拟也是地震资料解释的一个关键环节。

本书主要介绍了基于岩石物理的地震正演模拟方法，其主要思路是利用工区地质认识建立一个地质模型，然后计算各个地层的弹性性质，最后生成合成地震记录。岩石物理可以通过改变储层或非储层的孔隙度、矿物组分和孔隙流体等弹性性质以及储层或非储层的厚度等来修改地质模型。基于不同地质模型的合成地震记录可以形成地震反射记录库，用来解释野外观测到得到的真实地震反射记录，如果合成反射记录与真实反射记录匹配，则实际地震记录反映的岩石性质就与正演合成记录的岩石性质相同。由于岩石物理模型的灵活性，可以通过找到一些非常极端的例子来解释地震反射同相轴，然而在特定地质条件下，往往不可能出现这样的同相轴。本书系统地讨论了基于岩石物理的确定性地震正演模拟方法以及不同岩石类型的地震反射特征，所有的例子都是用一维地质模型模拟得到的不同入射角的地震记录。

本书包括七个部分，十九章和一个附录。第一部分讨论了基于岩石物理的正演模拟所需的基础知识。

第1章介绍了基于岩石物理的正演模拟的基本概念，讨论了这种方法的多解性，讨论了岩石物理转换的概念，并给出了一个合成地震记录的例子。

第2章回顾了岩石物理的理论模型和经验模型，包括速度—孔隙—矿物组分模型以及流体替换方法，即在流体性质已知的条件下，计算同样岩石在包含另外一种流体情况下的弹性性质。

第3章讨论了岩石物理诊断方法，它是一种寻找合适的岩石物理理论模型来模拟和解释测井或实验室数据的方法。该过程包括两个基本步骤：首先将所有样本点都进行流体替换，在替换中表示流体性质的分母项保持不变，然后将数据点与模型曲线进行匹配。

第二部分主要讲述合成地震记录模拟的原理。

第4章介绍了快速岩石物理建模小程序，基于岩石物理模型，用户可以快速地生成地震道集，地震道集与储层的孔隙度、矿物组分、流体类型、流体饱和度以及上覆的非储层岩石性质有关，这个小程序在大多数编程环境中比较容易实现。

第5章探讨了利用工区地质情况构建伪井的原则。特别注意是保持输入沉积参数的一致性以及这些输入参数之间的相互关系，如黏土含量与孔隙度的关系，黏土含量与束缚水饱和度的关系等。本章研究的压实趋势也可作为在给定深度条件下孔隙度变化范围的约束条件。

第6章讨论了根据井资料利用统计方法构建伪井的方法原理，包括孔隙度，黏土含量和含水饱和度等岩石性质之间的相互关系，还描述了建立孔隙度等伪测井曲线的过程以及需要考虑输入井数据的深度趋势和连续性，并给出了利用弹性参数构建三维地质模型，再合成随法向和偏移距变化的地震反射记录的实例。

第三部分讨论了如何利用井资料和地质资料得出地质模型及与其对应的地震振幅。

第7章研究了两个来自碎屑沉积环境的井数据集，一个是疏松砂岩储层，另一个是胶结很好的储层。系统地进行了岩石物理诊断，建立了相应的岩石物理模型，给出了两种储层岩石物理建模的程序，并提供了在对原始测井曲线进行扰动得到的合成地震道集。

第8章讨论了不同沉积环境的岩性和孔隙度测井曲线形态。建立了相应的伪井，选择合适的岩石物理模型，根据沉积环境改变储层弹性性质，再将生成相应的合成地震道集就可以作为快速识别实际地震同相轴的样本库。

第 9 章讨论了碳酸盐岩储层的岩石物理模型和实验室数据。为了分析孔隙流体、孔隙度和矿物组分对地震道集的影响，建立了几口伪井，并生成了相应的合成地震道集。

第 10 章讨论了由于油气生产引起的地震反射特征变化（四维时移地震）。影响储层弹性性质的两个主要因素是孔隙压力和烃类饱和度的变化。展示了这两个因素是如何相互作用以及引起响应的振幅变化，或者如何相互抵消而使振幅基本不变的。

第四部分介绍了地球物理勘探的前沿方法。

第 11 章描述了在油气勘探中岩石物理应用的实际工作流程，包括岩石物理模型的选择，时间—深度标定和压实曲线等，再生成合成地震道集并进行 AVO 分类研究，用来进行油气或储层识别等。

第 12 章继续展示了实际的工作流程，讨论了烃类直接指示的方法，并评估了该方法在实际油气藏开发中的成功率，本章所述的烃类直接指示因子列表放在附录中。

第五部分讲述了前沿的岩石物理应用实例。

第 13 章讨论了四个岩石物理诊断的实例，展示了比较类似的成岩趋势，这意味着同一岩石物理理论模型可以用于不同位置和深度范围的储层；岩石物理的相似性表明：尽管孔隙度和黏土含量以不同的方式影响岩石的弹性模量，但对这两个变量进行组合就可以确定地层的弹性性质；研究表明，孔隙度、岩石刚度及渗透率之间存在一定的联系；在古近系—新近系河流相油田数据集中，描述了地层约束下岩石物理建模方法。

第 14 章讨论了利用岩石物理模型预测横波速度和泊松比的问题。一个主要问题是利用等效介质模型预测的含气砂岩中泊松比很低，而实际井资料有时符合这一规律，但有时显出现松比异常高的现象。系统讨论了引起这种差异的物理机制，并说明了泊松比预测中的差异是如何影响合成地震道集的，以及这种变化是否影响到地震解释精度。

第 15 章介绍了利用测量的岩石物理参数预测地震衰减的理论方法，阐述了衰减的理论基础和实验结果，并分别在考虑和不考虑衰减的情况下，生成相应的合成地震道集，并将二者进行比较。

第 16 章专门讨论了天然气水合物的岩石物理方法，讨论了天然气水合物实际测井数据，以及表征天然气水合物沉积物中的弹性性质与孔隙空间中的水合物含量之间关系的理论模型。据观察，水合物的存在常常导致在水合物中传播的地震波能量的显著衰减。从理论上解释了这种衰减机理，并在考虑衰减的情况下生成了合成地震记录。

在第六部分中，讨论如何将岩石物理直接应用于地震振幅和地震波阻抗的解释。

第 17 章从岩石物理理论出发，介绍了储层进行流体替换前后对地震振幅产生的影响。通过地震正演记录表明，在某些情况下，在含水储层的地震振幅与在含气情况下的地震振幅之间存在差异。这种差异可能是孔隙度、矿物组分和厚度变化引起的结果。在实际案例中进行了正演模拟，将原始的含水储层条件下的叠加地震记录转换成含气储层条件下的叠加地震记录，详细讨论了这种转换背后所需的岩石物理机理。

第 18 章展示了应用岩石物理分析方法识别流体界面，并将北海油田的地震阻抗反演剖面转换孔隙度剖面。

第七部分描述了正在快速发展中岩石物理技术——计算岩石物理。

第 19 章讨论如何利用计算（或数字）岩石物理对实验数据进行约束以此来建立岩石物理模型和完成不同测量尺度之间的转换。讨论了各种实验条件下测量尺度之间的差异，并表明在在某个尺度上得到的两种岩石性质（如孔隙度和速度）之间的转换关系可能在一定的尺度范围内都是稳定的。

目录 /CONTENTS

第一部分 基本知识

1 面向储层描述的地震正演模拟 ·················· 3

  1.1 利用正演模拟定量描述岩石弹性性质 ·················· 3

  1.2 利用正演模拟定量描述岩石性质 ·················· 7

  1.3 岩石物理关系 ·················· 9

  1.4 合成地震目录 ·················· 10

2 岩石物理模型和关系 ·················· 11

  2.1 岩石物理关系 ·················· 11

  2.2 弹性常数 ·················· 11

  2.3 固相 ·················· 12

  2.4 流体相 ·················· 14

  2.5 流体替换 ·················· 15

  2.6 变换 ·················· 19

  2.7 其他横波速度预测方法 ·················· 20

  2.8 颗粒接触胶结模型 ·················· 22

  2.9 软砂模型 ·················· 24

  2.10 硬砂模型 ·················· 25

  2.11 常胶结模型 ·················· 26

  2.12 包裹体模型 ·················· 26

  2.13 模型总结 ·················· 29

  2.14 孔隙流体相的性质 ·················· 30

  2.15 流体替换中的注意事项：有效孔隙度和总孔隙度 ·················· 30

2.16　应用岩石物理模型模拟地震振幅的实例 ……………………………… 35

3　岩石物理诊断 ………………………………………………………………… 36

　　3.1　定量诊断 ……………………………………………………………… 36

　　3.2　定性诊断：关注数据 ………………………………………………… 40

　　3.3　使用井资料时的注意事项 …………………………………………… 41

第二部分　合成地震振幅

4　单界面模拟：快速观察法 …………………………………………………… 45

　　4.1　单界面反射模拟：概念 ……………………………………………… 45

　　4.2　法向反射率和角度反射率 …………………………………………… 45

　　4.3　弹性常数正演模拟 …………………………………………………… 48

　　4.4　直接根据岩石性质进行正演模拟 …………………………………… 51

5　伪井：原理与实例 …………………………………………………………… 58

　　5.1　三层（三明治）模型 ………………………………………………… 58

　　5.2　与地质相匹配的输入 ………………………………………………… 61

　　5.3　埋深和压实 …………………………………………………………… 70

6　根据统计岩石物理来生成伪井 ……………………………………………… 75

　　6.1　引言 …………………………………………………………………… 75

　　6.2　蒙特卡罗模拟 ………………………………………………………… 75

　　6.3　考虑空间相关性的蒙特卡罗模拟 …………………………………… 76

　　6.4　基于相约束的蒙特卡罗模拟 ………………………………………… 80

　　6.5　相关变量的随机模拟 ………………………………………………… 82

　　6.6　实例和敏感性分析 …………………………………………………… 83

　　6.7　相的虚拟曲线 ………………………………………………………… 85

　　6.8　岩石特性和反射特征的空间模拟 …………………………………… 88

第三部分　利用井资料和地质资料得出地质模型与地震震幅

7　碎屑岩层序：诊断和 v_s 预测 ……………………………………………… 97

　　7.1　疏松含气砂岩 ………………………………………………………… 97

　　7.2　致密胶结的含气砂岩 ………………………………………………… 106

8 碎屑岩层序的测井曲线形态与地震反射特征 ·················· 112

　8.1 碎屑岩层序中的形态特征 ······························ 112

　8.2 碎屑岩层序中的常见形状和伪井 ························ 116

9 碳酸盐岩的综合模拟 ···································· 130

　9.1 背景和模型 ······································ 130

　9.2 实验室数据和钻井数据 ······························ 133

　9.3 伪井和反射 ······································ 136

10 时移（四维）储层监测 ································ 141

　10.1 背景知识 ······································ 141

　10.2 速度—压力数据的流体替换 ························ 144

　10.3 合成地震道集 ·································· 147

　10.4 结论 ·· 150

第四部分　勘探技术前沿

11 基于岩石物理的油气勘探工作流程 ······················ 153

　11.1 引言 ·· 153

　11.2 振幅校正的岩石物理模拟 ·························· 154

　11.3 测井和地震质量的控制和调整 ······················ 154

　11.4 勘探地震学中的速度 ···························· 155

　11.5 时深标定 ···································· 156

　11.6 岩石分类 ···································· 157

　11.7 地震正演模拟 ································ 158

　11.8 岩石属性粗化 ································ 158

　11.9 深度趋势、岩石物理诊断和模型建立 ·················· 159

　11.10　使用远景区的趋势数据 ·························· 165

12 DHI 验证和远景区风险 ·························· 167

　12.1 引言 ·· 167

　12.2 可行性研究 ·································· 167

　12.3 地震异常识别 ································ 167

　12.4 DHI 验证和远景区风险 ························ 169

第五部分　高级岩石物理学

13 岩石物理案例研究 ·· 175

　13.1 成岩趋势的普遍性 ··· 175

　13.2 岩石物理学中的自相似性 ································· 179

　13.3 岩石的弹性特性和渗透率 ································· 185

　13.4 地层约束的岩石物理模拟 ································· 186

14 泊松比和地震反射 ·· 190

　14.1 含气砂岩中高泊松比的原因 ······························ 190

　14.2 物理解释 ··· 195

　14.3 泊松比的重要性 ··· 199

15 地震波的衰减 ··· 202

　15.1 背景及定义 ··· 202

　15.2 衰减和模量（速度）频散 ································· 204

　15.3 品质因子 ··· 205

　15.4 部分饱和时模量的频散和衰减 ····························· 207

　15.5 湿岩石的模量频散与衰减 ································· 212

　15.6 实例 ·· 214

　15.7 地震记录中衰减的影响 ··································· 216

　15.8 横波衰减的近似理论 ····································· 216

16 天然气水合物 ··· 222

　16.1 背景 ·· 222

　16.2 天然气水合物沉积物的岩石物理模型 ······················ 223

　16.3 含天然气水合物的沉积物中弹性波的衰减 ·················· 228

　16.4 天然气水合物中的伪井和合成地震 ························· 231

第六部分　岩石物理在地震解释中的应用

17 地震振幅的流体替代 ·· 237

　17.1 背景 ·· 237

　17.2 入门：基于模型的两个半空间之间的反射 ··················· 237

　17.3 模型实验中储层厚度的影响 ······························ 239

17.4 应用基于模型的方法进行的实例研究 …………………………… 244

17.5 经验和结论 …………………………………………………………… 248

17.6 实际应用 ……………………………………………………………… 249

18 岩石物理和地震波阻抗 ……………………………………………… 250

第七部分 岩石物理前沿技术

19 计算岩石物理 ………………………………………………………… 257

19.1 控制实验数据的第三来源 …………………………………………… 257

19.2 实验尺度和趋势 ……………………………………………………… 258

19.3 实例 …………………………………………………………………… 261

19.4 多相流体的流动 ……………………………………………………… 263

19.5 结论 …………………………………………………………………… 264

参考文献 ……………………………………………………………………… 265

图版 …………………………………………………………………………… 277

第一部分
基本知识

1 面向储层描述的地震正演模拟

地震反射取决于地下地层之间的纵波速度、横波速度和密度的差异，而速度和密度则取决于岩石的岩性、孔隙度、孔隙结构、孔隙流体和压力等。这两种联系，一种是岩石本身与弹性性质之间的联系，另一种是岩石弹性性质与地震波传播之间的联系，就构成了面向储层描述的地震解释的物理基础。正演模拟是一种利用地震资料解释岩石物理性质的方法。通过改变岩性、孔隙度、应力、孔隙压力、孔隙流体以及孔隙形状，计算相应的弹性性质，进而生成合成地震道。

从以下方面对比合成记录与真实地震数据：全道集、全叠加和角度叠加。这种解释的基本假设是如果地震响应特征相似，则对应的地下储层性质和所处的环境条件也是相似的。再对这些性质和环境条件扰动修改，并进行正演模拟，创建不同岩性、孔隙度和流体条件下对应的地震反射特征样本库，以此来实现烃类识别和监测的目的，以及确定地下沉积环境便于地震属性优选。

这种扰动正演模拟的关键是如何从岩石物理出发，建立储层及围岩中的岩性、矿物组分、孔隙结构、孔隙度、流体、应力与其弹性波速度和密度之间的关系。为此，主要目标是详细阐述如何根据地质上可能出现的储层岩石性质和条件以及储层和非储层的组合关系获取合成地震记录，并建立能反映储层性质的合成地震反射记录的样本库。

利用弹性波推测地下介质最常用的工具就是波阻抗，即纵波速度和体积密度的乘积。就波阻抗本身而言，对地质学家和油藏工程师来说几乎毫无意义。只有从储层的孔隙度、岩性、流体、应力等方面进行解释，才能指导储量估算和钻井决策。这种解释的一个基本问题是，一个测量变量（如波阻抗）取决于以下几种岩石性质和环境条件，例如孔隙度、黏土含量、流体的可压缩性和密度、应力和储层组合。这就意味着，从数学上来说，用地震数据预测岩石性质的唯一性是不可能实现的。换句话说，在任何地球物理资料解释中，都需要面对非唯一性，即很多种地质情况都会引起同样的地震振幅异常。

一种降低这种多解性的方法是在地下地质背景约束下，创建一份反映岩石性质的地震反射记录样本库，本书解决的主要问题是：如何在实际地质学和物理学指导的框架内，系统地编制这样一个样本库。

1.1 利用正演模拟定量描述岩石弹性性质

传统的地震资料是用来获取地质体的几何形态及其边界，以及伴生的构造非均质性，如断层和褶皱等。这才使得对油气藏及地质成因（包括油气运移、圈闭、储层和盖层等）

进行地质解释成为可能。除此之外，还可通过地震波阻抗反演技术来预测地质体内部的弹性性质（Russell，1998；Tarantola，2005；Sen 和 Stoffa，2013）。现有的阻抗反演方法大多数是建立在对地下介质速度和密度模型正演模拟的基础上。这个求解的过程从一个预定的初始弹性介质模型开始，逐步对该模型扰动，使得合成地震记录与真实地震记录相匹配。一旦达到这种匹配（在允许的误差范围内），就假定此时弹性介质模型反映地下介质情况。评价合成地震记录真实地震记录匹配程度的最简单方法，是通过观察对比目标储层及其附近的地震反射异常。然而，如何量化这一求解过程并将其应用于更大的地震数据体，许多学者提出不同的反演方法（Tarantola，2005；Sen 和 Stoffa，2013）。利用地震反射异常来识别储层性质以及所处环境差异是最简单、最快速的视觉方法。

图 1-1 显示了实际偏移距地震道集视觉对比方法。地震资料的主频为 30Hz。为了匹配这个地震道集，建立了一个简单的一维地质弹性模型，其中砂层具有固定的纵波速度、横波速度（分别为 v_p 和 v_s）和体积密度。合成地震道集是一维地质弹性模型利用特定子波合成的（此例中的雷克子波中心频率为 30Hz）。图 1-1 表明，对地下弹性性质的最初猜测并没有使得合成地震道集和真实地震道集很好匹配。

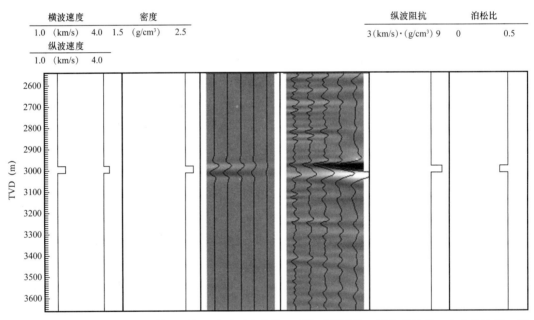

图 1-1　实际地震道集（左起第四列）和合成（左起第三列）地震道集。黑色是波谷，白色是波峰。用于产生合成道集的弹性曲线显示在第一和第二列中（分别是速度和密度）。第五列和第六列分别显示纵波阻抗和泊松比。纵坐标是以米为单位的真实垂直深度（TVD）。入射角从 0 到 50°，即最大偏移距约为 3km。利用主频为 30Hz Ricker 子波生成合成地震道集

接下来，降低砂层的纵波速度和密度，导致砂岩中的纵波阻抗（$I_p = \rho_b v_p$）小于背景泥岩中的纵波阻抗。砂岩的泊松比 [$v = 0.5\,(v_p^2/v_s^2 - 2)\,/\,(v_p^2/v_s^2 - 1)$] 也相应降低。改变地下介质的弹性性质后，合成地震道集和实际地震道集之间得到了比较满意的匹配（图 1-2）。

进一步改变泥岩和砂岩的弹性性质（图 1-3），在合成道集和真实道集之间得到了更

为满意的匹配。这个例子突出了地震振幅的相对性质，即同一类型的地震反射可以由多组速度和密度组合产生。

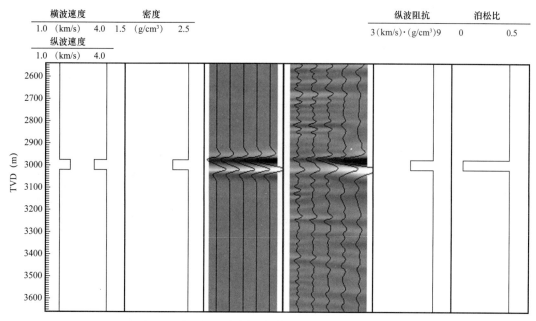

图 1-2　与图 1-1 相同，但其中的砂岩弹性性质不同

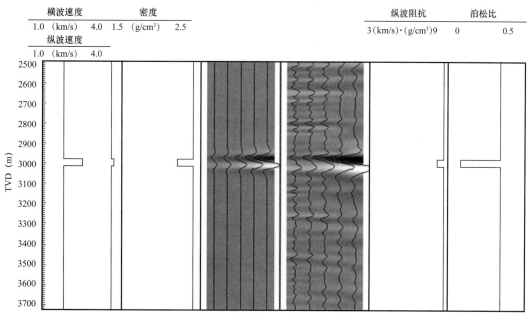

图 1-3　与图 1-2 相同，但不同的是，前两道所示泥岩和砂的弹性性质不同

　　当然，从视觉上不能定量对比合成地震道集和实际地震道集的差异。尽管如此，它对入门者还是足够的。为了将这种方法应用在更大的地震数据体中，需要利用更为严格的数学方法（例如互相关）（Russell，1998；Tarantola，2005；Sen 和 Stoffa，2013）。

　　为了进一步说明地震振幅的不唯一性，引入由两个弹性半空间组成的最简单地质模型。图1-4中的例子表明，当一个波进入下半空间时，法向反射是负的，因为下半空间的纵波阻抗 I_p 和泊松比 v 小于上半空间中的 I_p 和 v。反射振幅随着地震波入射角（或偏移距）的增加，反射系数的值变得越来越小。

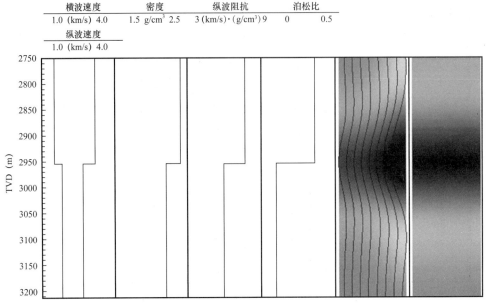

图1-4　合成地震道集（第五列）和全偏移距叠加（第六列）与深度（m）的关系。前四列显示了这个地质模型中输入的弹性性质曲线。入射角从 0° 到 50°，合成记录由 30Hz Ricker 子波产生

当通过改变两层之间阻抗差的正负来更改原始地质模型时，合成地震记录在定性和定量特征上都发生了变化（图1-5）。如果继续改变地层的弹性性质，得到的地震反射与图1-4所示非常相似，但其输入的弹性曲线是不同的（图1-6）。

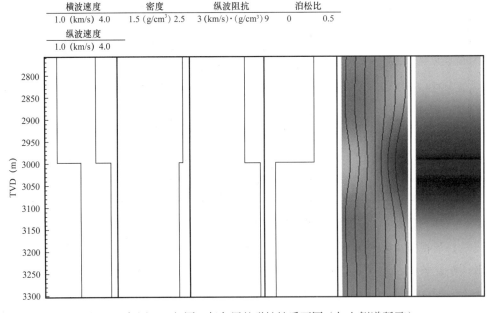

图1-5　与图1-4相同，但各层的弹性性质不同（如左侧道所示）

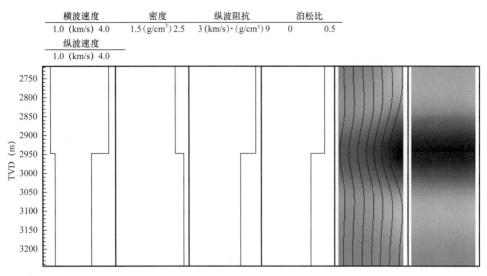

图 1-6　与图 1-4 相同，但各层的弹性特性不同（如左列所示）

这个例子说明了地球物理勘探中既有相对特性又有绝对特性：地震反射与阻抗相对差异有关，而储层性质（如孔隙度）则与阻抗的绝对值有关。利用绝对阻抗来解释相对振幅的一种方法是对绝对阻抗进行扰动并计算其对应的相对振幅。

显然，这种绝对阻抗解释结果具有多解性。不同的地质模型可以产生相同的地震响应。传统的波阻抗反演是通过标定井附近的弹性性质来降低多解性的。在获得绝对波阻抗数据体后，可通过阻抗—孔隙度、阻抗—岩性和阻抗—流体转换来描述储层性质。

然而，即使获得了比较理想的地下波阻抗数据体，并且已经建立了合适的转换关系，这些转换关系还不能直接用来解释地震波阻抗，因为通常这些转换是在实验室或测井尺度下（英寸或英尺级别）获得的，而地震阻抗对应的是更大的地震尺度（数百英尺级别）。这意味着从地震资料中预测岩石性质具有更强的多解性。这种多解性至少有两个来源：（1）实验室或测井数据和地震数据之间的尺度差异；（2）相对的地震反射振幅和实际绝对阻抗之间的差异。另一个原因是，从原理上讲，相同的弹性性质可以在不同的矿物组分、孔隙度和孔隙流体的组合下产生（见第 2 章）。

考虑地质成因可以减少储层弹性性质的变量，从而降低多解性。这可以通过对岩石的基本性质进行扰动来实现，如改变孔隙度和矿物组分，再计算得到岩石的弹性性质，最后将这些弹性性质用于合成地震记录制作。这种方法建立在对区域地质背景熟悉的基础上，在相对狭窄的范围内选择孔隙度和矿物组分，从而有助于限定地质模型的变化范围。

此外，这种方法还有助于根据地质规律，通过在地质空间中整体移动岩石来构造地质情景。这就是为什么在下一个例子中，对储层整体性质和环境条件进行扰动，从而使得合成地震记录与真实地震记录相匹配。

1.2　利用正演模拟定量描述岩石性质

在图 1-7 中，首先通过设定泥岩和砂岩的孔隙度和矿物组分，并设定砂岩为完全含水饱合，制作一个合成地震记录，第一次得到的合成地震记录与真实地震道集不匹配（图 1-7、图 1-8）。

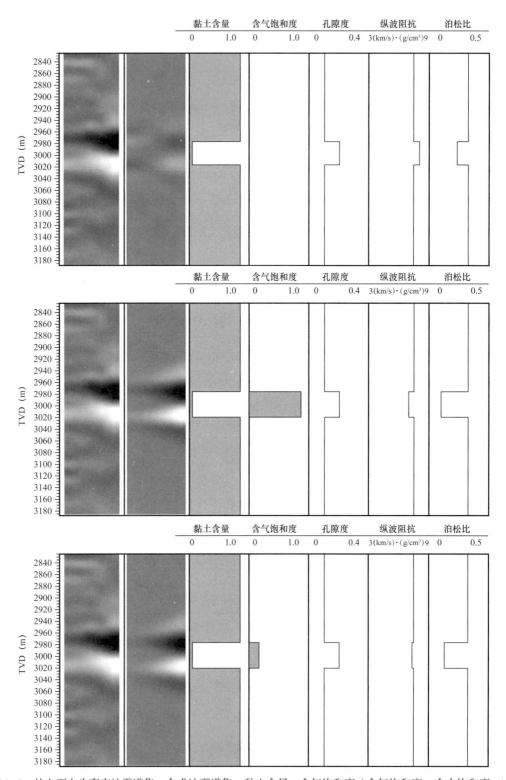

图 1-7　从左至右为真实地震道集、合成地震道集、黏土含量、含气饱和度（含气饱和度＋含水饱和度 =1）、
孔隙度以及对应的纵波阻抗和泊松比。顶部为完全含水岩石，中部为低含水饱和度岩石，底部为高含水
饱和度岩石（但含水饱和度不是 100%）。入射角从 0° 到 50° 变化。子波频率为 30Hz

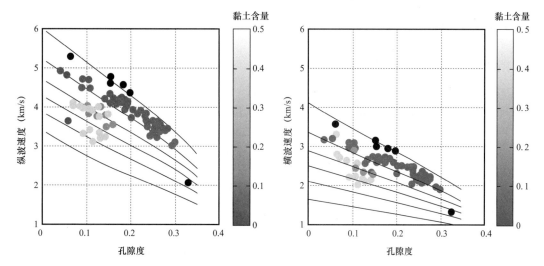

图1-8 左图：纵波速度与孔隙度的关系；右图：横波速度与孔隙度的关系。散点符号为 Han（1986）在 40MPa 流体有效压力下对室内干燥纯砂岩和泥质砂岩样品的测量结果，色标表示黏土含量，曲线：硬砂模型（Gal 等，1998；Mavko 等，2009）。上部曲线为零黏土含量；下部曲线为 100% 黏土含量；中间的曲线是以 20% 的增量（从上到下）改变黏土含量的曲线

接下来，保持孔隙度和矿物组分不变，将砂岩中的含水饱和替换成含气饱和，得到地震道集与实际地震道集较为匹配。最后，进一步提高含水饱和度，相应降低含气饱和度。合成记录的结果仍然与真实记录的结果比较吻合。

这项工作得出的结论是，可以识别储层中存在碳氢化合物，但不能从地震资料中预测它们的含量。也就是说，地震反射对含气饱和度的敏感性很弱，因此，在这种情况下显然无法区分商业气藏和差气藏。

这种正演模拟方法的核心是建立起岩石物理关系，将孔隙度、矿物组分、岩石结构和流体与岩石弹性性质建立起联系。

1.3 岩石物理关系

建立岩石物理关系需要利用同一样品的基本岩石特性（例如，孔隙度和矿物组分）和弹性特征的测量数据。如果这些数据与一个现有的岩石物理模型相匹配，那么这个模型就可以使用在地震正演模拟中。这些数据可能来自实验室或测井资料。

图 1-8 所示为一个例子，其中大量砂岩样品（Han，1986），孔隙度与黏土含量的变化范围大，实验室数据的变化规律与 Gal 等（1998）提出的速度—孔隙度—矿物组分模型相吻合。

模型线外的异常点为低黏土含量、高孔隙度下的疏松渥太华砂岩，其结构与其他砂岩样品不同。因此这里的岩石物理关系更适用于后者。显然，对于疏松砂岩需要找到一种不同的岩石物理关系。

1.4　合成地震目录

图 1-9 显示了一个基于岩石物理的合成地震目录的例子，通过改变泥岩的孔隙度以及砂岩中的含气饱和度来制作合成地震道集。这里使用的岩石物理变换关系（包括泥岩和砂岩）是适用于松散沉积物下的软砂模型（Dvorkin 和 Nur，1996；第 2 章）。

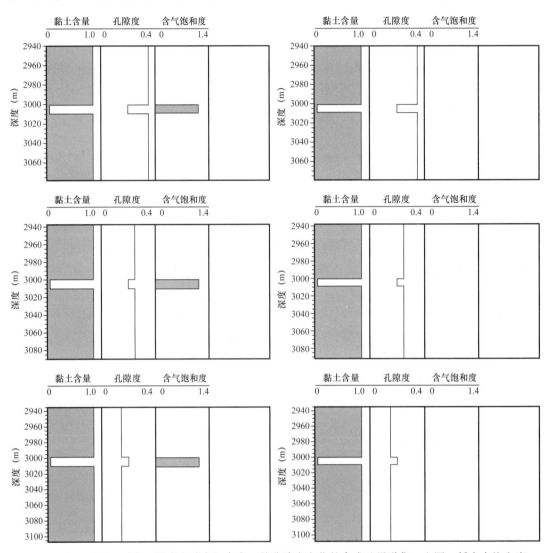

图 1-9　自上而下：对应于泥岩和砂岩组合中三种孔隙度变化的合成地震道集。左图：低含水饱和度。右图：完全含水。第一列是深度（m）。从左至右依次为黏土含量、孔隙度、含气饱和度和合成地震道集。入射角从零到 50°。子波频率为 30Hz

在接下来的章节中，将详细阐述岩石物理关系，并建立各种地质情况下的合成地震记录的目录。

2 岩石物理模型和关系

2.1 岩石物理关系

如果要将岩石属性（例如弹性波速度）映射到另一岩石属性（例如孔隙度），首先需要获取同一样品上测量的这两个属性数据。然后，建立一个经验或理论模型来拟合和表征这些数据。岩石物理关系可以实现对数据的推广应用，因为建立了各种岩石属性之间的关系，并且这些关系有基础理论支撑，所以就可以将这种关系推广应用到更广的范围。

Avseth（2005）和 Mavko（2009）等详尽地讨论了现有的岩石物理关系。这里只回顾在后文的讨论中直接使用的岩石物理关系和模型。

2.2 弹性常数

假定岩石是各向同性弹性体，那么岩石在应力作用下的变形由两个独立的弹性模量决定，即体积模量（K）和剪切模量（G）。前者定义为使体积相对减小所需的增加静水应力增量，而后者定义为剪应力与由此产生的剪切应变之比。

弹性波的速度与弹性体的弹性模量和密度（ρ）有关，在各向同性弹性体中传播的波有两种，纵波速度 v_p 和横波速度 v_s：

$$v_p = \sqrt{\frac{M}{\rho}}, v_s = \sqrt{\frac{G}{\rho}}, \quad M = K + \frac{4}{3}G \qquad (2-1)$$

式中，M 为纵波模量；K 为体积模量；G 为剪切模量；ρ 为密度。

杨氏模量（E）、泊松比（ν）等其他弹性参数都可以从体积模量（K）与剪切模量（G）得到：

$$E = \frac{9KG}{3K+G}, \nu = \frac{3K-2G}{2(3K+G)} = \frac{1}{2}\frac{v_p^2/v_s^2 - 2}{v_p^2/v_s^2 - 1} \qquad (2-2)$$

地球物理中最常用的两个弹性参数：拉梅常数 λ 与 μ 的表达式如下：

$$\lambda = K - \frac{2}{3}G, \mu = G \qquad (2-3)$$

最终，纵波阻抗（I_p）、横波阻抗（I_s）定义如下：

$$I_p = \rho v_p, \quad I_s = \rho v_s \qquad (2-4)$$

2.3 固相

大多数岩石物理模型都将岩石看作由矿物骨架和孔隙流体两部分组成。矿物骨架往往包括一种或多种矿物。对于这种情况，传统的处理方法是建立一种"等效"矿物，其弹性性质取决于所有的矿物组分的弹性特征，用它们来计算干燥矿物骨架的弹性特性。

假定的"等效"矿物（等效固体相）为一种复合材料，由几种不同的矿物组成，并且每种矿物的体积百分比已知。那么"等效"矿物（等效固体相）的体积模量和剪切模量的上界和下界分别为 Voigt（K_V 和 G_V）和 Reuss（K_R 和 G_R）边界（Mavko 等，2009）：

$$K_V = \sum_{i=1}^{N} f_i K_i, \quad G_V = \sum_{i=1}^{N} f_i G_i$$
$$K_R^{-1} = \sum_{i=1}^{N} f_i K_i^{-1}, \quad G_R^{-1} = \sum_{i=1}^{N} f_i G_i^{-1}$$

（2-5）

式中，N 为矿物种类数；f_i 为岩石固体相中第 i 种矿物组分的体积分数（f_i 总和为 1）；K_i 和 G_i 为第 i 组分的体积模量和剪切模量。

"等效"矿物的等效体积和剪切模量通常取这些界限的 Hill 平均值（Mavko 等，2009）。

表 2-1　本书所用矿物的弹性模量和密度

矿物	体积模量 （GPa）	剪切模量 （GPa）	密度 （g/cm³）
石英	36.6	45.0	2.65
黏土	21.0	7.0	2.58
长石	75.6	25.6	2.63
方解石	76.8	32.0	2.71
白云岩	94.9	45.0	2.87

$$K_H = \frac{K_V + K_R}{2}, \quad G_H = \frac{G_V + G_R}{2}$$

（2-6）

每种矿物的弹性模量均在一个数值范围内变化。笔者建议为每种矿物选择一组单一的值，然后在建模中使用这个值。Mavko 等（2009）根据以前公布的测量数据提供这些参数的详细表格。这些值均在表 2-1 中，除非另有说明，否则将在本书中通篇使用。

作为这种方法的一个例子，计算了两种弹性矿物（软黏土和硬方解石）混合物的 Reuss 和 Voigt 界限以及 Hill 平均值（图 2-1）。

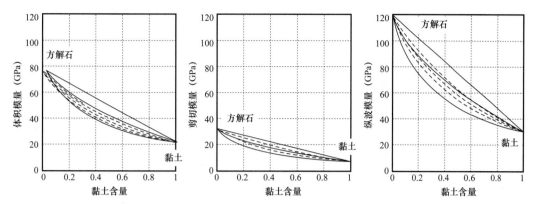

图 2-1　计算得到的黏土/方解石混合矿物的弹性模量与黏土含量的关系。从左到右依次为：体积模量、剪切模量和纵波模量。上侧实线是 Voigt 上界；下侧实线是 Reuss 下界；中间实线是希尔（Hill）平均值（Voigt 上界和 Reuss 下界的算术平均值）；上侧虚线是上 Hashin–Shtrikman 界，下侧虚线是下 Hashin–Shtrikman 界，中间的虚线曲线是 Hashin–Shtrikman 上、下界之间的算术平均值

　　一个非常类似的方法可以用于计算更严格的弹性边界，采用 Hashin-Shtrikman（1963）计算的上边界和下边界：

$$K_{HSUP} = \left(\sum_{i=1}^{N} \frac{f_i}{K_i + \frac{4}{3}G_{max}} \right)^{-1} - \frac{4}{3}G_{max}$$

$$K_{HSLO} = \left(\sum_{i=1}^{N} \frac{f_i}{K_i + \frac{4}{3}G_{min}} \right)^{-1} - \frac{4}{3}G_{min}$$

$$G_{HSUP} = \left(\sum_{i=1}^{N} \frac{f_i}{K_i + Z_{max}} \right)^{-1} - Z_{max}$$

$$G_{HSLO} = \left(\sum_{i=1}^{N} \frac{f_i}{K_i + Z_{min}} \right)^{-1} - Z_{min}$$

$$Z_{max} = \frac{G_{max}}{6} \frac{9K_{max} + 8G_{max}}{K_{max} + 2G_{max}}, \quad Z_{min} = \frac{G_{min}}{6} \frac{9K_{min} + 8G_{min}}{K_{min} + 2G_{min}}$$

（2-7）

式中，下标 HSUP 和 HSLO 分别表示上界和下界，max 和 min 分别表示矿物成分中的最大和最小弹性模量。与 Hill 的平均值相似，可以假设复合固体相（K_{HS} 和 G_{HS}）的等效弹性模量为：

$$K_{HS} = \frac{K_{HSUP} + K_{HSLO}}{2}, \quad G_{HS} = \frac{G_{HSUP} + G_{HSLO}}{2}$$

（2-8）

　　图 2-1 为黏土和方解石混合物的上下界限和相应的等效弹性模量。式（2-6）与式（2-8）计算的结果比较接近。本书将始终使用希尔平均，如式（2-6）所示。等效固体相的体积和剪切模量将分别为 K_s 和 G_s，而相应的纵波模量和泊松比将分别为 M_s 和 v_s。

　　多相混合矿物（等效固体相）的等效密度 ρ_s 是各矿物组分的体积密度 ρ_i 加权算术

平均值：

$$\rho_{\mathrm{s}} = \sum_{i=1}^{N} f_i \rho_i \qquad (2-9)$$

对应的纵波和横波速度（v_{ps} 和 v_{ss}）分别为：

$$v_{\mathrm{ps}} = \sqrt{M_{\mathrm{s}} / \rho_{\mathrm{s}}}, \quad v_{\mathrm{ss}} = \sqrt{G_{\mathrm{s}} / \rho_{\mathrm{s}}} \qquad (2-10)$$

黏土 / 方解石混合物的速度如图 2-2 所示。基于希尔平均值的曲线与基于 Hashin-Shtrikman 平均值的曲线非常接近。

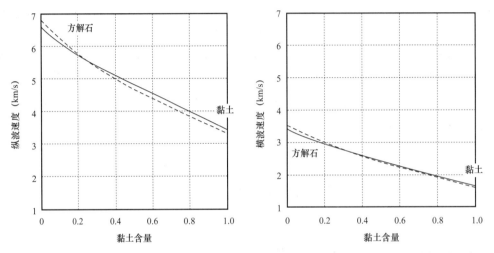

图 2-2 与图 2-1 横坐标相同，但图 2-2 为纵波速度（左图）和横波速度（右图）不同，这里仅显示 Hill 平均值（实线）和 Hashin-Shtrikman 界的算术平均值（虚线）

2.4 流体相

不同的流体混合可以使用类似的方法来计算"等效"流体相的体积模量，混合流体可包括水、油和气。如果所有单一流体的流体压力相同，即气体中的压力与油中的压力相同，那么混合流体相的等效体积模量（K_f）为：

$$\frac{1}{K_f} = \frac{f_{\mathrm{w}}}{K_{\mathrm{w}}} + \frac{f_{\mathrm{o}}}{K_{\mathrm{o}}} + \frac{f_{\mathrm{g}}}{K_{\mathrm{g}}} \qquad (2-11)$$

其中，f 为各流体相的体积分数（$f_{\mathrm{w}} + f_{\mathrm{o}} + f_{\mathrm{g}} = 1$）；$K$ 为各自的体积模量；w、o、g 分别对应水、油、气。

等效密度为各相的加权算术平均值，与式（2-9）相同。由于大多数流体不能抵抗剪切变形，所以剪切模量均为 0。

孔隙流体的性质跟水的矿化度，油的 API 重度和气在油中的含量（气油比），气的比重以及压力和温度密切相关。流体性质可以从 Batzle-Wang（1992）方程（见第 2-13 节）中计算出来，表 2-2 给出了一个例子。

表 2-2　在水矿化度为 40000mg/L，石油重度为 30°API，气油比为 300，气体相对密度 0.7，压力20MPa（2900psi），温度 60℃（140°F）时，水、油和气的体积模量和密度

流体	体积模量（GPa）	密度（g/cm³）
水	2.6819	1.0194
油	0.3922	0.6359
气	0.0435	0.1770

水／油和水／气不互溶体系的混合流体的等效体积模量与含水饱和度 S_w（与 f_w 相同）的关系图见图 2-3。因为混合流体的体积模量是各流体组分的体积模量的谐波平均值，所以较软的组分占主导地位。等效体积模量接近烃类的体积模量，直到含水饱和度增加到很高的时候，混合流体的等效体积模量才有所增加。

Brie 等（1995）提出了另外的一种流体相混合方法（Mavko 等，2009），该方法在相同饱和度下计算得到的等效流体体积模量更大。这一混合方法没有直观的物理意义，但利用它得到的流体替代结果可能与一些斑块状饱和的测井数据相匹配（参见下一节斑块状饱和）。

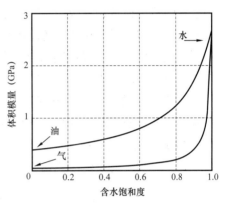

图 2-3　根据等式 2-11 计算得到的，水／油和水／气不互溶的混合流体的等效体积模量与含水饱和度的关系

2.5　流体替换

流体饱和岩石的弹性模量与干燥岩石的弹性模量是不同的。图 2-4 为高孔隙度疏松砂岩样品的实验室高频测量结果，可以看到干燥岩石和含水岩石的体积模量之间存在显著差异。

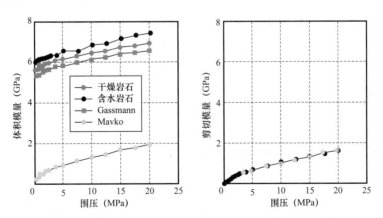

图 2-4　高孔隙度疏松砂岩的体积模量（左）、剪切模量（右）与静水围压的关系。孔隙压力恒定为0.1MPa，黑色圆圈是含水饱和岩石样品的超声波测量数据，白色圆圈代表室内干燥样品。左侧框中的灰色方块是利用 Gassmann 方程从干燥岩石样品进行流体替代得到的含水岩石样品的数据，灰色圆圈是使用Mavko（仅纵波）方法进行流体替代的结果。数据来自 Zimmer（2003）

Gassmann（1951）提出了一个流体替换的理论方程，该方程定义了饱和流体岩石中的体积模量（K_{Sat}）为干燥岩石体积模量（K_{Dry}），岩石基质（固体相）体积模量（K_s），孔隙流体体积模量（K_f）以及总孔隙度（ϕ）的函数，并且流体饱和岩石的剪切模量与干燥岩石相同：

$$K_{Sat} = K_s \frac{\phi K_{Dry} - (1+\phi) K_f K_{Dry} / K_s + K_f}{(1-\phi) K_f + \phi K_s - K_f K_{Dry} / K_s}, G_{Sat} = G_{Dry} \qquad (2-12)$$

该方程的基本假设是：（1）岩石是完全弹性并且各向同性的；（2）岩石的固体相可以用单一的体积模量和密度来表征；（3）孔隙空间中的流体相也可以用单一的体积模量和密度来表征；（4）岩石孔隙中的流体是可以自由流动的，即任何孔隙压力扰动都将迅速传递到所有孔隙中。对于多矿物组分和混合流体的情况，为了满足 Gassmann 方程的前两个假设，可以分别使用式（2-8）和式（2-11）来计算多矿物组分与混合流体的等效体积模量。

第三个假设条件表明方程（2-12）只适用于低频情况，例如地震波、声波和偶极子声波。这就是根据式（2-12）计算得到的含水岩石弹性模量（图2-4）低于在实验室高频（约1MHz）测量结果的原因。

式（2-12）的反向形式提供了干燥岩石骨架的体积模量与低频含水岩石模量的函数：

$$K_{Dry} = K_s \frac{1 - (1-\phi) K_{Sat} / K_s - \phi K_{Sat} / K_f}{1 + \phi - \phi K_s / K_f - K_{Sat} / K_s}, \quad G_{Dry} = G_{Sat} \qquad (2-13)$$

式（2-12）和式（2-13）用于计算饱和等效流体 B 的岩石的体积模量，该等效流体 B 的积模量为 K_{fB}，如果在相同岩石骨架下，饱和流体 A 的等效岩石体积模量为 K_{SatA}，流体 A 体积模量为 K_{fA}。

首先，必须用式（2-13）计算干岩的体积模量：

$$K_{Dry} = K_s \frac{1 - (1-\phi) K_{Sat_A} / K_s - \phi K_{Sat_A} / K_{f_A}}{1 + \phi - \phi K_s / K_{f_A} - K_{Sat_A} / K_s} \qquad (2-14)$$

然后用式（2-12）计算饱和流体 B 的岩石体积模量：

$$K_{Sat_B} = K_s \frac{\phi K_{Dry} - (1+\phi) K_{f_B} K_{Dry} / K_s + K_{f_B}}{(1-\phi) K_{f_B} + \phi K_s - K_{f_B} K_{Dry} / K_s} \qquad (2-15)$$

剪切模量保持不变：

$$G_{Sat_B} = G_{Sat_A} = G_{Dry} \qquad (2-16)$$

岩石的体积密度 ρ_b 也随着孔隙流体的变化而变化：

$$\rho_{b_B} = \rho_{b_A} - \phi \rho_{fA} + \phi \rho_{fB} \qquad (2-17)$$

式中，ρ_{b_A} 和 ρ_{b_B} 分别是含有饱和流体 A 和饱和流体 B 时的岩石体积密度，ρ_{fA} 和 ρ_{fB} 分别是饱和流体 A 和饱和流体 B 的密度。

最后，用式（2-1）计算了饱和流体 B 岩石的弹性波速度。注意，流体变化不仅会影响纵波速度，还会影响横波速度，后者由于岩石体积密度的变化引起。

用 Gassmann 方程进行流体替换需要体模模量是已知的，即纵波速度和横波速度都是已知的：

$$K = \rho v_p^2 - \frac{4}{3}\rho v_s^2 \qquad (2-18)$$

当横波数据不可用或不可靠时，这种流体替代方法将会出现问题。Mavko 等（1995）提供了一种用纵波速度进行的流体替换方法，其只需要用到纵波模量而不需要体积模量。这与 Gassmann 流体替换方法的唯一区别在于，用纵波模量 M_{sat}、M_{Dry} 和 M_s 代替相应的体积模量：

$$M_{Sat} \approx M_s \frac{\phi M_{Dry} - (1+\phi)K_f M_{Dry}/M_s + K_f}{(1-\phi)K_f + \phi M_s - K_f M_{Dry}/M_s}$$

$$M_{Dry} \approx M_s \frac{1 - (1-\phi)M_{Sat}/M_s - \phi M_{Sat}/K_f}{1 + \phi - \phi M_s/K_f - M_{Sat}/M_s} \qquad (2-19)$$

饱和或干燥岩石的纵波模量是纵波速度的平方与密度的乘积。当然，后者必须分别是饱和岩石或干岩石。

用式（2-11）表示的"等效孔隙流体"准则表明孔隙流体的各相流体完全水力连通，即，例如压力的扰动，水立即转换成另一相，如气相。由于较软的，更易压缩的相控制着等效体积模量，后者基本上在整个含水饱和度范围内保持非常小的体积模量（完全含水饱和度时除外）。这种流体混合称为均匀饱和，除了在含水饱和度 $S_w = 1$ 附近的小范围内，等效的体积模量和纵波模量将一直接近于气饱和岩石的模量。在这个小范围之外的纵波速度甚至会小于完全气饱和岩石的纵波速度，这是因为在孔隙中加入水时，体积密度增加（图 2-5）。

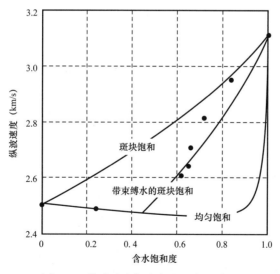

图 2-5　纵波速度与含水饱和度的关系

较低的曲线对应于均匀饱和状态。上部曲线为斑块饱和，束缚水饱和度为 0，剩余气饱和度为 0。中间曲线为带束缚水的斑块饱和，束缚水饱和度为 0.45，剩余气饱和度为零。圆点所代表的散点数据来自 Lebedev 等（2009）的数据。这三条理论曲线是用 Mavko 等（1995）的方法从干燥岩石资料中计算出来的

然而，井和实验室（图 2-5）的数据有时会偏离理论上的均匀饱和状态下的曲线。用于解释该结果的一个共同假设是，每个孔隙流体相被分隔在相对大的斑块中，并且这些斑块之间的压力连通性由于它们的尺寸而受到限制，即使在相对低的频率下也是如此。

为了量化在这种情况下流体对岩石弹性性质的影响，假定束缚水饱和度为 S_{wi}，而残余烃饱和度为 S_{hr}。水和烃的体积模量分别为 K_w 和 K_h。并假定 $S_w \leqslant S_{wi}$ 并且 $S_w \geqslant 1-S_{hr}$，流体在孔隙中是均匀分布的。并且在 $S_{wi} < S_w < 1-S_{hr}$ 时，纵波模量 M_{Patchy} 与体积模量 K_{Patchy} 可用如下公式（Mavko 等，2009）表示：

$$\frac{1}{M_{Patchy}} = \frac{x}{M_2} + \frac{1-x}{M_1}, \quad K_{Patchy} = M_{Patchy} - \frac{4}{3}G_{Dry} \qquad (2-20)$$

其中：

$$x = \frac{1 - S_w - S_{hr}}{1 - S_{wi} - S_{hr}}$$

$$M_1 = \frac{4}{3}G_{Dry} + K_s \frac{\phi K_{Dry} - (1+\phi)K_{f1}K_{Dry}/K_s + K_{f1}}{(1-\phi)K_{f1} + \phi K_s - K_{f1}K_{Dry}/K_s}, \quad \frac{1}{K_{f1}} = \frac{S_{hr}}{K_h} + \frac{1-S_{hr}}{K_w} \qquad (2-21)$$

$$M_2 = \frac{4}{3}G_{Dry} + K_s \frac{\phi K_{Dry} - (1+\phi)K_{f2}K_{Dry}/K_s + K_{f2}}{(1-\phi)K_{f2} + \phi K_s - K_{f2}K_{Dry}/K_s}, \quad \frac{1}{K_{f2}} = \frac{1-S_{wi}}{K_h} + \frac{S_{wi}}{K_w}$$

在仅已知纵波速度的情况下进行流体替换，使用方程（2-19），但用纵波模量代替体积模量：

$$M_1 = M_s \frac{\phi M_{Dry} - (1+\phi)K_{f1}M_{Dry}/M_s + K_{f1}}{(1-\phi)K_{f1} + \phi M_s - K_{f1}M_{Dry}/M_s}$$

$$M_2 = M_s \frac{\phi M_{Dry} - (1+\phi)K_{f2}M_{Dry}/M_s + K_{f2}}{(1-\phi)K_{f2} + \phi M_s - K_{f2}M_{Dry}/M_s} \qquad (2-22)$$

图 2-5 为根据式（2-21）计算出的两条斑块饱和状态下的速度曲线。分别对应 $S_{hr}=0$，S_{wi} 为 0 和 0.45 的情况。后一条曲线能较好地拟合实验数据。

也许斑块饱和理论中最强有力的假设是，斑块在应力上与其相邻的斑块不连通，这意味着在地震波传播周期内，地震波引起的孔隙压力扰动，将会让斑块之间的应力不平衡。这意味着斑块的物理尺寸（例如，如果斑块近似为球形，则其直径）与频率相关，并且不应小于扩散长度 L，$L = 2\sqrt{KK_f/(f\eta\phi)}$，其中，$f$ 为频率，s^{-1}；K 为渗透率，m^2；K_f 为流体体积模量，Pa；η 为流体动力黏度，$Pa \cdot s$（$1cP = 10^{-3}Pa \cdot s$）；ϕ 为孔隙度，%。

同时，假设这些孔隙压力扰动量在每个斑块内是平衡的。这意味着斑块尺寸不应比扩散长度大很多。在实际应用中，选择的子样本大小等于所有子样本的平均扩散长度。更多讨论请参阅第 10 章。

2.6 变换

采用经典的 Raymer–Hunt–Gardner（1980）函数形式，从孔隙度 ϕ 与每相矿物的速度 v_{ps}、每相流体的速度 v_{pf} 来估算孔隙充填流体岩石中的纵波速度 v_p。

$$v_p = (1-\phi)^2 v_{ps} + \phi v_{pf} \tag{2-23}$$

其中 v_{ps} 和 v_{pf} 可分别由式（2-8）和式（2-11）求得，以及这些相的密度。本书通篇将 Raymer–Hunt–Gardner 模型缩写是 RHG。

在图 2-6 中，对比了 RHG 预测结果与在三组相对纯的（无黏土）砂岩上的实验室数据。这里室内干燥样品上使用的测量围压是 30MPa。通过对这些干岩数据进行 Gassmann 流体替换，将这些数据变换到含水岩石条件下的数据。从中可看出：（1）RHG 精确地展示了含水岩资料中的岩石物理规律，但有些低估了干燥岩资料；（2）RHG 只适用于"快速"堆积的沉积物，而强烈高估了非固结脆性砂岩中的速度。这两个结论都在意料之中，因为 RHG 模型是一个经验模型，根据饱含水的硬砂岩数据得到，并不包括脆性砂岩。

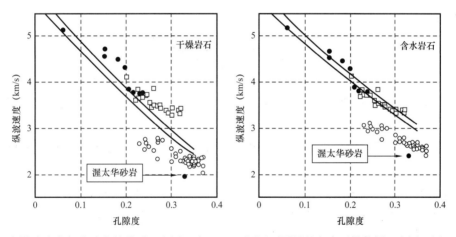

图 2-6　为纵波速度与孔隙度的关系。左图：在 30MPa 围压下测量的室内干燥数据。右图：用 Gassmann 流体置换法，干燥数据中的空气替换为水得到的含水岩石数据，水的体积模量为 2.25GPa，密度为 1g/cm³。黑色符号来自 Han（1986）的数据集，其黏土含量低于 5%；灰度方块来自 Strandenes（1991）数据集；灰色圆圈来自 Blangy（1992）的数据集。箭头所指的点为 Han（1986）数据集中的渥太华砂岩。

上部曲线为 100% 石英含量的 RHG 曲线，下部曲线为 95% 石英和 5% 黏土含量的 RHG 曲线

具体地说，含水岩石的 RHG 曲线拟合了两个纯砂岩数据集的趋势（Han，1986；Strandenes，1991）。前者为中低孔隙度的固结砂岩，后者为高孔隙接触胶结砂岩。值得注意的是，1980 年引入的一个模型后来至少得到了两个数据集的支撑。另一方面，RHG 过高地估计了 Han（1986）在渥太华松疏松砂岩中的测量速度以及 Blangy（1992）在北海 Troll 油田高孔隙度脆性砂岩中测量的速度。在图 2-7 中，将 RHG 预测的含水岩石曲线与实验数据进行了比较，这些数据的黏土含量变化范围大。再次强调下，这些波速预测结果对于颗粒接触的岩石是相当准确的，却过高地估计了疏松砂岩的数据。

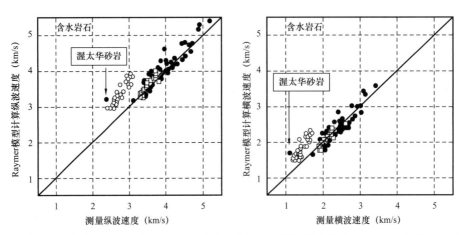

图 2-7 由式（2-23）和式（2-24）预测的水砂的速度与相应的数据（使用 Gassmann 流体替换公式，从干燥岩石数据中计算得到）的对比。左图：纵波波速度。右图：横波速度。这些符号跟图 2-6 中使用的数据集相同。在这个例子中，使用 Han（1986）数据集中所有黏土含量数据，黏土含量从 0 到大约 50%

RHG 函数形式最初只能预测纵波速度。很久以后，Dvorkin（2008）表明，将相同的函数形式应用于 v_s，并实现多矿物岩石中横波速度的精确估计，同样还是不能拟合渥太华脆性砂岩：

$$v_s = (1-\phi)^2 v_{ss} \sqrt{\frac{(1-\phi)\rho_s}{(1-\phi)\rho_s + \phi\rho_f}}$$ （2-24）

式中，v_{ss} 为矿物相中的横波速度，m/s；ρ_s 为矿物相中的密度，kg/m^3；ρ_f 为孔隙流体的密度，kg/m^3。

v_{ss} 可由 Hill 平均（式 2-8）估算，而密度可由式 2-9 估算，对每个组分的密度取算术平均。

用式（2-24）预测水砂的速度与图 2-7（右）中的实验室数据进行比较。在颗粒接触砂岩中，两者在纵波速度 v_p 上较为匹配，而脆性砂岩中，预测的横波速度 v_s 则远高于实验数据。

2.7 其他横波速度预测方法

v_s 在纵波速度 v_p 已知的情况，除了式（2-24）外，还有许多经验的公式用于横波速度 v_s 的预测。此外，它们可以与 RHG 预测 v_p 的方法相结合，不是从 v_p 预测 v_s，而是从孔隙度，矿物组分和孔隙流体性质来预测 v_s。在无特别说明的情况下，本节中的预测公式适用于水砂（完全水饱和岩石）。

研究表明，在石灰岩中 $v_s = v_p/1.9$，而在白云岩中 $v_s = v_p/1.8$。Castagna 等（1993）将这些关系进行了修改，在石灰岩中：$v_s = 0.055 v_p^2 + 017 v_p - 1.031$；在白云岩中 $v_s = 0.583 v_p - 0.078$，其中速度单位为 km/s。碎屑岩纵横波的关系为：$v_s = 0.804 v_p - 0.856$。著名的 Castagna 线适用于碎屑岩，方程为 $v_s = 0.862 v_p - 1.172$。

从大量的含水砂岩超声波实验数据集拟合得到：$v_s=0.794v_p-0.787$，这个数据中的孔隙度和黏土含量变化范围很广。Mavko 等（2009）在这些测量数据中加入了一些高孔隙度疏松砂岩的数据点，拟合公式为：$v_s=0.79v_p-0.79$。对 Han（1986）数据的进一步分析表明，黏土含量在 0.25 以下的岩石纵波速度、横波速度关系为 $v_s=0.754v_p-0.657$，黏土含量超过的 0.25 岩石的纵波速度、横波速度关系为：$v_s=0.842v_p-1.099$。如果对这一数据集按孔隙度划分，当孔隙度小于 0.15 时：$v_s=0.853v_p-1.137$；当孔隙度大于 0.15 时，$v_s=0.756v_p-0.662$。

利用测井资料得出含水砂岩的纵波速度、横波速度关系为：$v_s=0.846v_p-1.088$ 和泥岩的纵波速度、横波速度关系为：$v_s=0.784v_p-0.893$。

Greenberg 和 Castagna（1992）结合各种岩性的关系，在由砂岩、石灰岩、白云岩和泥岩组成的多矿物含水饱和岩石中提供了统一的经验公式。如果假定剪切模量不受孔隙流体的影响，并用 Gassmann 的流体替换计算体积模量，则它们的预测结果也可用于含有任何孔隙流体的岩石，公式如下：

$$v_s = \frac{1}{2}\left\{\left[\sum_{i=1}^{L}f_i\sum_{i=1}^{N_i}\left(a_{ij}v_p^j\right)\right]+\left[\sum_{i=1}^{L}f_i\left(\sum a_{ij}v_p^j\right)^{-1}\right]^{-1}\right\}, \sum_{i=1}^{L}f_i=1 \qquad (2-25)$$

式中，L 为纯矿物的种类数；f_i 为这些组分在整个矿物相中的所占体积分数；a_{ij} 为经验系数；N_i 为成分 i 的多项式阶数；v_p 为实测纵波速度，km/s；v_s 为预测横波速度，km/s，见表 2-3。

表 2-3 等式 2-21 的回归系数。这些系数仅在速度单位为 km/s 时有效

岩性	a_{i2}	a_{i1}	a_{i0}
砂岩	0	0.80416	−0.85588
石灰岩	−0.05508	1.01677	−1.03049
白云岩	0	0.58321	−0.07775
泥岩	0	0.76969	−0.86735

Vernik 等（2002）修改了该模型，以解释软沉积物中的 v_p—v_s 关系（见 Mavko 等关于 Vernik 方程的讨论，2009）。

另外一种方法，从理论出发来预测横波速度 v_s，其假设在干燥岩石中，体积模量与剪切模量的比值与在固体（矿物）相中完全相同。这就是说 $v_{sDry}/v_{pDry}=v_{ss}/v_{ps}$，其中 v_{pDry}、v_{sDry} 分别为干燥岩石中的纵波速度、横波速度。

Krief 等（1990）首次结合这个假设与 Pickett（1963）的方程。将该关系式与 Gassmann 方程相结合，可得到饱和岩石的简化表达式。并且，Krief 等（1990）提出 $(v_{pWet}^2-v_{pf}^2)/v_{sWet}^2=(v_{ps}^2-v_{pf}^2)/v_{ss}^2$，其中 v_{pWet} 和 v_{sWet} 分别是完全饱和水岩石的纵波速度和横波速度。

式（2-25）的关键目的是从例如在井中测量的 v_p 中获得 v_s，然后将该定量关系式用于正演模拟和解释 AVO 数据。注意，这些方程也可以应用于基于模型预测的 v_p 方法中（例如，来自 RHG），因此，预测的横波速度不是来自测量的纵波速度 v_p，而是直接来自孔隙度、矿物组分和孔隙流体性质。

在图 2-8 中，使用这种方法，并将实验室数据与含水的颗粒接触砂岩预测的横波速度

数据进行比对，预测的横波数据根据孔隙度和矿物组分（黏土含量）计算得到，首先使用 RHG 计算纵波速度 v_p，然后分别应用 Greenberg–Castagna（1992）和 Krief 等提出的方法将 v_p 转换成 v_s。前者的预测比后者更准确。

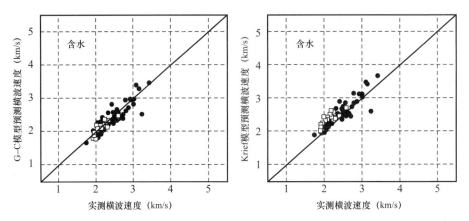

图 2-8　左、右图中含水岩石中的横波预测速度分别由 Greenberg–Castagna（1992）和 Krief 方程得到。Krief（1990）将这些方程式与 RHG 相结合，并根据解释的孔隙度和黏土含量计算横波速度。其中符号代表的数据与图 2-7 中使用的数据相同，两图均未显示渥太华脆性砂岩数据数据

2.8　颗粒接触胶结模型

RHG 在高孔砂岩中的计算结果与 Strandenes（1991）的数据（图 2-6）相匹配，但在 0.25～0.35 的孔隙度范围内，其估算速度高于 Blangy（1992）的数据。这两个数据集的矿物组分非常相似：黏土含量均较低，主要由石英，云母和长石等坚硬矿物组成。那么为何这两组的波速度相差这么大？一个可能的假设是，这是由于第一组岩石的接触方式为胶结颗粒接触，而第二组中不是这种胶结方式。为了证明这一观点，Dvorkin 和 Nur（1996）提出了一个颗粒沉积物的微观力学模型，其中一组相同的球形颗粒的初始高孔隙度由于在颗粒周围堆积了成岩胶结物而降低（图 2-9）。该问题的精确解是一个普通的积分—微分方程，必须求解该方程才能求出两种颗粒接触方式下的法向刚度和切向刚度。一旦解决了这一问题，假设每个颗粒的局部应力分量与整个复合材料的有效应力张量相同，就可使用一种简单的统计方法来计算颗粒集合体的弹性模量。这是一个强有力的假设，有时可能不成立（Sain，2010）。

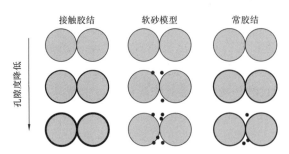

图 2-9　在球形颗粒中孔隙度减少的三个概念模型

从左至右：胶结物接触、软（未胶结）砂、常胶结。箭头表示孔隙度降低的方向

描述该体系（室内干燥）弹性行为的方程和对于该平均场近似假设的方程如下：

$$K_{\text{Cem}} = \frac{1}{6}n(1-\phi_c)M_cS_n, \quad G_{\text{Cem}} = \frac{3}{5}K_{\text{Cem}} + \frac{3}{20}n(1-\phi_c)G_cS_\tau \tag{2-26}$$

式中，K_{Cem} 和 G_{Cem} 分别为胶结砂岩的等效体积模量和剪切模量；n 为原始高孔隙岩石中颗粒接触的配位数（每个颗粒的平均接触数约为6或8）；M_c 和 G_c 分别为胶结矿物（例如石英，方解石，黏土或其混合物）的纵波模量和剪切模量；ϕ_c 为临界孔隙度（原始未胶结颗粒包裹体的孔隙度）；S_n 和 S_τ 由下式给出：

$$S_n = A_n(\Lambda_n)\alpha^2 + B_n(\Lambda_n)\alpha + C_n(\Lambda_n)$$

$$A_n(\Lambda_n) = -0.024153\Lambda_n^{-1.3646}, \quad B_n(\Lambda_n) = 0.20405\Lambda_n^{-0.89008}$$

$$C_n(\Lambda_n) = 0.00024649\Lambda_n^{-1.9864}$$

$$S_\tau = A_\tau(\Lambda_\tau, v)\alpha^2 + B_\tau(\Lambda_\tau, v)\alpha + C_\tau(\Lambda_\tau, v), \tag{2-27}$$

$$A_\tau(\Lambda_\tau, v) = -10^{-2}(2.26v^2+2.07v+2.3)\Lambda_\tau^{0.079v^2+0.1754v-1.342},$$

$$B_\tau(\Lambda_\tau, v) = (0.0573v^2+0.0937v+0.202)\Lambda_\tau^{0.0274v^2+0.0529v-0.8765},$$

$$C_\tau(\Lambda_\tau, v) = 10^{-4}(9.654v^2+4.945v+3.1)\Lambda_\tau^{0.01867v^2+0.4011v-1.8186}$$

$$\Lambda_n = \frac{2G_c}{\pi G}\frac{(1-v)(1-v_c)}{1-2v_c}, \quad \Lambda_\tau = \frac{G_c}{\pi G}, \quad \alpha = \left[\frac{2(\phi_c-\phi)}{3(1-\phi_c)}\right]^{0.5} \tag{2-28}$$

式中，G 和 v 分别为原始颗粒物质的剪切模量和泊松比；G_c 和 v_c 为胶结矿物的剪切模量和泊松比。这些方程为所提出问题的积—微分方程解的最佳近似。

在 $n=6$，$\phi_c=0.4$ 的条件下，石英颗粒与石英胶结物的接触物曲线如图2-10所示。该模型解释了孔隙度从临界孔隙度 ϕ_c 逐渐减小，速度急剧增加的原因。

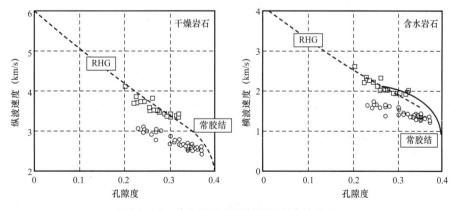

图2-10　含水岩石中速度与孔隙度的关系

使用的数据与图2-6中的数据相同。虚线从RHG中计算得到。实线来自胶结接触模型

2.9 软砂模型

Dvorkin 和 Nur（1996）提出的软砂模型也称为修正的下 Hashin–Shtrikman 界。这个模型试图描述一组相同的弹性球体的弹性行为，其中孔隙度的降低是由于孔隙空间含有非胶结颗粒（图 2-9）。

软砂模型连接了速度—孔隙度交会图上的两个端点：高孔隙度端点位于临界孔隙度 fc 处，而零孔隙度端点为无孔隙矿物基质中的速度，其中无孔隙基质矿物可以是各种纯矿物组成的混合物。

原始室内干燥颗粒包裹在孔隙度为 ϕ_c 时的弹性模量可以根据 Hertz–Mindlin 接触理论（Mindlin，1949）估算，公式如下

$$K_{HM} = \left[\frac{n^2 \left(1-\phi_c\right)^2 G^2}{18\pi^2 \left(1-\nu\right)^2} p \right]^{\frac{1}{3}}, G_{HM} = \frac{5-4\nu}{5\left(2-\nu\right)} \left[\frac{3n^2 \left(1-\phi_c\right)^2 G^2}{2\pi^2 \left(1-\nu\right)^2} p \right]^{\frac{1}{3}} \quad （2-29）$$

式中，p 为施加于包裹体的静水围压，其他注意事项与式（2-26）和式（2-28）中相同。

方程（2-29）假定颗粒在它们的接触处具有无限大的摩擦力（无滑动）。如果只允许这些触点的分数 f 具有无穷大的摩擦，而其余的触点是无摩擦的并且可以滑动，则计算 K_{HM} 的方程不变，而 K_{HM} 变为现在的方程：

$$G_{HM} = \frac{2+3f-\nu\left(1+3f\right)}{5\left(2-\nu\right)} \left[\frac{3n^2 \left(1-\phi_c\right)^2 G^2}{2\pi^2 \left(1-\nu\right)^2} p \right]^{\frac{1}{3}} \quad （2-30）$$

当孔隙度 $\phi < \phi_c$ 时，

$$K_{Soft} = \left(\frac{\phi / \phi_c}{K_{HM} + \frac{4}{3} G_{HM}} + \frac{1-\phi / \phi_c}{K + \frac{4}{3} G_{HM}} \right)^{-1} - \frac{4}{3} G_{HM}$$

$$G_{Soft} = \left(\frac{\phi / \phi_c}{G_{HM} + z_{HM}} + \frac{1-\phi / \phi_c}{G + z_{HM}} \right)^{-1} - z_{HM}, \quad z_{HM} = \frac{G_{HM}}{6} \left(\frac{9K_{HM} + 8G_{HM}}{K_{HM} + 2G_{HM}} \right) \quad （2-31）$$

请注意，该模型中的高孔隙度端点不一定必须由式（2-29）和式（2-30）控制。它可以简单地从例如在实验室或井中获得的相对的实验数据中选择。这个模型的主要点是方程（2-31）给出的"软"连接点。

在 30MPa 围压下，v_p 和 v_s 以及纯石英颗粒的软砂曲线如图 2-11 所示（当 $n=7$ 和 $\phi_c=0.4$ 时）。这些曲线是首先采用室内干颗粒充填的软砂模型，然后应用 Gassmann 流体代换法对含水岩石进行计算。

2.10 硬砂模型

软砂模型中讨论的两个端点也可以用一个"刚性"连接器连接，也称为修正的上 Hashin–Shtrikman 界或刚性砂模型。适当的方程（Gal 等，1998）如下。

$$K_{\text{Stiff}} = \left(\frac{\phi / \phi_c}{K_{\text{HM}} + \frac{4}{3}G} + \frac{1 - \phi / \phi_c}{K + \frac{4}{3}G} \right)^{-1} - \frac{4}{3}G$$

$$G_{\text{Siff}} = \left(\frac{\phi / \phi_c}{G_{\text{HM}} + z} + \frac{1 - \phi / \phi_c}{G + z} \right)^{-1} - z, \quad z = \frac{G}{6}\left(\frac{9K + 8G}{K + 2G} \right)$$

$$(2-32)$$

在 30MPa 围压下，v_p 和 v_s 以及纯石英颗粒的硬砂曲线如图 2-12 所示。计算方法与图 2-11 中显示的软砂曲线相同。

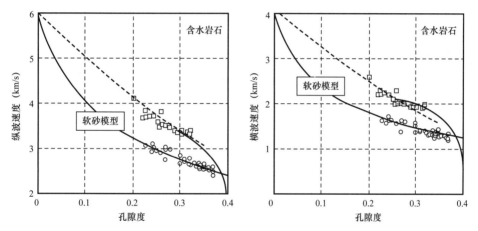

图 2-11 与图 2-10 相同，但增加了软砂曲线

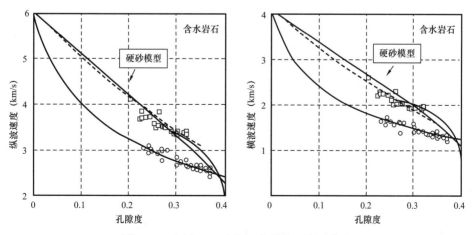

图 2-12 与图 2-11 相同，但增加了硬砂曲线

值得注意的是，这些理论曲线实际上与先前的 RHG 模型所预测的一致。

2.11 常胶结模型

设想一个高孔隙度的颗粒包具有一些初始的胶结作用，但是任何进一步的孔隙度降低都是由于非胶结材料的引入造成。

孔隙空间（图2-9右侧）。高孔隙率端点可以在接触水泥曲线，RHG或硬砂曲线上选择，然后根据等式2-27通过软连接器连接到零孔隙率端点。得到的公式如下。

$$K_{Const} = \left(\frac{\phi / \phi_c}{K_{Cem} + \frac{4}{3}G_{Cem}} + \frac{1 - \phi / \phi_c}{K + \frac{4}{3}G_{Cem}} \right)^{-1} - \frac{4}{3}G_{Cem}$$

$$G_{Const} = \left(\frac{\phi / \phi_c}{G_{Cem} + z_{Cem}} + \frac{1 - \phi / \phi_c}{G + z_{Cem}} \right)^{-1} - z_{Cem}, \quad z_{Cem} = \frac{G_{Cem}}{6} \left(\frac{9K_{Cem} + 8G_{Cem}}{K_{Cem} + 2G_{Cem}} \right)$$

（2-33）

式中，K_{Cem} 和 G_{Cem} 分别为原始微胶结时的体积模量和剪切模量。

获得 K_{Cem} 和 G_{Cem} 的简单方法是简单地使用 Hertz–Mindlin 方程，并假设一个不符合实际的高配位数 n（例如，$n=15$ 或 21）。这纯粹是数学技巧，因为相同的球形颗粒不可能有这么高的配位数。它允许的是改变高孔隙度端点，使其在接触常胶结或硬砂模型曲线。由此得到的常胶结模型曲线不应扩展到其与硬砂或接触水泥曲线交点以上的孔隙度范围。使用软砂模型计算出的这种常胶结曲线，图2-13中 $n=15$ 而不是 $n=6$。Avseth 等（2000）的结果表明，这种速度—孔隙度曲线能够准确地描述浊流河道中沉积物的弹性性质。

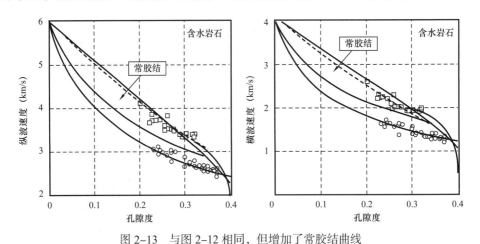

图 2-13　与图 2-12 相同，但增加了常胶结曲线

2.12 包裹体模型

这里描述的所有微观力学模型都假定岩石是由固体颗粒构成的，这些固体颗粒在临界孔隙度处包括未胶结的颗粒，当孔隙度降低时，通过改变颗粒接触胶结物（成岩趋势）或沉积在原始较大颗粒孔隙空中的较小颗粒（分选趋势），来改变原始颗粒包裹体的排列方

式。用这种对实际岩石进行高度理想化的岩石物理模型，来产生的弹性模量有时与实验室、野外数据吻合。这一事实进一步证实了统计学家乔治·博克斯（George Box）所阐述的观点，即"所有的模型都是错误的，但有些是有用的"（Box 和 Draper，1987）。

考虑到这种情况，引入一种不同的微观力学模型，即包裹体模型。Mavko 等（2009）详细回顾了这些模型，这些模型通过将包裹体放入固体基质中，从零孔隙度终点（而不是从临界孔隙度）构建岩石。这些模型可能与某些碳酸盐岩有关，在这些碳酸盐岩中，孔隙在方解石或白云石基质中以包裹体形式出现。

用微分有效介质模型（DEM）来说明这类模型。DEM 没有封闭形式的解。相反，必须求解常微分方程的耦合参数以获得含有包裹体固体的等效弹性模量（Mavko 等，2009）。

DEM 需要四个输入变量：岩石矿物基质的弹性模量、包裹体的弹性模量、孔隙度以及包裹体的长宽比，长宽比为在假定包裹体的两个长轴相等的情况下，短轴与长轴的比值。如果包裹体中充满流体，则只需流体的体积模量。然而，直接用 DEM 计算含流体岩石的弹性模量将提供与高频速度测量相关的结果（如在实验室中使用超声脉冲技术测量得到的速度）。其原因是 DEM 假设包裹体之间互不连通。因此，当模型中的多孔固体被传播的弹性波激发时，在孔隙中产生的小压力增量，不能像真实岩石在低频地震波激发时，在有限的岩石体积内达到压力平衡。减少误差的简单方法：首先计算完全干燥多孔固体介质的有效弹性模量，然后对其使用 Gassmann 方程进行流体置换。

图 2-14 所示为含水纯石英多孔岩石的 DEM 曲线，其不同线之间的长宽比呈递减趋势。该图中的显示与其他速度—孔隙度交会图之间的一个区别在于，此图孔隙度范围从 0 一直到 100%，而不是从零到临界孔隙度，碎屑沉积物中的临界孔隙度大约为 0.40。在碳酸盐岩中延长孔隙度范围是合理的，因为白垩系岩石的孔隙度能达到 50%（Fabricius 等，2002）。使用该模型时必须注意：对于较小的长宽比条件下，在高孔隙度条件下求解的速度精度可能会降低。

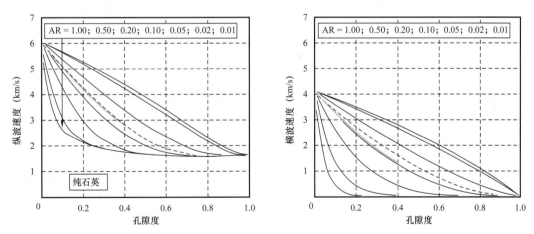

图 2-14　纯石英的弹性波速度 DEM 模型曲线（实心黑色曲线），其包裹体中充满水（水的体积模量和密度信息见表 2-2），长宽比（AR）逐渐减小，如图中所示，对干岩进行了 Gassmann 流体置换后的计算，粗灰色线来自 RHG–Dvorkin 模型，黑色虚线为长宽比为 0.13 时 DEM 的计算曲线

图 2-14 中的例子表明，DEM 提供了包裹体长宽比约为 0.10 时的真实速度值：该模型曲线接近于相同矿物组分下的 RHG–Dvorkin 预测曲线（方程 2-23 和 2-24）。在纵波速度—孔隙度交会图中，RHG 的预测曲线与长宽比为 0.13 时的 DEM 曲线完全匹配。在相同的长宽比条件下，在横波—孔隙度交会图中，DEM 曲线的预测值要高于 RHG–Dvorkin 模型。

图 2-15 展示的是纯方解石条件下的一个例子。在这种情况下，RHG 模型曲线不能与长宽比为 0.13 的 DEM 模型曲线精确匹配，这表明了不同岩石物理模型都有不同局限性（Ruiz，2009）。

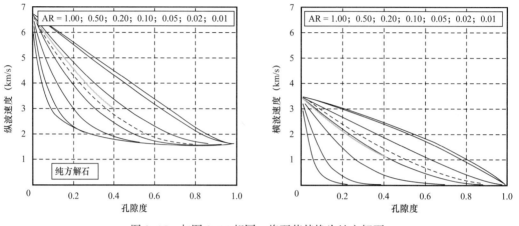

图 2-15　与图 2-14 相同，将石英替换为纯方解石

最后，为了再次显示不同模型之间的关系与局限性，在图 2-16 中，复制了图 2-15，但在这个图中没有绘制 RHG–Dvorkin 模型曲线，而是绘制了纯方解石加水的模型曲线，压差为 30MPa，配位数为 6，临界孔隙度为 0.40，剪切模量校正因子 $f=1$ 时，计算得到的软砂和硬砂模型曲线。

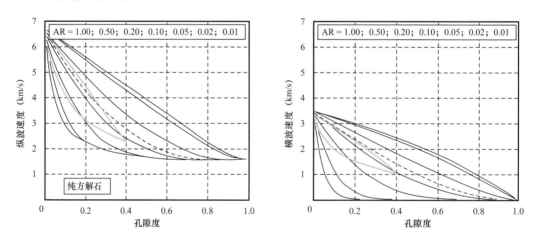

图 2-16　与图 2-15 相同，但具有软砂和硬砂曲线（灰色），两者条件相同，均为：压差 30MPa，配位数 6，临界孔隙度 0.40，剪切模量校正系数为 1

包裹体模型更接近于碳酸盐岩和其他岩性（如火山岩），在这些岩性中，孔隙空间看起来像包裹体，而不是特定颗粒之间的空间。但是，这种看法不能阻止将颗粒岩石模型应

用在碳酸盐岩中，因为：（1）在某些碳酸盐岩中，明显存在独特的颗粒结构；（2）通过不同类型的模型可以得到近似相同的弹性性质。

2.13 模型总结

本书将使用 RHG、软砂、硬砂和常胶结模型，从原始性质、孔隙度、矿物组分、结构和孔隙流体中得到沉积物的弹性性质。为了进一步说明后三个模型之间的关系，计算并显示了图 2-17 中的相应曲线。图 2-18 用图形说明了这些模型的含义。

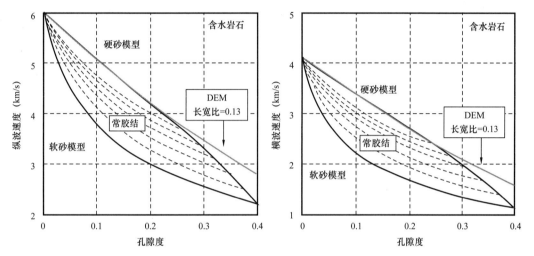

图 2-17　与图 2-13 相同，并显示了软、硬和常胶结曲线，前两条曲线（实线）是针对配位数 6 计算的，后一曲线（虚线）是指配位数从 10 逐渐增加到 30，增量为 5，来模拟初始胶结的增加程度，灰色曲线来自长宽比为 0.13 时的 DEM 曲线

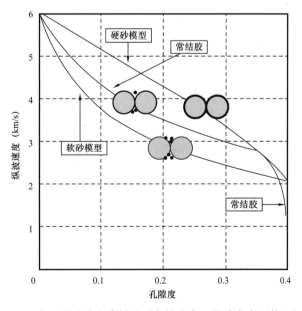

图 2-18　在不同孔隙度降低时对应的速度—孔隙度岩石物理机制

2.14 孔隙流体相的性质

确定两个或多相的不混溶混合物的体积模量和密度所需的两个参数：这些相的体积模量和密度。Batzle 和 Wang（1992）提供的经验方程，将盐水、石油和天然气的性质与盐水的矿化度、油的 API、气油比（GOR）、气体相对密度、孔隙压力和温度联系起来（Mavko 等，2009）。图 2-19显示的是计算此类属性的范例。

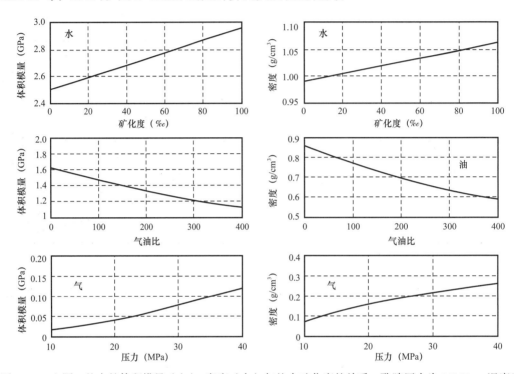

图 2-19　上图：盐水的体积模量（左）、密度（右）与盐水矿化度的关系，孔隙压力为 20MPa，温度为 60℃；中图：油的体积模量（左）、密度（右）与气油比 GOR 的函数关系，石油的重度为 30°API，孔隙压力为 20MPa，温度为 60℃；下图：气体的体积模量（左）、密度（右）与孔隙压力的函数关系，气体比重为 0.65，温度为 60℃

2.15 流体替换中的注意事项：有效孔隙度和总孔隙度

本书给出的有效介质模型和经验模型中速度与孔隙度的关系，都以总孔隙度为参数，总孔隙度 ϕ 定义为总孔隙体积与样品总体积的比值。同时，有效孔隙度 ϕ_e 在测井岩石物理和石油工程也有广泛应用。ϕ_e 有几个定义，其中一个将有效孔隙度定义为：多孔岩石中流体能够流动的孔隙空间与岩石总体积的比值。有效孔隙度不包括黏土（泥岩）颗粒上的束缚水孔隙度以及碳酸盐岩中或低孔隙度砂岩中的孤立（孔洞）孔隙度。

在泥质砂岩中，使用有效孔隙度来进行流体替换，在泥质砂岩中，岩石的泥岩部分总是含水饱和的，并且渗透率极低，因此孔隙流体只能在孔隙空间的有效孔隙部分进行置换。此外，在泥质岩石的整个孔隙空间中进行流体置换，可能会违反 Gassmann 理论的主要假设，即地震波在流体中引起的微小孔隙压力扰动可以通过孔隙空间迅速平衡，泥质中含有束缚水，而束缚水基本上不可动，因此不能与其余孔隙空间处于压力平衡。

考虑到这一复杂性，Dvorkin 等（2007）提供了一种仅在孔隙空间中的有效孔隙部分进行流体替代的方法。这种方法需要一些假设和额外的输入。不过，它应该是岩石物理学家的利器之一。

考虑含黏土的多孔岩石（图 2-20）。黏土在整个矿物相的体积占比为 f_{clay}。黏土的固有孔隙度（微孔）为 ϕ_{clay}。在单位体积的岩石中，非黏土矿物所占的体积（假定无孔）为 $(1-f_{clay})(1-\phi)$，其中，与前面一样是总孔隙度。黏土矿物所占体积为 $f_{clay}(1-\phi)$。则多孔黏土所占体积为：

$$c = \frac{f_{clay}(1-\phi)}{1-\phi_{clay}} \qquad (2-34)$$

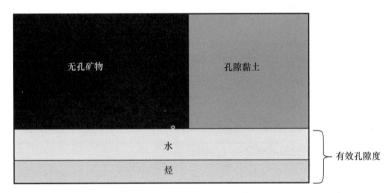

图 2-20　含有孔隙的黏土，水和碳氢化合物的岩石组分示意图

岩石中的总空隙空间是多孔黏土外部的孔隙空间和黏土内部空隙空间的总和。多孔黏土外部的孔隙空间（单位体积的岩石）在这里定义为有效孔隙度：

$$\phi_e = \phi - \phi_{clay}c = \phi - f_{clay}\phi_{clay}\frac{1-\phi}{1-\phi_{clay}} \qquad (2-35)$$

在此引入一种修改后的固体相，它包括非黏土矿物和多孔黏土。这种修改后的固体相在单位体积岩石中的体积为 $1-\phi_e$。多孔黏土在修改后的固体相中的体积分数为：

$$f_{Pclay} = \frac{f_{clay}}{1-\phi_{clay}(1-f_{clay})} \qquad (2-36)$$

总孔隙空间中气体部分的体积为 $S_h = 1-S_w$。如果黏土内部孔隙空间完全水饱和，并且所有烃类都充填在有效孔隙空间中，则有效孔隙空间中烃的体积分数为：

$$S_{he} = \phi(1-S_w)/\phi_e \qquad (2-37)$$

有效孔隙空间中的含水饱和度为：

$$S_{we} = 1 - S_{he} = 1 - \phi \ (1-S_w) \ /\phi_e \tag{2-38}$$

如预期的那样，如果岩石中唯一的水是黏土中所含的水，则 S_{we} 变为 0，即 $S_w = c\phi_{clay}/\phi$。

流体置换方程的形式与式（2-12）和式（2-13）相同，但现在必须用有效孔隙度 ϕ_e 代替总孔隙度 ϕ；使用修改后固体相中的体积模量，其包括无孔矿物和多孔黏土；使用含有水（体积分数为 S_w）和烃类（体积分数为 S_{he}）混合物的体积模量。具体地，如果 100% 含水岩石的体积模量 K_{Wet}，t 是已知的，则有效孔隙度为 0 但黏土仍为 100% 含水的岩石，其对应的干燥岩石模量 K_{Drye} 为：

$$K_{Drye} = K_{se} \frac{1 - (1-\phi_e) K_{Wet} / K_{se} - \phi K_{Wet} / K_w}{1 + \phi_e - \phi_e K_{se} / K_w - K_{Wet} / K_{se}} \tag{2-39}$$

式中，K_{se} 为修改后固体相的体积模量；K_w 为水的体积模量。

相反，含烃岩石的体积模量可从 K_{Drye} 计算得到：

$$K_{Sat} = K_{se} \frac{\phi_e K_{Drye} - (1+\phi_e) K_{fe} K_{Drye} / K_{se} + K_{fe}}{(1-\phi_e) K_{fe} + \phi_e K_{se} - K_{fe} K_{Drye} / K_{se}} \tag{2-40}$$

式中，K_{fe} 为在有效孔隙空间中水和烃的不互溶混合流体的等效体积模量；K_h 为碳氢化合物的体积模量。

$$K_{fe} = \left[S_{we}/K_w + (1-S_{we}) /K_h \right]^{-1} \tag{2-41}$$

对于由无孔矿物与含水多孔黏土组成的固体相，修改后的固体相的体积模量 K_{se}，可由 Hill 的平均值 [式（2-5）和式（2-6）] 估算。

修改后的固体相中多孔黏土的体积分数为 f_{Pclay} [式（2-36）]，而非多孔固体的体积分数为 $1-f_{clay}$。假设无孔矿物是石英，体积模量为 K_q。则修改后的固体相的体积模量为：

$$K_{se} = \frac{K_{sv} + K_{sR}}{2},$$

$$K_{sv} = f_{Pclay} K_{Pclay} + (1-f_{Pclay}) K_q \tag{2-42}$$

$$K_{sR} = \left[f_{Pclay}/K_{Pclay} + (1-f_{Pclay}) /K_q \right]^{-1}$$

式中，K_{Pclay} 为含水多孔黏土的体积模量，其为有效孔隙流体替换中所需的唯一剩余参数。

评估此参数有几种方法。一种是简单地找到井中的纯黏土（泥岩）层段，并从测量的 v_p，v_s 与 ρ_b，通过公式 $\rho_b \left(v_p^2 - \frac{4}{3} v_s^2 \right)$ 计算来 K_{Pclay}。

另一种是采用岩石物理模型，如软砂模型，该模型仅仅适用于含水多孔黏土。

在下面的例子中，岩石总孔隙度 $\phi=0.20$，并且 $f_{clay}=0.20$。其余矿物相为纯石英。黏土的内部孔隙度孔隙度 $\phi_{clay}=0.30$。假定含水岩石体积模量 $K_{Wet}=12.38\text{GPa}$，含水饱和度 $S_w=0.30$，其余孔隙空间被气体占据。流体相性质来自表 2-2，而矿物性质来自表 2-1。

在此条件下，有效孔隙度 $\phi_e=0.13$，有效含水饱和度 $S_{we}=0.087$。干岩有效体积模量

K_{Drye} 由等式（2-39）计算为 2.81GPa，同一岩石含气时的体积模量根据式 2-40 计算得到 $K_{Sat}=3.08$GPa。

如果在这种石英/泥岩中使用常规的流体替代，在部分饱和时得到的体积模量为 $K_{Sat}=4.84$GPa。不同模型流体替换后的差异很大，在评价流体对地震反射的影响时很重要。当然，随着黏土含量 f_{clay} 从 0.20 减少到 0，根据这两种方法计算的体积模量之间的差异也随之减少（图 2-20）。

在给定的含水岩石模量的条件下，这种差异是由用这里描述的方法（K_{Drye}）和传统的流体替代方法［式（2-13）中的 K_{Dry}］中计算得到的干岩体积模量的差异造成的。图 2-21 也画出了这两个模量。其结果可能会受几个因素的影响。图 2-22 显示了在保持所有其他输入相同（如图 2-21 所示）的情况下，总孔隙度为 0.30 和 0.40 时的结果。

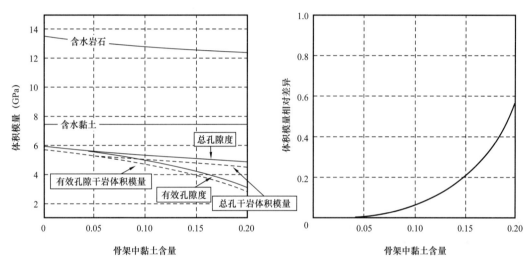

图 2-21　左图：含水岩石固相体积模量与黏土含量的关系，其中的曲线分别为含水岩石含水多孔黏土，气饱和岩石（用有效孔隙度进行流体替代得到）；气饱和岩石（用常规的流体替代得到）；右图：含气岩石的体积模量差异与有效孔隙度之间的关系，差值为有效孔隙度下含气岩石的体积模量与常规流体替换得到的体积模量之间的差异（用有效孔隙度进行流体替换后的体积模量进行归一化），总孔隙度为 0.20；左图中的虚线是用这里描述的方法和常规流体替代法计算的干岩体积模量，含水岩石体积模量采用软砂模型和黏土/石英混合矿物计算，固相中黏土含量从 0 到 0.20 变化，在该模型中使用的等效压力为 30MPa，临界孔隙率为 0.40，配位数为 6，剪切模量校正因子为 1，含水黏土体积模量的计算使用相同的模型，但是针对纯黏土矿物

图 2-23 显示了岩石变硬后的效果。在本例中，使用了常胶结模型（与软砂模型相同，但配位数为 12）获得了湿岩石的体积模量，根据黏土含量的不同，其变化范围为 14.90GPa（无黏土）到 13.50GPa（20% 黏土），两种流体的体积模量差值比第一个示例要小得多。此外，对于黏土含量在 0～15% 之间的岩石，用常规的流体替代法得到的含气岩石体积模量比用这里讨论的方法得到的要小。然而，在 20% 的黏土含量下，与在前面的例子中观察到的现象相同：用传统的流体替代法得到的含气岩石体积模量比用这里讨论的方法得到的要大。

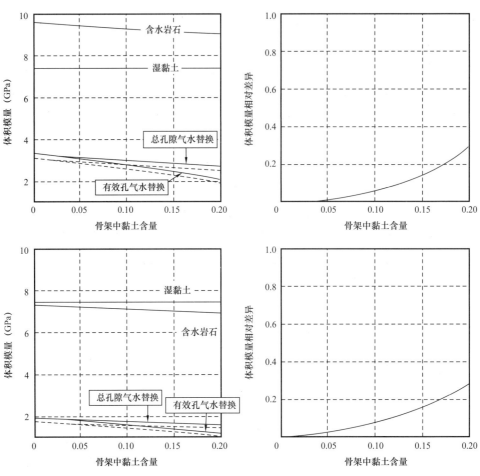

图 2-22 与图 2-21 相同，不同的是上图中总孔隙度为 0.30，上图中总孔隙度为 0.40（为了清晰起见，更改了图表的缩放比例）

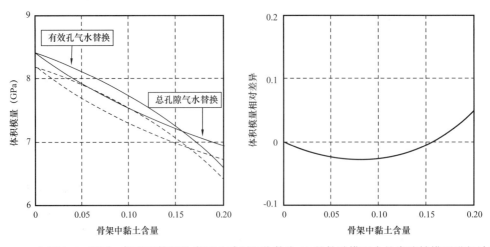

图 2-23 与图 2-21 相同，但对于较硬的岩石（采用配位数为 12 的软砂模型中的常胶结模型进行计算，含水岩石的体积模量约为 14GPa），所有其他参数与图 2-21 中使用的参数相同（为了清晰起见，更改了图表的缩放比例）

2.16　应用岩石物理模型模拟地震振幅的实例

为了说明岩石物理转换和合成地震波振幅之间的联系，考虑软泥岩和部分胶结气砂之间的界面。假设泥岩的孔隙度为 0.30，黏土含量为 0.60。在砂岩中，孔隙度在 0.20～0.40 之间变化，而黏粒含量在 0～0.30 之间。泥岩的岩石物理模型采用的配位数为 6，剪切模量修正系数为 1 的软砂模型。对于砂岩，选择了函数形式与软砂模型相同的常胶结模型，但配位数为 10，剪切模量修正系数为 1。泥岩和砂岩的压差均为 30MPa。泥岩和砂岩的临界孔隙度均为 0.40。

为了计算水和气体的体积模量和密度，设定矿化度为 7×10^4mg/L，气体相对密度为 0.70，孔隙压力为 20MPa 和温度为 80℃。根据 Batzle—Wang（1992）方程，分别得到：水的体积模量和密度分别为 2.80GPa 和 1.03g/cm³，气的体积模量和密度分别为 0.04GPa 和 0.16g/cm³。还假定砂岩中的含水饱和度为 30%。砂中气／水流体的体积模量和密度分别为 0.06GPa 和 0.421g/cm³。

根据 Zoeppritz（1919）方程（见第 4 章），计算入射角为 0° 和 45° 时的泥岩／砂界面上的反射振幅，并绘出其与砂岩孔隙度和黏土含量的关系，如图 2-24 所示。

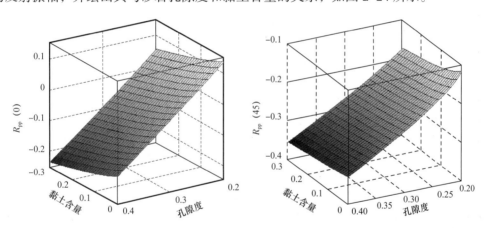

图 2-24　在 0° 入射角（左）和 45° 入射角（右）时泥岩／砂岩界面处的反射振幅（根据书中相应公式计算）
必须谨慎选择这种流体替代方法的输入参数，避免有负的有效孔隙度或有效含水饱和度以及负的干岩体积模量出现

在纯砂岩、孔隙度最低时法向反射率为正。随着角度的增加，它将改变相位，变成负值。高孔隙度砂体时的法向反射率为负，且随着入射角的增大，负反射系数向负的方向变大。

这个简单的例子展示了岩石物理模型在 AVO 响应预测和实际数据分析中的直接使用。

3 岩石物理诊断

3.1 定量诊断

寻找一个精确模拟沉积物特定弹性性质的模型的过程称为岩石物理诊断学。它是在测井数据上进行的，包括两个步骤：（1）通过理论上不同的流体替换，使整个待测层段具有一个共同的流体分母；（2）找到一条拟合这些"含水"数据的模型曲线。

在图 3-1 中给出岩石物理诊断的第一个例子，在 Dvorkin 等（2004）研究的一口井中显示了深度曲线。该井为含油砂岩层段，孔隙度约为 0.20。其余层段是泥岩。计算含水条件下的 v_p，如预期的那样，超过了砂岩中测量的速度，而 v_s 保持不变。

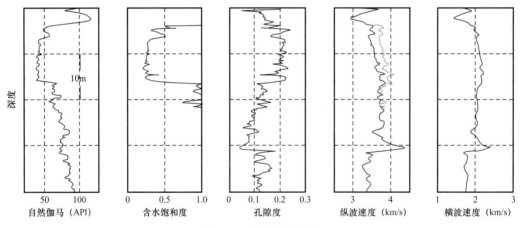

图 3-1　油井深度曲线

从左至右依次为：自然伽马曲线（GR）；含水饱和度；总孔隙度；实测的原状地层的纵波速度（黑色）和由 Gassmann 流体替换理论得到的含水条件下的纵波速度（灰色）；原状地层（黑色）和含水条件下的横波速度（灰色）

通过绘制速度—孔隙度交会图（图 3-2）发现，不同于在第二章讨论的例子，v_p 和 v_s 都几乎不随孔隙度的减小而增大。其原因是同时出现黏土含量的增加和孔隙度的降低。第一个因素使岩石变软，而第二个因素使岩石变硬。通过相互作用，这两个因素产生了几乎平坦的速度—孔隙度曲线。

为了找到一个模型来解释这些数据，首先用流体替换整个含水层段。相应地，模型曲线为含水条件下的，并使用与井中流体替代中使用的相同的普通流体分母项（盐水）。

本例中选择的模型为配位数为 6，压差为 30MPa，参数 $f=1$ 的硬砂模型。在图 3-2 中的含水砂岩数据上，叠置了六条模型曲线，其均是使用相同的模型计算的，但是改变了矿物含量：顶部曲线是 100% 石英，而底部曲线是 100% 黏土。计算了黏土含量从 0 到 100%，增量为 20%（从上到下）的中间曲线。

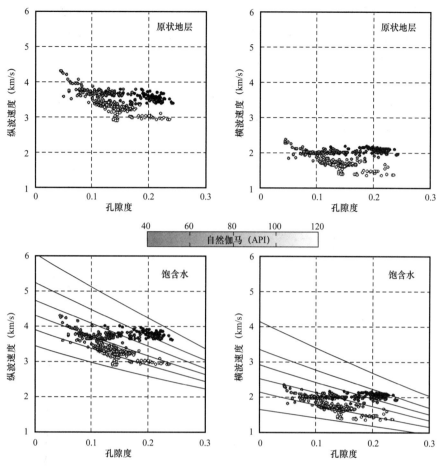

图 3-2　显示的为图 3-1 中井数据的原始条件下（上图）与含水条件下（下图）速度—孔隙度交会图，色标用自然伽马表示（颜色越浅，自然伽马越高），这里用自然伽马代表黏土含量，模型曲线根据文中所述的硬砂模型计算得出

通过观察发现，这里选择的模型定量地解释了数据：砂的黏土含量在 0～20%，向泥岩的转变过程中伴随着黏土含量增加的现象。结果，部分速度—孔隙度曲线呈现平缓趋势。现在已经建立了一个合适的模型，可以用来在理论上模拟不同孔隙度、矿物组分、孔隙流体条件下的弹性性质。通过以一种与地质上一致的方式进行改变，可以创建伪井，例如，砂岩孔隙逐渐变细，并逐渐被泥岩所取代。利用这样的伪井（类似于图 1-9 所示）计算的合成地震记录图件可以帮助解释那些远离井控的实际地震数据。

图 3-2 所示的交会图实质上是三维图，其中第三维用颜色表示（本例中颜色用自然伽马表示）。可以用其他参数来更好地理解目标层段的沉积过程。将图 3-3 作为一个例子，（a）（b）（c）（d）分别为 v_p 与孔隙度（颜色用深度表示）、v_p 与自然伽马（颜色用孔隙度表示）、含水饱和度与孔隙度（颜色用纵波速度表示）、孔隙度与自然伽马（颜色用含水饱和度表示）的交会图，其中的纵波速度由计算得到含水岩石的速度。

从第一个交会图中可观察到，软质高孔隙泥岩位于层段顶部，而位于砂体之下的泥岩经历了逐渐压实的过程。第二个交会图表明，除了在井下部出现一个低孔隙度的高速尖峰外，速度总体上随自然伽马的增大而减小。第三个交会图显示的正如预期的那样，碳氢化合物仅存在于低自然伽马层段。第四个也是最后一个交会图，特别重要，因为它显示了一个复杂的孔隙度随自然伽马变化的线性。这一趋势呈"V"形，说明随着孔隙度的降低，从中等孔隙相对较纯的砂逐渐向泥质砂岩过渡。在达到最低孔隙度点（自然伽马约为80）后，孔隙度开始随着自然伽马的增加而增加，直到达到相对高孔隙度的纯泥岩点。这种趋势可以帮改变孔隙度和黏土含量时，遵循沉积环境变化规律。

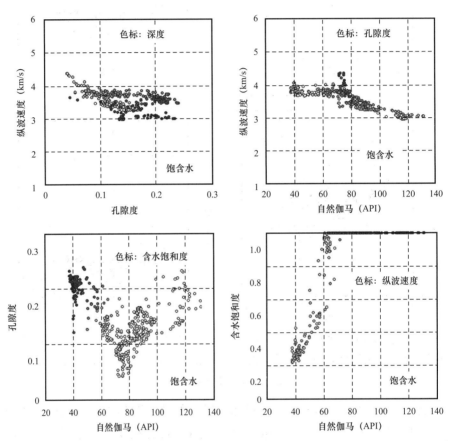

图 3-3　来自图 3-1 的数据，纵波速度对应于含水条件，左上角顺时针方向依次为：速度与孔隙度（颜色用深度表示，暗色代表较浅的深度，亮色代表较深的深度）；速度与自然伽马（GR）（颜色用孔隙度表示，深色代表较小的孔隙度，浅色代表较大的孔隙度）；含水饱和度与自然伽马（GR）（颜色用速度表示，暗色代表较低的速度，亮色代表较高的速度）；孔隙度与自然伽马（GR）（颜色用含水饱和度表示，深色为部分水饱和，浅色为完全水饱和）

　　第二个岩石物理诊断例子是一口顶部含气饱和度较小的井（图 3-4）。图 3-5 所示的诊断交会图表明，在配位数 6，压差 30MPa 和 f=2 条件下，用软砂岩模型计算不同黏土含量条件下对应的模型曲线可以较好地描述数据。严格地说，输入的压差应随深度变化，然而，为了找到合适的模型，需要保持某些参数不变。这就是为什么在这个例子中，使用一个恒定的压差。当然，当检查相对较小的深度范围层段时，这种方法是合理的，但在不调整输入的情况下，必须谨慎使用单一模型来描述大深度范围层段内的岩石特性。

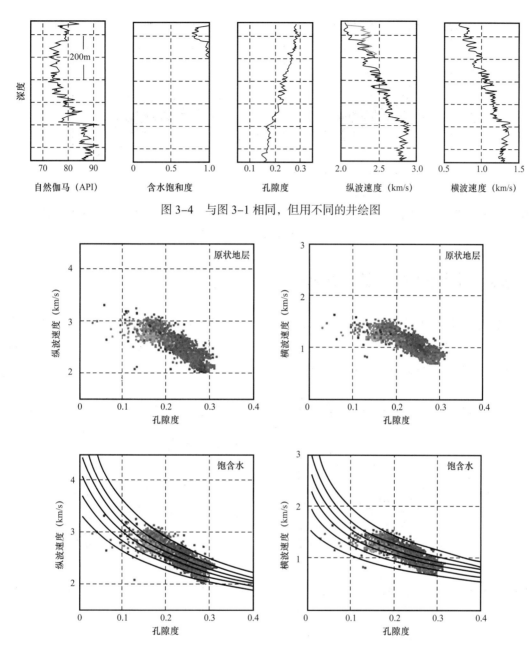

图 3-4　与图 3-1 相同，但用不同的井绘图

图 3-5　与图 3-2 相同，但显示图 3-4 所示的井数据，曲线采用软砂模型，黏粒含量从上到下依次为从 0 增加到 100%，增量 20%（色标表示自然伽马）

图 3-6 说明了为整个层段引入一个共同的流体分母的重要性：在原状地层条件下，气砂中的速度—孔隙度趋势与泥岩中的趋势一致，但如果计算含水岩石条件下的速度，则趋势与其他（含水）砂层段的趋势一致。

这里描述的岩石物理分析程序将在本书中用于建立岩石物理变换，创建伪井，然后产生合成地震目录。这个程序是基于试验的，并且是可能的，因为有大量的岩石物理模型做支撑。为了避免由于某些错误的原因而获得良好的拟合，记住一个模型在地质，沉积和成岩作用方面的意义是非常重要的。

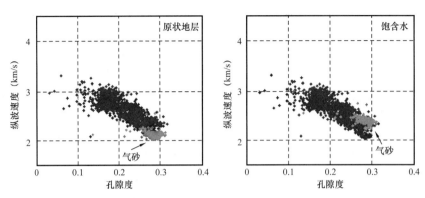

图 3-6　通用流体分母的重要性，速度与孔隙度的关系如图 3-3 所示，左图：原始地层条件；右图：含水岩石条件（灰色符号代表气砂）

3.2　定性诊断：关注数据

用各种坐标和色标绘制数据并考虑结果有助于理解变量之间的内在关系，如弹性性质与孔隙度、矿物含量、深度和压实程度之间的关系。从井上测量数据得到的图标说明了这一观点。图中的标题说明了数据所隐含的关系。

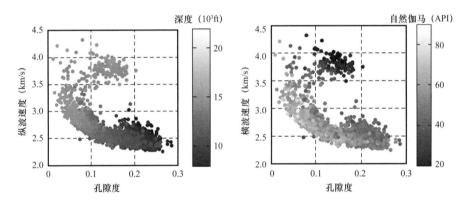

图 3-7　速度与孔隙度的关系，颜色分别表示深度（左）和自然伽马（右），深度单位为千英尺，左图显示了泥岩中的压实。砂岩（右图为暗色）位于较深的层段，胶结良好

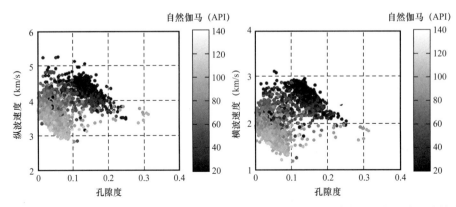

图 3-8　速度与孔隙度的关系，其中颜色表示自然伽马，显示了低孔隙度的致密泥岩和中等孔隙、胶结良好的砂岩

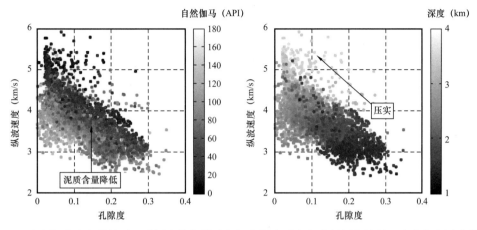

图 3-9 速度与孔隙度的关系，采用自然伽马（左）和深度（右）进行颜色编码，这些交会图中的外围数据点可能表明数据质量较低，但不应将其排除在数据分析之外，除非了解其原因（例如，可从井径测井中推断井眼是否垮塌）

3.3 使用井资料时的注意事项

通常，对钻井资料开展岩石物理分析是在测井岩石物理学家对资料进行分析处理后进行的。因此对数据的任何改变将会导致后续分析的假象。例如，饱和度曲线可以直接从电阻率得到，而不考虑有时高电阻率是由孔隙度较低引起的，这可能导致 100% 含水的泥岩中的烃类饱和度大于零。可以使用不同的横波速度方法来改变（或简单地从头创建）横波速度曲线。总孔隙度可根据 Wylie 时间平均方程或 Raymer 变换（声波孔隙度），从纵波速度计算得到。

岩石物理学家应始终了解特定曲线是如何得到的，并根据原始记录的数据，而不是采用处理后的数据进行相应的岩石物理研究。

第二部分
合成地震振幅

4 单界面模拟：快速观察法

4.1 单界面反射模拟：概念

在两个弹性半空间界面上开展地震反射正演模拟，是在已知地质条件下对地震道特征进行模拟的传统模拟方法，可对上覆泥岩/砂岩储层、气/油、气/水和油/水界面，以及在地下各种不整合面进行模拟。在已知两个半空间的弹性性质条件下，才能开展这样的计算。如果知道岩石性质、所处环境与弹性性质之间的转换，就可以计算不同孔隙度、岩性和流体条件对应的地震界面反射。在本章的下一节中将回顾用于计算地震反射的数学方法，然后利用这些公式评估地震特征，进而推测界面两侧的半空间的岩石性质。

4.2 法向反射率和角度反射率

两弹性体界面处的反射系数定义为反射波振幅与入射波振幅之比。当地震波碰到界面时，会产生反射和透射波（图4-1）。在这里只分析反射的纵波。入射的纵波方向可以在垂直于界面的方向上或以非零角度接近界面（图4-1）。将入射角定义为波前面的传播方向与垂直于两半空间界面的方向之间的夹角。纵波法向入射时不产生横波，当纵波的入射角不为零会产生反射和透射横波。在下面的 P—P 反射系数方程中，上界面用下标"1"标记，而下界面用下标"2"标记。

反射纵波振幅的方程在法向入射时变得特别简单（Zoeppritz，1919）：

$$R_{PP}(0) = \frac{\rho_2 v_{P2} - \rho_1 v_{P1}}{\rho_2 v_{P2} + \rho_1 v_{P1}} = \frac{I_{P2} - I_{P1}}{I_{P2} + I_{P1}} \approx \frac{1}{2} \ln \frac{I_{P2}}{I_{P1}} \tag{4-1}$$

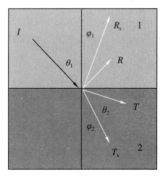

图4-1 左图：垂直界面入射（I）的纵波以及反射（R）和透射（T）的纵波，右图：非零入射角下的纵波，q_1 是入射角，而 q_2 是透射角，上部弹性半空间用数字"1"标记，而下部弹性半空间用数字"2"标记，反射和透射横波分别用"R"和"T"标记，反射横波和透射横波的角度分别为 θ_1 和 θ_2

式中 R_{PP}（0）为法向入射时 P—P 反射率（零入射角）。

式（4-1）表明，法向反射率仅取决于半空间的阻抗。

反射纵波的角度与入射纵波的角度 θ_1 相同。透射纵波的角度 θ_2 由下式确定：

$$\sin\theta_2 = \sin\theta_1 \frac{v_{P2}}{v_{P1}} \tag{4-2}$$

非零入射角 θ_1 下反射纵波振幅方程相当复杂（Zoeppritz，1919；Aki 和 Richards，1980）：

$$R_{PP}\left(\theta_1\right) = \left[\left(b\frac{\cos\theta_1}{v_{P1}} - c\frac{\cos\theta_2}{v_{P2}}\right)F - \left(a + d\frac{\cos\theta_1}{v_{P1}}\frac{\cos\phi_2}{v_{S2}}\right)Hp^2\right]/D \tag{4-3}$$

式中，ϕ_2 为透射横波的角度（图 4-1）。该角度 ϕ_2 以及反射横波的角度 ϕ_1 和射线参数 p 由下式确定：

$$p = \frac{\sin\theta_1}{v_{P1}} = \frac{\sin\theta_2}{v_{P2}} = \frac{\sin\phi_1}{v_{S1}} = \frac{\sin\phi_2}{v_{S2}} \tag{4-4}$$

式（4-3）中的其他参数是：

$$a = \rho_2\left(1-2\sin^2\phi_2\right) - \rho_1\left(1-2\sin^2\phi_1\right)$$

$$b = \rho_2\left(1-2\sin^2\phi_2\right) + 2\rho_1\sin^2\phi_1$$

$$c = \rho_1\left(1-2\sin^2\phi_1\right) + 2\rho_2\sin^2\phi_2$$

$$d = 2\left(\rho_2 v_{S2}^2 - \rho_1 v_{S1}^2\right)$$

$$D = EF + GHp^2$$

$$E = b\frac{\cos\theta_1}{v_{P1}} + c\frac{\cos\theta_2}{v_{P2}}$$

$$F = b\frac{\cos\phi_1}{v_{S1}} + c\frac{\cos\phi_2}{v_{S2}} \tag{4-5}$$

$$G = a - d\frac{\cos\theta_1}{v_{P1}}\frac{\cos\phi_2}{v_{S2}}$$

$$H = a - d\frac{\cos\theta_2}{v_{P2}}\frac{\cos\phi_1}{v_{S1}}$$

绘制 R_{PP}（θ）与入射角 θ 的曲线称为振幅与偏移距曲线或简称 AVO 曲线（更准确地说，振幅与角度的曲线或 AVA 曲线）。

多年来，国外学者（Castagna 等，1993）引入了许多 Zoeppritz（1919）反射系数的近似公式，通常被称为 AVO 近似公式。可以说，最简单和非常方便的是 Hilterman（1989）公式：

$$R_{PP}\left(\theta\right) \approx R_{PP}\left(0\right)\cos^2\theta + 2.25\Delta v\sin^2\theta = R_{PP}\left(0\right) + 2.25\left[\Delta v - R_{PP}\left(0\right)\right]\sin^2\theta$$

$$R_{PP}\left(0\right) = \left(I_{P2} - I_{P1}\right)/\left(I_{P2} + I_{P1}\right) \tag{4-6}$$

式中，Δv 为下半无限空间的泊松比 v_2 与上半无限空间的泊松比 v_1 之差。虽然是近似的，但当入射角不大，界面两侧弹性参数差异较小的情况下，式 4-6 产生的反射系数与式 4-3 所示的精确方程生成的反射系数极为接近（图 4-2）。

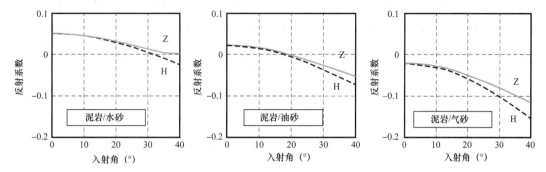

图 4-2　使用精确的 Zoeppritz 公式（实线）和 Hilterman（1989）近似公式（虚线）计算两个半无限空间之间的界面反射系数与角度的关系，从左到右：分别对应含水砂岩，油砂和气砂与含水泥岩的界面，此次模拟中使用的弹性参数见表 4-1，在入射角小于 30° 的情况下，尤其是前两种情况下，精确曲线和近似曲线具有相同的特征，且相互接近

因为许多 AVO 近似公式采用的形式是 $R_{\mathrm{PP}}(\theta)$ 是 $\sin^2\theta$ 的函数：

$$R_{\mathrm{PP}}(\theta) = R + G\sin^2\theta \tag{4-7}$$

通常用来描述 AVO 曲线特征的两个参数是截距 R 和梯度 G。对于 Hilterman（1989）提出的 AVO 近似公式：

$$R = R_{\mathrm{PP}}(0),\ G = 2.25\left[\Delta v - R_{\mathrm{PP}}(0)\right] \tag{4-8}$$

无论使用精确的 AVO 公式还是它的任何近似形式，截距总是为：

$$R = R_{\mathrm{PP}}(0) = (I_{\mathrm{P2}} - I_{\mathrm{P1}})/(I_{\mathrm{P2}} + I_{\mathrm{P1}}) \approx 0.5\ln(I_{\mathrm{P2}}/I_{\mathrm{P1}}) \tag{4-9}$$

表 4-1 用于计算图 4-2 中反射系数曲线的上半空间（泥岩）和下半空间（砂）的弹性性质。上半空间为页岩，黏土含量 65%，石英含量 35%，孔隙度 17%。下半空间为黏土含量 5%，石英含量 95%，孔隙度 25% 的砂岩。在第一种情况下，砂岩含水。在第二和第三种情况下，砂体的含水饱和度为 40%，其余孔隙空间分布由油、气充填。用 Raymer–Hunt–Gardner（1980）模型计算得到纵波速度 v_{P}，并结合 Dvorkin（2008a）模型来计算横波速度 v_{s}。

表 4-1　用于计算含水泥岩及含水砂岩弹性性质的参数

岩石类型	v_{P}（km/s）	v_{s}（km/s）	密度（g/cm³）	纵波阻抗 [（km/s）·（g/cm³）]	泊松比 v
含水泥岩	3.161	1.598	2.332	7.370	0.328
含水砂岩	3.645	2.041	2.235	8.145	0.271
油砂	3.503	2.059	2.197	7.697	0.236
气砂	3.353	2.102	2.109	7.071	0.177

4.3 弹性常数正演模拟

因为式（4-6）仅用纵波阻抗和泊松比两个弹性参数，特别便于显示弹性常数对 AVO 曲线的影响。图 4-3 显示的示例中，其中在纵波阻抗—泊松比交会图中，右侧点为上半空间对应的纵波阻抗与泊松比，左侧点为下半空间对应的纵波阻抗与泊松比。然后用式（4-6）来在计算 $R_{pp}(\theta)$ 随入射角的变化，截距和梯度由式（4-8）确定。接下来，通过将 Ricker 子波和在每个入射角对应的界面反射系数进行褶积，来计算得到的地震道集，并显示在单独的窗口中。

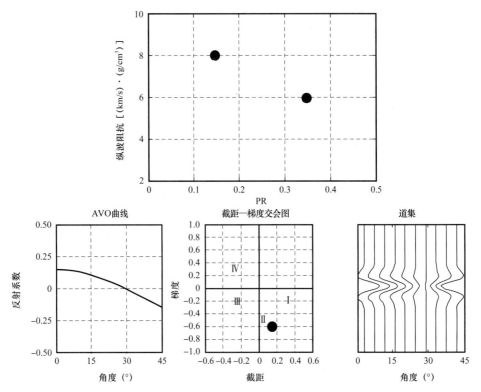

图 4-3　弹性 AVO 建模小程序，上图：纵波阻抗与泊松比交会图，在这个平面中选择两个点，第一个点用于描述上半空间的弹性参数（在本例中的右边），第二个点用于下半空间的弹性参数（在左边），在这个例子中，第一个点在平面的右手边，而第二个点在平面的左手边，并且第二个点比第一个点具有更大的阻抗和更小的泊松比，下图，从左到右依次为：AVO 曲线；梯度对截距；以及绘制反射波地震道集与入射角的关系，道集中的垂直轴是 TWT（双程旅行时间）或深度，结果显示其 AVO 曲线特征属于 I 类 AVO

请注意，在图 4-3 的示例中，零入射角时的反射系数为正。随着入射角的增大，反射系数逐渐减小，在 30° 左右变成零。在较大的角度，它振幅变得负向越来越强。梯度为负，截距为正。从地震道集中可以明显看到，AVO 曲线在 30° 变成零振幅，道集的相位在该入射角处也发生变化。图 4-3 中的显示是由编制 AVO 程序的交互代码生成的。

地球物理学者常用四种 AVO 类型来划分 AVO 曲线的特征，根据 Rutherford 和 Williams（1989），I 类 AVO 截距为正而梯度为负（图 4-3）；Ⅱ 类 AVO 截距接近零且梯度为负（图 4-4 的上图）；第Ⅲ类 AVO 截距和梯度均为负（图 4-4，BOT-TOM）。还有第Ⅳ类 AVO 也具有正梯度的曲线特征（图 4-5）。这些 AVO 类型标记在软件中显示的梯度与截距交会图中。

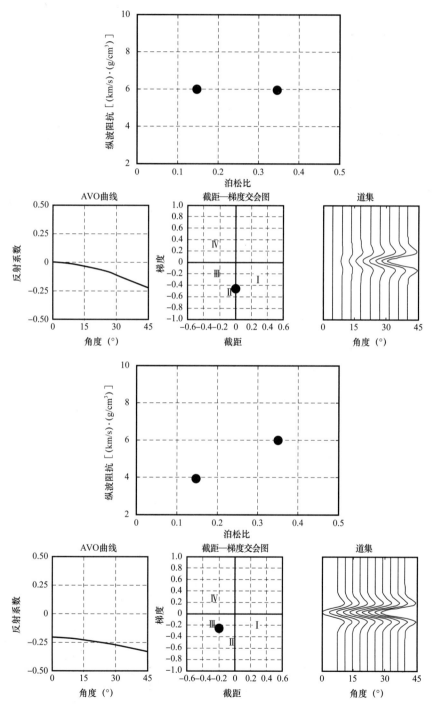

图 4-4　与图 4-3 相同，变化的指示下半空间的纵波阻抗：上半空间两者弹性性质相同（顶部软件显示为第Ⅱ类 AVO），但是阻抗小于上半空间（顶部软件显示为第Ⅲ类 AVO）。在这些例子中，首先选择右边的点，然后选择左边的点）

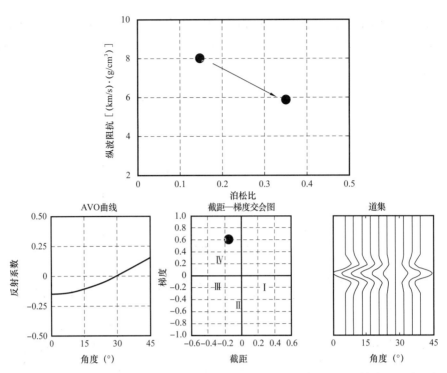

图 4-5　与图 4-4（上）相同，但弹性性质的选择顺序相反：这里下半空间的阻抗小于上半空间，而下半空间的泊松比大于上半空间，此时产生第Ⅳ类 AVO

　　第Ⅳ类 AVO 不仅是由于下半空间的泊松比大于上半空间的泊松比。理论上，还有可能是由半空间之间的强波阻抗差引起的（图 4-6）。

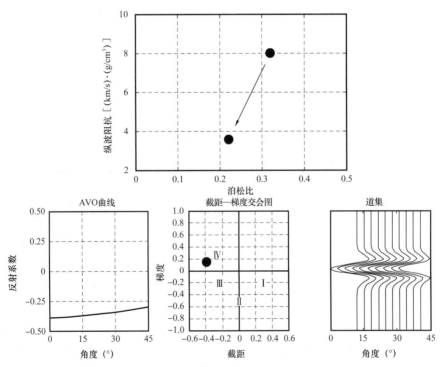

图 4-6　与图 4-5 相同，但从高阻抗、高泊松比半空间到低阻抗、低泊松比半空间，产生第Ⅳ类 AVO

可以用岩石物理解释这些弹性模拟结果对应的岩石物理性质。例如，Raymer 等创建的模型（1980），结合 Dvorkin（2008a）的横波速度预测公式，孔隙度为 25% 的含水泥岩的纵波阻抗 I_p=5.42 [（km/s）·（g/cm³）]，泊松比 ν=0.40；而孔隙度为 15% 的气砂的纵波阻抗 I_p=9.81 [（km/s）·（g/cm³）] 与泊松比 ν=0.14。这种界面产生第 I 类 AVO。孔隙度为 10% 的含水泥岩纵波阻抗 I_p=7.60 [（km/s）·（g/cm³）]，泊松比 ν=0.35，而孔隙度为 23% 的气砂纵波阻抗 I_p=7.55 [（km/s）·（g/cm³）]，泊松比 ν=0.16。其界面产生第 II 类 AVO。同样是孔隙度为 30% 的泥岩和气砂，现在的纵波阻抗 I_p=5.88 [（km/s）·（g/cm³）]，泊松比 ν=0.19，产生第 III 类 AVO。

然而，利用岩石物理转换，也可以直接从岩石性质正演模拟 AVO 响应。

4.4 直接根据岩石性质进行正演模拟

在下面的例子中，为了简单起见，假定岩石的固体基质只包括两种矿物，石英和黏土。然而，这一假设并不限制这里讨论的原理对其他岩性类型的适用性。

图 4-7（左）平面图中的横轴是岩石的总孔隙度，纵轴是黏土含量。图中的两个矩形描绘了选择的砂岩、泥岩的孔隙度与黏土含量的变化范围，其中砂岩孔隙度在 20%～30% 之间变化，黏土含量在 5%～25% 之间变化，泥岩的孔隙度在 10%～30% 之间变化，黏土含量在 75%～95% 之间变化。假设泥岩是 100% 含水的，并且根据 Raymer 等（1980）和 Dvorkin（2008a）提出的公式，岩石的弹性性质与孔隙度和黏土含量有关。然后，通过将该变换应用于选定在给定范围内的孔隙度和黏土含量上，计算出相应的纵波阻抗和泊松比，并将结果映射到纵波阻抗—泊松比平面上（图 4-7 的右图）。左图的泥岩矩形转换为右图的倾斜形状。

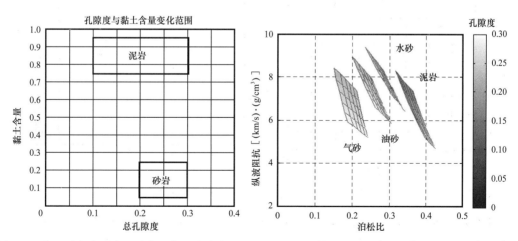

图 4-7 将左图中为泥岩、砂岩选定的孔隙度和黏土含量矩形映射到纵波阻抗—泊松比平面（右图）上，右边的泥岩、含水砂岩、气砂和油砂所充填的区域，其色标用孔隙度来表示，孔隙度越高，纵波阻抗越小，泊松比越高

使用相同的模型将图 4-8 左侧的砂岩矩形转换到右侧图中所对应的纵波阻抗—泊松比区域中。现在，不仅可以计算 100% 含水砂岩的弹性参数，而且还可以计算该砂岩在饱含油、气条件下的弹性参数。与油、气、水三相对应的倾斜形状如右图所示。

当然，泥岩和砂所占的区域取决于所选择的岩石物理变换。图 4-8 显示的为采用硬砂模型计算的图版区域。因为硬砂模型和 Raymer 等（1980）的模型提供了非常接近的结果，图 4-8 中的泥岩、砂岩所在的区域与图 4-7 中的接近。只是硬砂模型计算的砂和泥岩的泊松比较小。

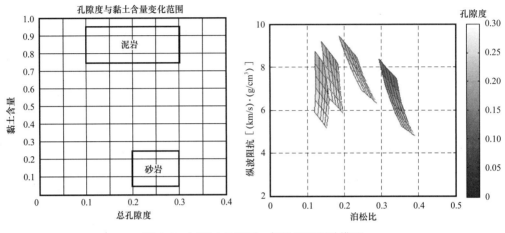

图 4-8　与图 4-7 相同，但适用于硬砂模型

图 4-9 显示了软砂模型的结果，并使用了与前面两个示例中相同的输入。正如预期的那样，硬砂和 Raymer 等的模型相比，硬砂模型计算的泥岩和砂具有更小的阻抗。

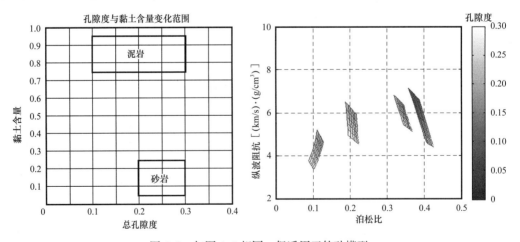

图 4-9　与图 4-7 相同，但适用于软砂模型

既然岩石性质和流体都可映射到弹性参数，就可以从弹性参数而不是直接从岩石性质生成地震道集。例如，假设软砂模型适合目标层段中的泥岩和砂岩，可以探索泥岩和砂之间的反射特征是如何随流体而变化的（图 4-10）。随着砂岩中的流体由气到油再到水的转变，AVO 响应由Ⅲ类变到Ⅱ类，到具有小正截距和小负梯度的弱 AVO 响应。

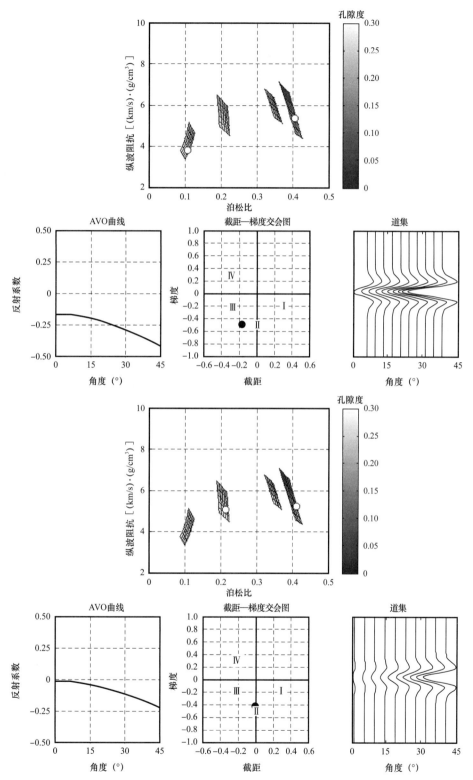

图 4-10 泥岩与软砂模型中的气砂（上图），油砂（中图）和水砂（下图）之间的反射，在顶部的面板中，首先选择泥岩点（右边的符号）

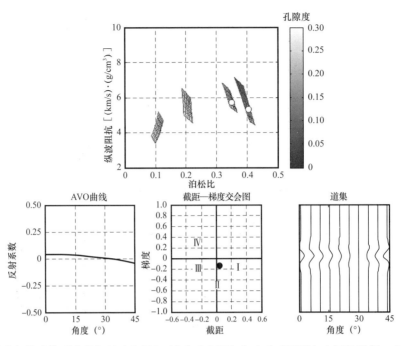

图 4-10 泥岩与软砂模型中的气砂（上图），油砂（中图）和水砂（下图）之间的反射，在顶部的面板中，首先选择泥岩点（右边的符号）（续）

使用相同的小程序，还可将泥岩的孔隙度从高孔隙度（30%）逐渐改变到中孔隙度（20%），再到小孔隙度（10%），来探索泥岩和孔隙度为 25% 的油砂之间的响应是如何随泥岩的固结程度而变化的（图 4-11）。相应的响应特征从弱 Ⅰ 类 AVO 到 Ⅱ 类 AVO，最后过渡到到 Ⅲ 类 AVO。

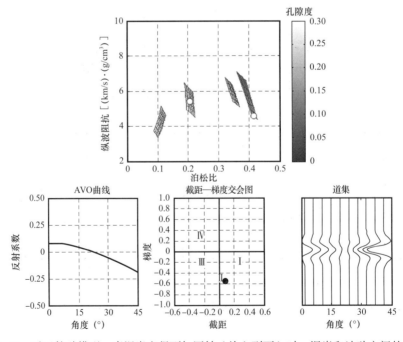

图 4-11 对于软砂模型，当泥岩变得更加固结（从上到下时），泥岩和油砂之间的反射

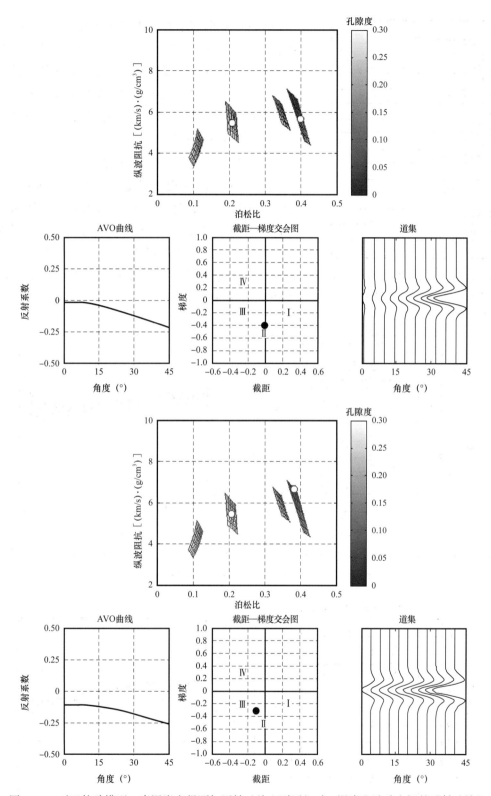

图 4-11 对于软砂模型，当泥岩变得更加固结（从上到下）时，泥岩和油砂之间的反射（续）

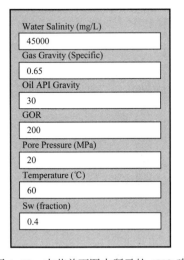

Water Salinity (mg/L)
45000
Gas Gravity (Specific)
0.65
Oil API Gravity
30
GOR
200
Pore Pressure (MPa)
20
Temperature (℃)
60
Sw (fraction)
0.4

图 4-12 本节前面图中所示的 AVO 建
模的流体性质和所处环境参数表格

岩石物理模型是否适用于所研究的特定层段，通常是未知的。为了建立这样一个合适的模型，需要进行岩石物理诊断（第 3 章）。然后必须使用适当的流体性质和条件作为小程序模拟的输入（图 4-12）。最后，可以对所有预期的情况进行正演模拟，如图 4-7 至图 4-11 所示。

对于另一种类型的岩石物理小程序，采用与图 4-12 所示相同的输入参数，以及选择图 4-7 所示的砂、泥岩属性范围（左图）。在对这些参数进行设置后，使用了完整的 Zoeppritz 公式分别计算了泥岩和水砂、油砂、气砂之间的 AVO 曲线。图 4-13 显示了砂岩、泥岩均符合 Raymer 等（1980）和 Dvorkin（2008a）的模型。

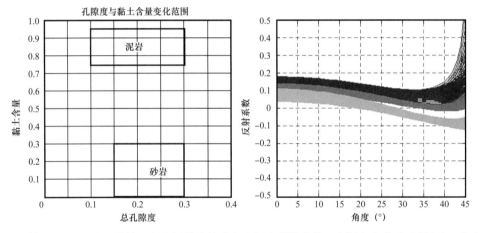

图 4-13 使用图 4-12 所示的输入和左侧描述的砂岩和泥岩弹性参数，在泥岩和水砂（黑色），油砂（深灰色）和气砂（浅灰色）界面处的 AVO 曲线（右）

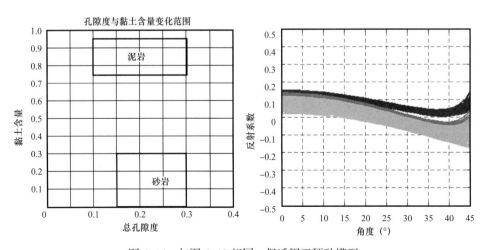

图 4-14 与图 4-13 相同，但适用于硬砂模型

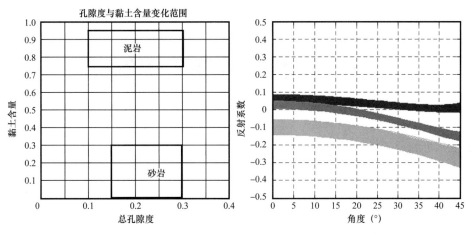

图 4-15　与图 4-14 相同，但适用于软砂模型

5 伪井：原理与实例

5.1 三层（三明治）模型

最简单的伪井构建就是创建三层（三明治）结构，有限厚度的储层上下被两套非储层包围（如泥包砂）。孔隙和压差以及流体性质等储层环境，以及砂岩、泥岩的性质都必须能反映研究区的地质背景。

对于本节的示例，采用表 5-1 中列出的流体性质和环境。此外，为了将岩石性质和所处环境转化为弹性性质，采用了压差为 25MPa，临界孔隙度为 0.40，配位数为 6，剪切模量修正因子 f［式（2-26）］为 1 的软砂模型。用 Batzle-Wang（1992）公式计算了流体相的密度和弹性性质。最后，使用单相流体相体积模量的调和平均值来计算水和油以及水和气的混合物的有效体积模量［式（2-11）］。图 5-1 显示了根据软砂模型，岩石在波阻抗—孔隙度和波阻抗—泊松比平面图上的泥岩和砂岩的弹性特性。

表 5-1 图 5-1 至图 5-5 计算中所使用的流体性质和温压条件

地层水矿化	石油 API	气比重	气油比	孔隙压力（MPa）	温度（℃）
5×10^4	30	0.65	300	25	70

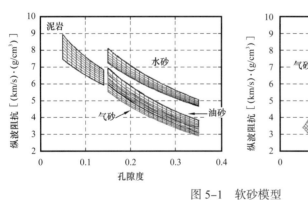 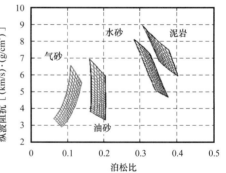

图 5-1 软砂模型

泥岩孔隙度在 0.05～0.14 之间变化，黏土含量在 60%～100% 之间变化，而砂岩的孔隙度在 0.15～0.35 之间变化，黏土含量在 0～30% 之间变化，计算了波阻抗与孔隙度（左）和波阻抗与泊松比（右）的关系。油砂中含水饱和度为 40%，气砂中含水饱和度为 20%。油砂、气砂体的阻抗值重叠。灰色曲线画出的是气砂所占据的区域。在左图中，阻抗随着黏土含量的增加而减小。在右图中，接近垂直的曲线表示黏土含量不变，而接近水平的曲线表示孔隙度固定不变而黏土含量变化

在第一个例子中，假设砂储层含有 40% 的盐水和 60% 的石油；泥岩中黏土含量 80%，孔隙度 0.20；砂岩中黏土含量为 5%；且下伏泥岩与储层上覆泥岩性质相同。逐渐将砂岩的孔隙度从 35% 降低到 15%，并生产出相应的合成道集（图 5-2）。地震响应是用

射线追踪器和中心频率为 60Hz 的 Ricker 子波计算的。合成道集根据全 Zoeppritz 公式组与射线追踪算法模拟得到，采用主频为 60Hz 的 Ricker 子波。在本节的所有实例中都使用了相同的地震正演模拟参数。

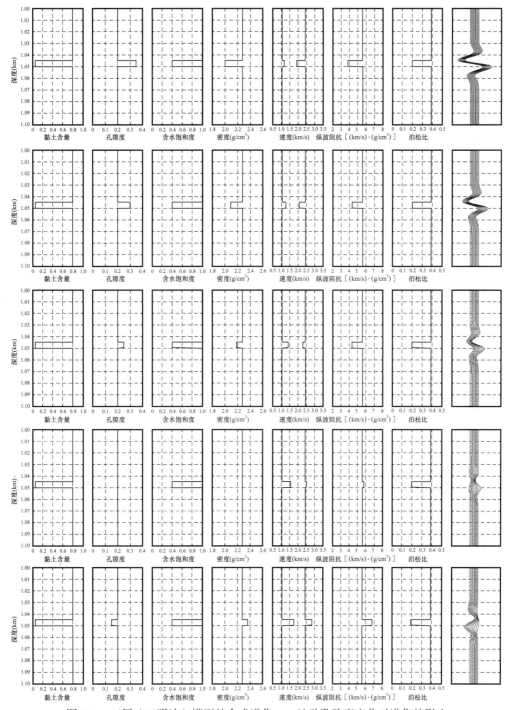

图 5-2　三层（三明治）模型的合成道集——油砂孔隙度变化对道集的影响
泥岩、砂岩输入属性显示在每个图形的前三列中。用软砂模型计算的弹性特性显示在第 4、5、6、7 列中。得到的合成地震道集显示在第 8 列上。左边的道是垂直入射的。其余部分表示偏移距逐渐增加（从左到右）

正演地震道集的结果表明，随着砂体孔隙度从 35% 降低到 25%，砂岩的第Ⅲ类强 AVO 响应逐渐变弱（图 5-2 中的上三幅图）。当砂体的孔隙度为 20% 时，响应变为第Ⅱ类 AVO（图 5-2 中从顶部开始的第四个图）。最后，当砂体的孔隙度为 15% 时，它变成Ⅰ类 AVO（图 5-2 中的底部曲线图）。

如图 5-2 所示，用于产生合成道集的模型可以用来研究石油性质变化对地震响应的影响。在图 5-3 所示的例子中，将泥岩的孔隙度和黏土含量分别固定为 0.20% 和 80%，而砂中的孔隙度和黏土含量分别为 0.25% 和 5%。砂中含水饱和度为 40%。这个例子中的变量是 GOR（气油比），它从 600 逐渐降低到 0（死油）。输入的岩石性质和饱和度显示在图 5-3 的前三道中。结果表明，当油从高气油比的活油变为低气油比的死油时，从第Ⅲ类强 AVO 响应变为第Ⅲ类弱 AVO 响应，最终变为第Ⅰ类 AVO 响应。

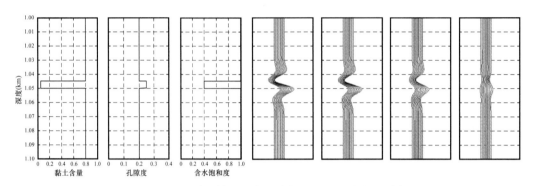

图 5-3　三层（三明治）模型的合成道集——GOR 变化对道集的影响

泥岩、砂岩的输入属性显示在每个图形的前三列中。未显示用软砂模型计算的弹性曲线。第 4、5、6 和 7 列分别为 GOR 对应 600、400、200 和 0 的时的道集。道显示与图 5-2 相同

在下一个例子（图 5-4）中，探讨了孔隙度为 0.30，含水饱和度为 20% 的气砂中水位上升的影响。所有其他参数与前面的示例中相同。随着地下水位的逐渐上升，原始的第Ⅲ类强 AVO 响应变弱，最终变为水砂岩的第Ⅱ类 AVO 响应特征。

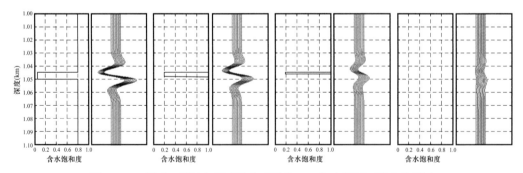

图 5-4　三层（三明治）模型的合成道集——气水界面对道集的影响

模型的几何形态和岩石性质与图 5-2 中使用的相同。砂的孔隙度固定在 0.30。然而，在这里，储层底部含水。通过第 1、3、5、7 列的含水饱和度曲线，说明了地下水位的位置。并其对应的合成道集分别显示在第 2、4、6、8 列。前两列对应于整个储层被气体占据的情况。在接下来的道中，地下水位从砂厚的 1/2 变到 3/4。最后两后两列中，整个砂层都含水

以上三个例子说明了地震响应的多解性：AVO 类型的变化可能是由孔隙度、石油性质或地下水位的变化引起的。为了减少这种不确定性，选择弹性参数输入必须能代表研究区

域的特点，并且必须依据最可能的地质背景来选择扰动的储层参数。

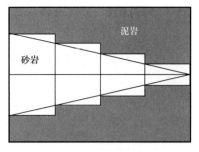

下一个例子是在"楔形"模型（图5-5）中储层厚度逐渐减小，并计算出相应的合成道。在这个例子中，输入的弹性参数与前面例子中相同的，并将气砂的孔隙度固定在0.30，含水饱和度固定在20%。

图5-5　泥包砂的楔状模型，计算了砂体厚度逐渐减小时的地震响应

砂层厚度为10m、5m、2.5m和0.5m时的合成地震记录如图5-6所示。由于振幅的"调谐"，5m厚砂层相对10m厚砂层出现更强的第Ⅲ类AVO响应，其中来自砂层顶、底的反射增强了振幅的综合响应。在小于5m后，砂岩厚度越小，地震反应越弱。

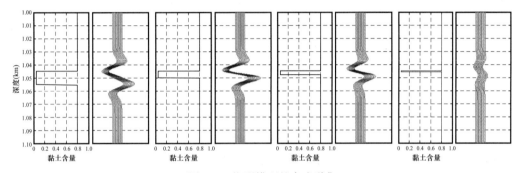

图5-6　楔形模型的合成道集

气砂含水饱和度固定在20%。砂岩的孔隙度固定在0.30。砂岩的厚度（从左至右）依次为10m、5m、2.5m和0.5m

利用同样的原理，可以探索一种双夹层模型，其中两层砂岩被泥岩分开。在图5-7所示的例子中，每个气砂层厚度为2.5m，孔隙度为0.30，含水饱和度为20%。上层顶部与下层顶部之间的距离从10~20m逐渐减小到0.5~5m。当砂层间距离变小时，分开的反射合并形成较强的第Ⅲ类AVO响应。

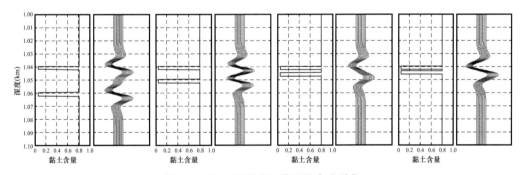

图5-7　双"三明治"模型的合成道集

气砂含水饱和度固定在20%。砂的孔隙度固定在0.30。上层顶部与下层顶部之间的距离从10~20m逐渐减小到0.5~5m

5.2　与地质相匹配的输入

上一节中伪井的岩石性质和温压条件往往是相互关联的，并不相互独立地变化。在

第三章中从井数据出发，介绍这样的一个实例（图3-1）。井的数据及其交会图如图5-8所示。

　　图5-8中的孔隙度与自然伽马的交会图表明，随着自然伽马的增加，沉积物的孔隙度降低。这意味着假设自然伽马可代表泥岩（或黏土）含量的变化，该井中黏土含量和的孔隙度是相互联系的：在自然伽马约为30API的相对纯砂中，孔隙度约为0.23，随着自然伽马从约30API增加到75API，孔隙度下降到约0.05。值得注意的是，含水饱和度也是自然伽马（泥质或黏土含量）的函数：在自然伽马最低点时含水饱和度约为20%，在自然伽马约为80API时含水饱和度持续增加，达到100%。

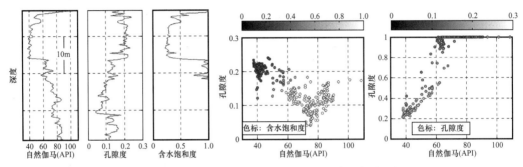

图5-8　钻遇砂/泥岩地层的油井（也在第3章讨论）

从左到右依次为：前三幅图是自然伽马，孔隙度和含水饱和度与深度的关系图。第4个图是孔隙度与自然伽马的关系，用含水饱和度进行颜色编码。第5幅图是含水饱和度与自然伽马的关系图，用孔隙度进行颜色编码

　　如图5-9显示，另一个例子来自近海油井浅层。所研究的层段是完全水饱和的，因此，此时无法观察到饱和度如何随黏土含量而变化。然而，孔隙度和自然伽马之间呈明显的"V"形关系，与图5-8所示的类似。

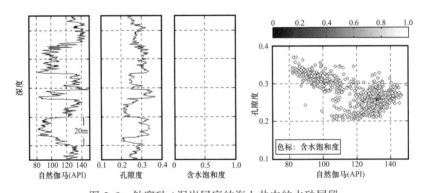

图5-9　钻穿砂/泥岩层序的海上井中的水砂层段

显示的内容与图5-8相同。由于含水饱和度为100%，因此未显示饱和度与自然伽马的关系图

　　图5-10显示了另一口海上气井上部产层的自然伽马、孔隙度、含水饱和度随深度的变化图，其钻遇的全是砂岩、泥岩地层。在这里几乎不存在图5-8和图5-9所示的"V"形图形。相反，孔隙度随着自然伽马的增加而逐渐减少。这是因为该层段中的泥岩比前面两个图中所示的例子更压实，因此高自然伽马"纯泥岩"段的孔隙度小于自然伽马值较低的泥岩层段中，砂岩仍保持较高的孔隙度。在同一图中，还可以观察到含水饱和度是如何随着泥质含量的增加（自然伽马的增加）而稳定地增加的。

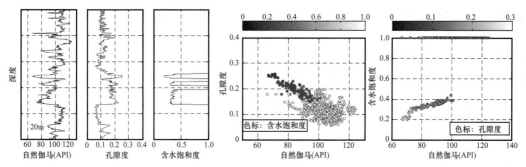

图 5-10　钻穿砂 / 泥岩层序的海上气井
上部储层。显示内容与图 5-8 相同

图 5-11 显示了与图 5-10 相同的曲线和交会图，但是数据来源于同一井的低产油层。该层段的孔隙度—自然伽马特性类似于图 5-10。然而，在饱和度—自然伽马交会图中存在两种趋势。陡峭的趋势来自下面层段的气砂，而相对平坦的趋势，类似于图 5-11 所示的趋势来自上部层段的气砂（图 5-12）。

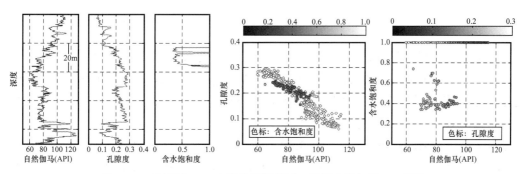

图 5-11　显示图 5-10 中的井下部储层，显示内容与图 5-8 相同

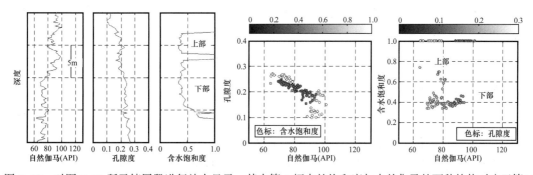

图 5-12　对图 5-11 所示储层段进行放大显示，其中第 5 幅中的饱和度与自然伽马的两种趋势对应于第 3 幅图中所示的上部和下部含气饱和段

这些例子说明，虽然经常看到孔隙度，岩性和含水饱和度之间存在天然相互依赖关系，其呈现的关系不仅与地理位置有关，还有沉积特征有关。然而，这些趋势的存在有着坚实的物理基础。

考虑两种大小极为不同的颗粒的混合物：较大的颗粒代表砂岩颗粒，而较小的颗粒代表泥质（或黏土）。在泥质（黏土）含量为零时，沉积物由相对较大的砂粒组成，总孔隙

度为 ϕ，等于纯砂端组分孔隙度 ϕ_{SS}（图 5-13）。在 100% 泥岩（黏土）含量下，总孔隙度为纯泥质（黏土）端元孔隙度 ϕ_{SH}。假设随着泥质（黏土）含量的增加，大砂粒的原始骨架保持不变，小泥质颗粒逐渐填充这个骨架的孔隙空间。因为纯泥岩的孔隙度大于零，即使当纯砂骨架的整个孔隙空间被泥质颗粒填充，总孔隙度大于零，等于 $\phi_{SS}\phi_{SH}$。随着泥质含量超过这一点时，必须改变纯砂岩骨架以容纳更多的泥质颗粒。现在处理的是悬浮在纯泥质骨架中的砂粒。因此，在悬浮液中的砂粒越少，其孔隙度就越大，现在从其转折点从 $\phi_{SS}\phi_{SH}$ 逐渐变为 100% 泥质含量时的 ϕ_{SH}。

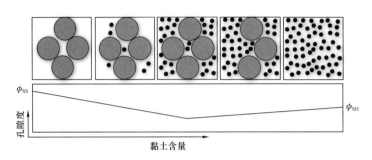

图 5-13　理想二元混合物模型（上图）和孔隙度与黏土含量的示意图（下图）

对这种砂 / 泥岩混合物的理想化表示称为理想二元混合物模型。它的岩石物理实现称为 Thomas-Stieber 模型。Mavko 等（2009）详细讨论了这种分散泥质模型。正如本节中实际井资料所展示的，这种理想化的模型有时是有效的，因此，它是对高度复杂沉积物的行为一种有效的近似。请注意，在本次讨论中，可以互换使用术语"黏土"和"泥质"。前者通常指沉积物的矿物学，后者指沉积物的粒度。因此，在理想的二元混合物模型中，"泥质"一词可能更合适。然而，黏土颗粒非常小，因此也可将该模型应用于砂 / 黏土混合物。

根据这个模型，可以推导出总孔隙度，对黏土含量 C 依赖关系的简单公式（Mavko 等，2009）。具体地说，对于 $0 \leqslant C \leqslant SS$，

$$\phi = \phi_{SS} - (1 - \phi_{SH}) C \qquad\qquad (5-1)$$

当 $\phi_{SS} \leqslant C \leqslant 1$ 时，

$$\phi = \phi_{SH} C \qquad\qquad (5-2)$$

式中，C 为岩石微孔中分散泥质（黏土）的体积分数。

还要注意，这两个公式都给出了 $\phi = \phi_{SS}\phi_{SH}$（$C=1$ 时）。图 5-14（左）显示了不同的纯泥岩孔隙度条件下的孔隙度与黏土含量的"V"形变化趋势。

在层状泥质中可观察到不同的孔隙度、黏土含量变化关系（这是一个岩石物理学术语，地质学家可以把它称为薄互层），在最简单的情况下，一个层段由纯砂层和纯泥岩层交替组成，前者的孔隙度为 ϕ_{SS}，后者的孔隙度为 ϕ_{SH}（图 5-15），在这种情况下：

$$\phi = \phi_{SS} (1-C) + \phi_{SH} C \qquad\qquad (5-3)$$

假定层是薄的，以便测井仪器对整个层状层序的有效岩石性质进行采样。图 5-14（右图）显示了各自孔隙度 ϕ 与 C 的对比关系。

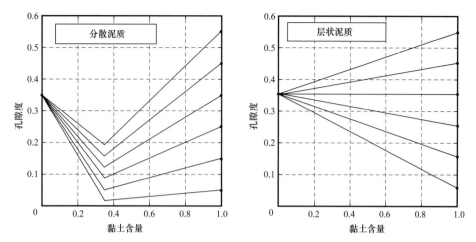

图 5-14　分散（左）和层状（右）砂 / 泥岩混合物下的孔隙度与黏土含量的关系
纯砂段孔隙度固定在 0.35，而纯泥孔隙度在 0.05～0.55 变化

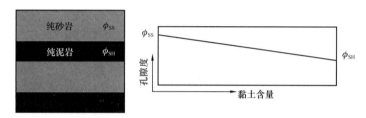

图 5-15　在层状砂 / 泥岩层序中，总孔隙度与黏土含量呈线性单调关系

为了解释饱和度对黏土含量的依赖关系，需要明确的是，如果束缚水饱和度 S_{wi} 为 100%，烃类就不能进入原来的水饱和岩石。S_{wi} 取决于岩石内部毛细管力的大小：如果这些力很大，水就不能被驱替，因此 $S_{wi} = 1$。

颗粒越小（孔隙度固定时），毛细管力越大。这是为什么泥岩（生成碳氢化合物的天然气和油泥岩）通常是 100% 含水的。对黏土含量大的砂岩也是如此。再一次借助于理论模型和公式，可以描述 S_{wi} 与 C 的关系。

首先假设储层中的含水饱和度总为其束缚水饱和度（当然在含有烃类的实际沉积物中，这一假设往往不成立）。下面回顾一下经验渗透率公式，该公式将绝对渗透率 K 与总孔隙度 ϕ 和束缚水饱和度 S_{wi} 联系起来：

$$K = 8581\phi^{4.4}/S_{wi}^2 \tag{5-4}$$

该公式称为 Timur 公式（Mavko 等，2009），其中渗透率单位为毫达西（mD），孔隙度和含水饱和度均为体积分数，无单位。下面回顾 Kozeny-Carman 渗透率公式（Mavko 等，2009），该公式将绝对渗透率与颗粒尺寸 d 联系起来：

$$K = d^2 \frac{10^9}{72} \frac{(\phi - \phi_p)^3}{\left[1 - (\phi - \phi_p)\right]^2 \tau^2} \tag{5-5}$$

式中，ϕ_p 为渗流（或阈值）孔隙度，在该孔隙率处孔隙空间隔开，因此此时渗透率为零；

τ 为无量纲的曲折度；d 为有效颗粒尺寸，mm。ϕ_p 的合理范围在 0～0.03 之间。中高孔隙砂岩的曲折度在 2.0～3.0 之间。

结合式（5-4）和式（5-5），可以将束缚水饱和度与孔隙度、粒度、曲折度联系起来

$$S_{wi} = \frac{0.025}{d} \frac{\phi^{2.2}\left[1-\left(\phi-\phi_p\right)\right]\tau}{\left(\phi-\phi_p\right)^{1.5}} \tag{5-6}$$

其单位与式（5-4）和式（5-5）中的单位相同。对于 $\phi_p=0$，等式（5-6）变为：

$$S_{wi} = 0.025 \frac{\phi^{0.7}\left(1-\phi\right)\tau}{d} \tag{5-7}$$

对于具有混合粒径的多孔系统，Kozeny-Carman 公式中的有效粒径是单个粒径的调和平均值（Mavko 等，2009）。具体地，如果砂中的颗粒尺寸是 d_{SS}，而泥岩（黏土）中的颗粒尺寸是 d_{SH}，则有效颗粒尺寸 d 为

$$d = \left(\frac{1-C}{d_{SS}} + \frac{C}{d_{SH}}\right)^{-1} \tag{5-8}$$

砂的粒度范围在 0.050～2.000mm 之间。

粉砂中粒度范围为 0.002～0.050mm，黏土中粒度范围小于 0.002mm。图 5-16（左）显示在 d_{SS}=0.010mm 与 d_{SH}=0.001mm 时，有效粒度是如何随泥岩（黏土）含量变化的。

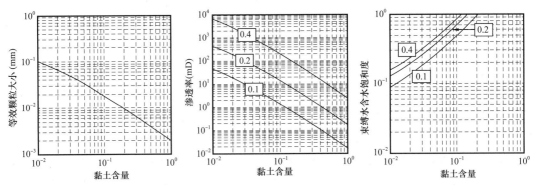

图 5-16　左图：当砂颗粒大小为 0.200mm，泥颗粒大小为 0.002mm 时，根据式（5-8）计算的有效粒度与黏土含量的关系；中图：当渗流孔隙度为零，弯曲度为 2，砂泥粒度相同时，根据式（5-5）计算的渗透率与黏土含量之间的关系如图中所示，分别计算孔隙度 0.4、0.2 和 0.1 时的渗透率；右图：在相同的输入和三个孔隙度条件下，束缚水饱和度与黏土含量的关系

Yin（1992）用渥太华砂和高岭石黏土混合物的实验数据证实，随着黏土含量的增加，渗透率急剧降低（图 5-17）。这些数据是在室内条件下获得的，在室内条件下，纯高岭石的孔隙度非常高，超过 0.6。当黏土含量从 0 稳定地增加到 100% 时，首先观察到孔隙度从纯砂（约 0.40）降低到最小值（约 0.35），然后单调地增加到纯黏土的孔隙度。这就是为什么在这个图中的渗透率—孔隙度曲线中，观察到渗透率随着孔隙度的增加而有所降低的原因。

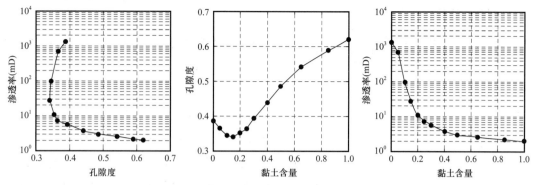

图 5-17 渥太华砂和高岭石的混合物（据 Yin，1992）

左图：渗透率与孔隙度的关系；中图：孔隙度与黏土含量的关系；右图：渗透率与黏土含量的关系

现在回到公式的解析推导，并结合式（5-6）和式（5-8）将束缚水饱和度与黏土含量联系起来，如下所示：

$$S_{wi} = 0.025\left(\frac{1-C}{d_{SS}} + \frac{C}{d_{SH}}\right)\frac{\phi^{2.2}\left[1-\left(\phi-\phi_p\right)\right]\tau}{\left(\phi-\phi_p\right)^{1.5}} \tag{5-9}$$

或对于 $\phi_p=0$：

$$S_{wi} = 0.025\phi^{0.7}\left(1-\phi\right)\tau\left(\frac{1-C}{d_{SS}} + \frac{C}{d_{SH}}\right) \tag{5-10}$$

再一次将砂和泥岩的粒度确定为 $d_{SS}=0.200$mm 和 $d_{SH}=0.002$mm，并且还假定 $\tau=2$ 且 $\phi_p=0$。根据式（5-5）和式（5-10）分别得出的渗透率和束缚水饱和度与黏土含量的关系图如图 5-16 所示。

请注意，图 5-16 所示曲线的解析推导，是将经验式（5-4）和理想化公式（5-5）、式（5-8）进行合并得到的。这意味着，将这些公式应用于实际情况时，必须小心谨慎。然而，在不存在束缚水饱和的位点特异性关系的情况下，等式（5-9）可作为 S_{wi} 的近似估计。还要记住，因为有些砂岩中根本没有碳氢化合物，即使束缚水饱和度小于1，则实际含水饱和度可以是 100% 或 S_{wi} 到 100% 两者之间的任何饱和度。

最后结合式（5-1）用束缚水饱和度公式将分散砂 / 泥质体系的总孔隙度与黏土含量联系起来，进而直接将 S_{wi} 与 C 联系起来，得到：

$$S_{wi} = 0.025\left(\frac{1-C}{d_{SS}} + \frac{C}{d_{SH}}\right)\frac{\left[\phi_{SS}-\left(1-\phi_{SH}\right)C\right]^{2.2}\left(1-\left\{\left[\phi_{SS}-\left(1-\phi_{SH}\right)C\right]-\phi_p\right\}\right)\tau}{\left\{\left[\phi_{SS}-\left(1-\phi_{SH}\right)C\right]-\phi_p\right\}^{1.5}} \tag{5-11}$$

对于 $0\leqslant C\leqslant\phi_{SS}$ 且 $\phi_p=0$，公式变为：

$$S_{wi} = 0.025\left[\phi_{SS}-\left(1-\phi_{SH}\right)C\right]^{0.7}\left\{1-\left[\phi_{SS}-\left(1-\phi_{SH}\right)C\right]\right\}\tau\left(\frac{1-C}{d_{SS}} + \frac{C}{d_{SH}}\right) \tag{5-12}$$

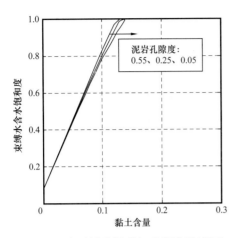

图 5-18　在不同纯泥岩组分的孔隙度下，根据式（5-12）计算束缚水饱和度与黏土含量的关系式

图 5-18 显示了使用式（5-12），当 $\phi_{SS}=0.35$，$d_{SS}=0.200mm$，$d_{SH}=0.002mm$，$\tau=2$，$\phi_p=0$，以及 $\phi_{SH}=0.55$、0.25 和 0.05 时的结果，注意到，S_{wi} 实际上与纯泥质的孔隙度无关，并且随着黏土含量从零增加到 0.15 左右，S_{wi} 迅速接近 1。

现在应用将砂的黏土含量与其总孔隙度、含水饱和度联系起来的公式。具体地说，从一个孔隙度为 0.35，黏土含量为零的疏松砂岩开始，包含在孔隙度为 0.20 的泥岩中。软砂模型用于计算砂、泥岩的弹性特性。当砂岩中黏土含量从零逐渐增加到 0.35。用式（5-1）将砂岩的孔隙度与其黏土含量联系起来。假设含水饱和度是束缚水饱和度 S_{wi}，其由式（5-12）给出，其中的输入为 $d_{SS}=0.200mm$，$d_{SH}=0.002mm$，$\tau=2$，$\phi_p=0$，纯砂岩组分的孔隙度 $\phi_{SS}=0.35$，以及纯泥岩组分的孔隙度为 $\phi_{SH}=0.20$。

图 5-19 显示了砂岩中的总孔隙度、含水饱和度是如何随黏土含量而变化的。图 5-20 显示了给定黏土含量情况下计算的孔隙度，含水饱和度，弹性性质以及合成道集。图 5-21 显示了对砂层中整个黏土含量范围计算的合成道集。

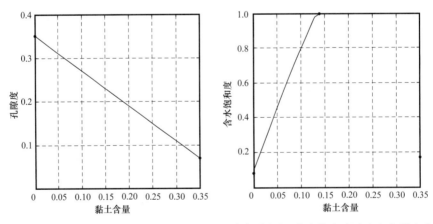

图 5-19　当黏土含量从零增加到 0.35 时，砂中的总孔隙度（左）、含水饱和度（右）与黏土含量的关系

图 5-20 显示，随着砂岩中黏土含量的增加，其孔隙度逐渐减小，含水饱和度逐渐增大。在这个例子中，砂岩黏土含量约为 13% 的时变得完全含水。在纯砂岩中，出现的是第Ⅲ类强 AVO 特征，随着黏土含量增加，AVO 特征变弱。对于黏土含量为零，5% 和 10% 时，砂岩中的阻抗大于上覆泥岩中的阻抗。当砂岩包含水时，其阻抗超过了泥岩中的阻抗，AVO 响应变为弱Ⅰ类 AVO 特征，向砂岩中加入更多的黏土会降低其孔隙度，并砂岩和上覆泥岩之间的正阻抗差异会变大（图 5-21）。

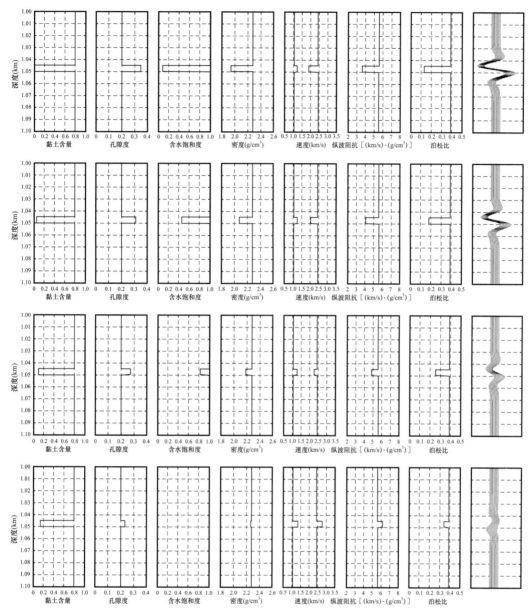

图 5-20　当砂岩中的黏土含量从零变化到 5%、10% 和 15%（从上到下）时，从左到右依次为黏土含量、孔隙度、含水饱和度、体积密度、速度、纵波阻抗、泊松比和合成地震道集

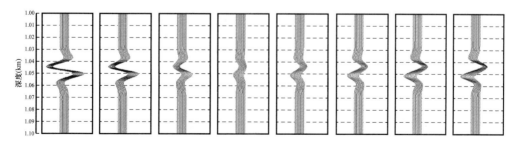

图 5-21　随着黏土含量从零增加到 35%，以 5% 的阶梯（从左到右）在砂层处进行地震道集

如果不改变砂岩中的孔隙度和含水饱和度，随着黏土含量的增加，其阻抗会变得越来越小（当孔隙度固定时黏土含量越高，岩石越软）。随着黏土含量的增加，AVO 响应始终为第Ⅲ类 AVO，并且 AVO 现象越来越强。

这个例子说明了在模拟岩石性质的过程中，跟沉积特征一致的重要性。在本例中，使用高度理想化的解析表达式，部分基于经验公式［式（5-4）］，该经验公式仅适合于获得该公式的数据集。并且，这些将总孔隙度和水饱和度与黏土含量联系起来的公式可用于地震响应的粗略估计。

5.3　埋深和压实

当构建伪井时，重要的是要记住沉积物的孔隙特征，特别是泥岩的孔隙度，通常随着深度的增加而减小。这是上覆地层压力随深度增加而单调增加。在孔隙度—深度关系中没有一个通用的公式：它们通常因盆地而异，甚至在同一盆地内也不尽相同。孔隙度在泥岩中的减少幅度通常比在砂岩中要快很多，Yin（1992）关于渥太华砂和高岭石黏土混合物的压实实验很好地说明了这点（图 5-22）。

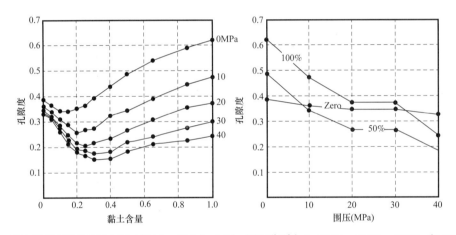

图 5-22　渥太华砂和高岭石混合物（据 Yin，1992），左图：围压分别为 0、10MPa、20MPa、30MPa 和 40MPa 时，孔隙度与黏土含量的关系；右图：黏土含量分别为零，50% 和 100% 时，样品的孔隙度与围压的关系

机械压实并不是引起孔隙度降低的唯一原因。并且在一定的温度、压力条件下，会发生化学压实作用（成岩作用），导致石英的溶解和沉淀以及随后的颗粒胶结（Avseth 等，2005）。结果，孔隙率的降低超过了机械颗粒重排所能容纳的极限，导致弹性波速度急剧增加。

泥岩中压实程度取决于上覆地层压力与孔隙压力之差。在许多盆地中，在一定深度，孔隙压力可能异常高，高于静水压力。这种超压泥岩通常在较小的深度时，相对正常压力泥岩来说，具有更高的孔隙度，并伴随着弹性波速度的降低。在图 5-23 所示的超压例子中，泥岩孔隙度在层段上部随深度增加而减小，然后开始随深度增加而增大。气砂（底部低自然伽马特征）的孔隙度远高于上覆泥岩的孔隙度。

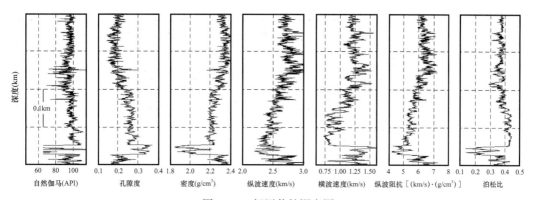

图 5-23　超压井的深度图

泥岩（第 2 列）的孔隙度在层段的前 100m 随深度减小，然后开始逐渐增大

已发表用于反映泥岩、砂岩中实验室和现场的压实公式，试图对已观察到的孔隙度随深度减少这种现象的多样性进行概括。有一个共同的观察结果，即孔隙度减少的幅度在浅层时是迅速的，而在更深的埋藏深度时是缓慢的，Athy（1930）使用指数来描述孔隙度随深度增加而降低的特征：

$$\phi = \phi_0 e^{-cZ} \tag{5-13}$$

其中 ϕ_0 为未压实材料的孔隙度，Z 为深度，c 为正常数，用 Z^{-1} 表示，单位为 km^{-1}。Schon（2004）使用的另一个函数形式是对数的：

$$\phi = \phi_0 - A\ln Z \tag{5-14}$$

其中 A 是一个正常数。

超压泥岩位于气砂层段正上方，表现为低自然伽马，高孔隙度特征。体积密度（第 3 列）在层段上部随深度增加，然后由于超压而开始逐渐减小。速度和阻抗表现出类似现象。在层段上部，超压泥岩的泊松比略高于常压泥岩。泊松比在气砂岩中很低。

Schon（2004）还引用了以下压实趋势的经验公式：

$$\phi = \phi_0 e^{-0.45Z} \tag{5-15}$$

对于俄罗斯台地沉积地层：

$$\phi = 0.496 e^{-0.556Z} \tag{5-16}$$

南斯拉夫的砂岩，以及北海北部砂和泥岩的公式：

$$\phi = 0.49 e^{-0.27Z} \tag{5-17}$$

对于砂岩和泥岩，其中深度 Z 以千米为单位。

$$\phi = 0.803 e^{-0.51Z} \tag{5-18}$$

必须根据实际井数据对特定地区的压实趋势进行校准。以一口海上油井为例，其自然伽马和总孔隙度剖面如图 5-24 所示。

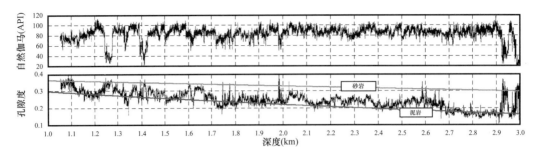

图 5-24 一口钻遇致密砂和泥岩的近海油井，横轴是深度，自然伽马（上图）
和孔隙度（顶部第二）与深度的关系

图中较低的孔隙读曲线根据式（5-19）得到，而上部曲线根据式（5-20）得到

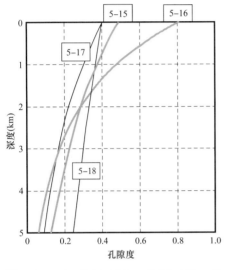

图 5-25 由式（5-15）、式（5-16）、式（5-17）和式（5-18）给出的孔隙度压实趋势，如图中所示

所研究的层段深度范围在 1～3km 之间，其中泥岩的总孔隙度明显小于砂层的总孔隙度。泥岩孔隙度的下降趋势可近似为：

$$\phi_{SHALE} = 0.40e^{-0.30D} \qquad (5-19)$$

在砂岩中，近似为：

$$\phi_{SAND} = 0.40e^{-0.10D} \qquad (5-20)$$

这些趋势与式（5-17）和式（5-18）（图 5-25）给出的趋势不同，可能是因为这口井是在不同的地理位置钻探的，那里的沉积状况与北海北部不一样。

接下来采用式（5-17）和式（5-18）创建一个伪井，其中两个间隔的砂层位于不同的深度（图 5-26）。同时假定泥岩中黏土含量为 80%，砂中黏土含量为 5%，砂和泥岩的弹性性质均服从软砂模型。储层流体的性质由表 5-1 给出，除了在计算密度和体积模量时，使用孔隙压力 P_{PORE}，其由于度增加，导致水柱的重量增加：

$$P_{PORE} = 10\rho_w Z \qquad (5-21)$$

其中，压力以 MPa 为单位，ρ_w 为水的密度，假定为 1.0g/cm³ 的。温度 T 也随着深度的增加而增加，从泥线处 5℃开始，地温梯度 $G_T = 20℃/km$：

$$T = 5 + G_T Z \qquad (5-22)$$

在软砂模型中使用的压差是上覆地层压力 P_{OVER} 和孔隙压力之间的差。P_{OVER} 根据体积密度相对于深度进行积分：

$$P_{OVER} = 10\int_0^Z \rho dZ \qquad (5-23)$$

为了简单起见，假设平均体积密度为 2.3g/cm³。然后公式变成：

$$P_{OVER} = 10\rho_b Z = 23Z \qquad (5-24)$$

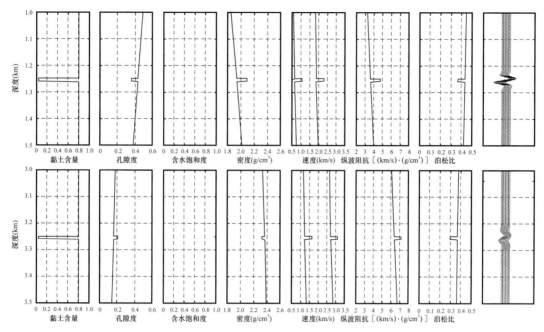

图 5-26　含水砂岩，根据岩石所处环境，计算的弹性性质以及 1.25km（上图）和
3.25km（下图）深度的地震道集

这意味着下例中的压差 P_{DIFF} 为

$$P_{\text{DIFF}}=P_{\text{OVER}}-P_{\text{PORE}}=13Z \qquad (5\text{-}25)$$

考察了三种孔隙流体情况：湿砂（图 5-26），含水饱和度为 40% 的油砂（图 5-27）和含水饱和度为 20% 的气砂（图 5-28）。对于这每种情况，在砂层（1）1.25km 和（2）3.25km 深度处生成一个道集。

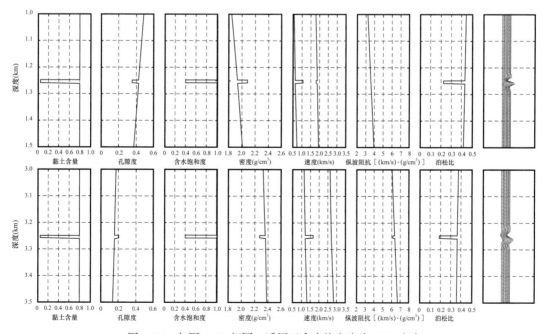

图 5-27　与图 5-26 相同，适用于含水饱和度为 40% 油砂

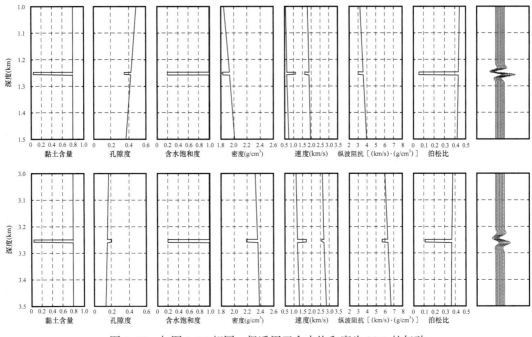

图 5-28　与图 5-26 相同，但适用于含水饱和度为 20% 的气砂

　　图 5-26、图 5-27 和图 5-28 中显示的结果表明，压实确实影响地震响应，因此，在构建伪井时必须将其考虑在内。对于含水砂岩，浅层（约 1.25km）的强 I 类 AVO 特征由于沉积物随深度（约 3.25km）的压实而变得很弱。浅层油砂的 II 类 AVO 变为弱 I 类 AVO，浅层气砂的强 III 类 AVO 随深度的增加而变弱。

6 根据统计岩石物理来生成伪井

6.1 引言

测井资料提供了有关地下岩石物理和弹性性质的信息，但在远离井时，其不一定涵盖目的层的所有可能情况。为了解释地下介质的合理变化，例如，可以加长泥岩层段，增加或减少砂岩中的黏土含量。实现这种扰动的一种方法是使用静态模拟。这种模拟应基于单一属性（例如孔隙度）的实际空间展布特征，并考虑到两种或多种属性（例如黏土含量和孔隙度之间）之间的确定性或统计关系。

例如，假设可通过改变孔隙度值，进而来模拟碎屑岩储层所对应的不同地质情景，并假设孔隙度的概率分布是已知的，然后从这个分布中抽取中每个深度点对应的孔隙度值。在钻孔中的两个相邻位置处，如果独立地进行采样（即在第一与第二位置分别绘制随机样本的统计特征，这两个位置互不干扰），可以在第一位置处获得非常高的孔隙度值，而在第二位置处获得非常低的孔隙度值，反之亦然。或者这种独立的随机取样忽略了根据沉积和沉积学规律所对应的孔隙度变化的空间连续性。同样，如果想要模拟黏土含量，不能独立于以前获得的孔隙度值来模拟它，因为孔隙度的变化可能取决于砂和黏土含量的变化。因此，给出的岩石特性应在空间上相互关联，并且各属性之间也相互关联。

在此回顾根据空间连续性模型来模拟相关岩石性质的基本统计工具。在第一部分，回顾了一个著名的方法——蒙特卡罗模拟方法，这是最常用的统计工具，以产生给定性质的随机样本。然后，通过引入空间统计模型来扩展该方法，以模拟岩石性质随深度的变化规律。这使得研究者可以构建伪井来研究不同地质背景下的弹性特征和地震响应。

在本章的最后一部分，回顾了一种生成岩石物理相虚拟测井曲线的统计方法。

6.2 蒙特卡罗模拟

假设有一组包括孔隙度，黏土含量，含水饱和度和弹性性质的测井数据。目标是对这些性质进行扰动，以便描述井中不能显示的地质情景。可以说，实现这一目标最常用的技术是蒙特卡罗模拟。该方法可分为四个步骤：（1）假设目标岩石性质（例如孔隙度）在地质上有合理的概率分布，该分布覆盖了井中不存在的范围；（2）从该分布中随机抽取属性；（3）利用岩石性质与其弹性属性之间的确定性转换，来计算每个岩石属性对应的弹性性质，这种转换可以是岩石物理理论模型，也可以是相关的经验趋势；（4）使用这组计算出的弹性性质来创建概率分布，例如 v_p，v_s 和密度的概率分布。

这种方法在地球物理学中有几种应用。例如，通过生成利用这些概率分布来合成地震数据，可以对井中为钻遇的岩石性质（如孔隙度）范围所对应的地震属性（如截距和梯度）进行不确定性评估。如果这些属性的某个组合存在于真实的地震数据中，可以求取其对应岩石属性的概率（Avseth 等，2005）。这种依赖于岩石物理模型的统计方法被称为统计岩石物理。它用于从统计意义上研究孔隙度、流体和岩性对弹性性质和地震属性的影响。

例如，如果想要研究流体对纵波速度的影响，可以生成一组具有不同饱和度的样本，应用 Gassmann（1951）公式，并研究计算其纵波速度的变化（Mukerji 等，2001）。可得到不同饱和度条件下速度的概率分布。同样，可以通过生成一组具有不同孔隙度的样品，应用岩石物理模型，如 Raymer 公式，研究纵波速度如何随孔隙度变化。该方法易于应用：如果假设测量的岩石性质呈均匀分布或高斯分布，那么就可以从相应的测井曲线中估计分布参数（均值和标准差），并从该分布中抽取随机样本，然后应用确定性岩石物理模型来获得弹性性质的随机分布。

这种方法对研究井未覆盖的地质情况下的弹性响应是有用的。然而，这种方法并不完全适用于地震解释。事实上，由于地震响应取决于相邻地层之间的弹性性质的差异，因而不能简单地从输入分布进行取样。如果这样做，并从模拟的样品建立一个伪井，可能会得到一个不合理的地层层序：例如，一个非常高孔隙度的样点之后可能是一个非常低孔隙度的样点，然后是另一个非常高孔隙度的样点。换句话说，当从给定的分布执行随机模拟时，不假设任何模型的空间连续性，并且每个绘制的样本独立于之前模拟的样本。如果将岩石物理模型应用于这样的孔隙度曲线，可能会导致弹性性质在空间剧烈变化，因此，所得到的地震记录将不符合实际地质情况。

因此，为了构建符合实际的虚拟曲线，必须引入一个空间统计模型，通过其可模拟地下岩石的垂向连续性和弹性性质。空间连续性可以用变差函数模型来描述（Deutsch 和 Journel，1996）。在下一节中，描述了建立孔隙度伪井曲线的过程，该曲线考虑了输入井数据中存在的垂向趋势和垂向连续性。

6.3 考虑空间相关性的蒙特卡罗模拟

为了创造真实的测井数据，必须考虑井中存在的空间相关性。空间相关性是地质统计学中的一个关键概念，因为通过空间相关性可将储层中某一点的测量结果与同一储层中另一点的相同性质的测量结果联系起来。空间相关函数是指同一性质的不同测量值之间的相关性，其为距离的函数。为了简单起见，在本节中仅考虑一维情况，但是这个概念可以扩展到二维和三维。

图 6-1 显示了一口井（A 井）的孔隙度和黏土含量曲线。主要关注在整个深度区间单一层段的属性，孔隙度（图 6-2）。如果检查测井中的一个点，例如顶部的第一个样点，由于地质连续性，与该样品相近的点具有相似的孔隙度值。同时，远离它的点很可能属于不同的地层和岩性，那里的孔隙度值可能不同于深度上第一个点的值。垂向相关函数可以数学方式表示这些相似和不同之处。

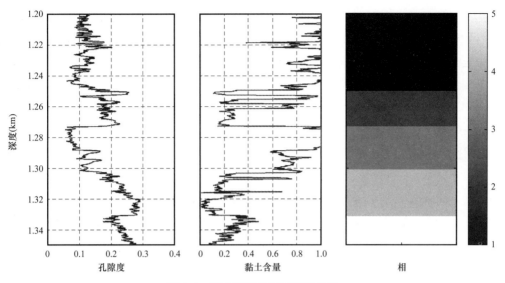

图 6-1 测井资料及深度层段分类

从左至右依次为孔隙度、黏土含量、相，根据不同的孔隙度和岩性特征，划分出不同的孔隙度和岩相

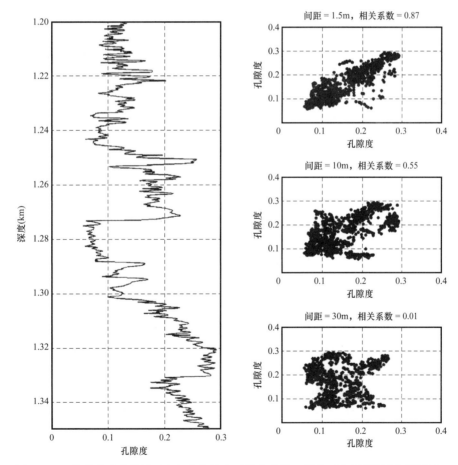

图 6-2 A 井的孔隙度曲线（左）和孔隙度对的交会图，样点对之间的距离逐渐增大，

分别为 1.5m、10m 和 30m（如右图所示）

例如，考虑彼此间距为 1.5m 的所有样品对，读取每对样品的两个孔隙度值，并绘制整个井中第二点的孔隙度与第一点（比第二点深 1.5m）的孔隙度图（图 6-2 中右上图）。

由于一对样品之间的距离很小（1.5m），两个孔隙度值会很接近（除了在岩性突变附近）。结果，这些点的扩展将沿着平分线（对角线）对齐，相关系数将接近于 1（在本例中为 0.87）。

如果对着每对样本之间的距离增加（从 1.5m 至 10m，至 30m），由此产生的孔隙点在对角线周围的分布变得更分散（图 6-2，中间图和右下图），相关系数严重变差（分别为 0.55 和 0.01）。

相反，如果减少样本对之间的距离，点将分布于对角线附近，相关系数将接近于 1。当样本对距离为 0 的极端情况下，相关系数将正好变成 1，因此，一对中的两个点具有相同的值。

如果对井中所有可能的距离 h 重复这个抽样过程，计算这些距离中每一对样本的相关系数，并将相关系数与样本对之间的距离进行交会（图 6-3，左），就得到了所检查数据的实验垂向相关函数 $\rho(h)$。

通常，地质统计学处理的是变差函数而不是相关函数。通过从 1 中减去相关函数，然后将结果乘以数据的方差得到变差函数（图 6-3，右）：

$$\gamma(h) = \sigma^2 [1 - \rho(h)] \tag{6-1}$$

其中，σ^2 为整个数据集的方差（标准差的平方）。

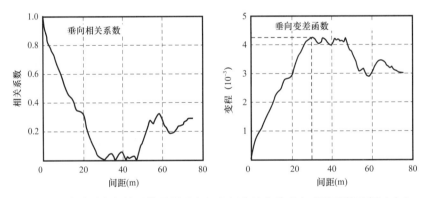

图 6-3　实验垂向相关函数示例（左）和相应的实验垂向变差函数示例（右）
变差函数到达数据方差的距离（虚线）称为相关长度。在这个例子中，相关长度大约是 30m

通常，到达一定距离时，期望观察到数据中不存在任何相关性，除非数据中存在周期性或测量中存在系统误差。换句话说，在一定距离之后，相关函数接近零并保持这样，变差函数达到属性的方差。图 6-3 中的垂直相关函数随着样本对之间距离的增加而迅速接近于 0。该距离称为相关长度，在本例中约为 30m。注意，超过这个距离，相关函数又增加了。这是由于测井曲线长度有限的原因：继续增加样点对的距离，直到用完样本为止。这就是为什么相关函数的尾部不携带有用信息，应该予以忽略的原因。

如图 6-3 所示，由于测量误差，样本数量有限（特别是对于大距离）以及小尺度、大尺度的各向异性，从数据估计的变差函数可能会有噪声。因此，通常用一个解析变差函数

（模型）来拟合实验变差函数，并用这个模型来代替实验变差函数。三种最常见的变差函数模型是：高斯、球面和指数（图6-4）。与球面模型和指数模型相比，高斯模型通常提供更平滑的分析变差函数。这是因为对于短距离，这个模型的增加速度要比其他两个模型要慢。对于地下均匀层段，采用高斯模型是很方便的。

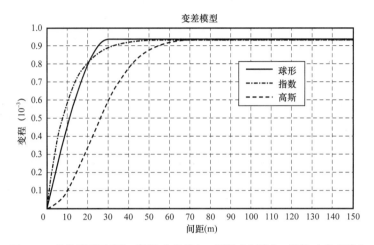

图6-4 变差模型实例：高斯（虚线）、球形（实线）、指数（点虚线）

变差函数能提供数据的空间连续性和方差等有用信息，但它不提供关于属性（例如孔隙度）绝对值的任何信息。从图6-3中，可以推断数据集的相关长度约为30m，方差约为 4×10^{-3}，但无法推断孔隙度平均值。因此，不能使用变差函数来直接生成所模拟属性的虚拟曲线。取而代之的是，可以用变差函数来模拟属性的残差空间分布，并将其加入局部均值趋势中。

利用井中展现的空间特征以及模拟属性的垂直变差函数来创建正演实现的过程是：（1）使用滑动平均对选定的岩石属性（例如孔隙度对深度）进行滤波（平滑），从实际测井中获得其深度趋势 m（任何类型的有限脉冲响应滤波器都可以用于平滑）；（2）利用原始曲线和平滑曲线之间的差值建立变差函数（如文中所述），从而获得数据方差和相关长度；（3）使用基于变差函数的模拟（见下文）生成均值为零的残值的伪曲线 w；（4）将残差伪对数 w 加到均值为 m 的平滑趋势上。

为了实现这个过程，首先估计一个垂直变差函数模型 $\gamma(h)$，并创建相应的一维空间对称协方差矩阵：

$$C = \begin{bmatrix} \gamma(0) & \cdots & \gamma(d_{\max}) \\ \vdots & \ddots & \vdots \\ \gamma(d_{\max}) & \cdots & \gamma(0) \end{bmatrix} \qquad (6-2)$$

接下来，计算该矩阵的 Cholesky 分解（Tarantola，2005）：

$$R = \text{chol}(C) \qquad (6-3)$$

为了模拟一个随机垂向相关的向量 w，首先生成一个与初始数据向量相同长度的随机不相关向量 u，其具有正态分布特征，均值为 0，标准差等于 1 $[u \sim N(0, 1)]$。接下来，

将这个向量 u 乘以矩阵 $R_w = R_u$，最后将包含局部变化均值的背景趋势 m 加到其中：

$$V = m + w = m + Ru \qquad (6\text{-}4)$$

矢量 u 中存在的随机性是最终实现 V 中随机性的来源。

如图 6-5 所示了该操作的一个示例。左边是实际孔隙度曲线，通过平滑这条曲线得到背景趋势。残差曲线为实际孔隙度曲线与背景趋势之间的差值。这个残差的实验变差函数如中间图形所示。该实验变差函数由球面解析变差函数逼近。最后如文中所说，模拟一条孔隙度虚拟曲线（图 6-5），同样的技术用于产生孔隙度曲线的四种不同的随机实现（图 6-6）。

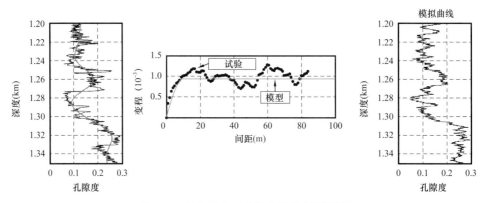

图 6-5　具有垂直相关性的蒙特卡罗模拟

左图：图 6-1 中的孔隙度剖面（黑色）和平滑的（低频）趋势（灰色）。中间：残差的实验垂直变差函数（黑色符号）与球面变差函数模型曲线叠加（灰色）。右图：模拟的孔隙度曲线

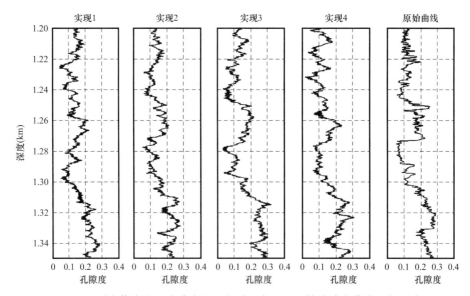

图 6-6　从左到右依次为：孔隙度的四个随机实现和原始孔隙度曲线，如图中所示

6.4　基于相约束的蒙特卡罗模拟

为了避免井中出现截然不同的岩性，将目标层段细分为几个单独的特定相层段（不

要与岩石物理岩相混淆），并在每一个相中分别应用上述具有空间相关性的蒙特卡罗模拟。该过程与上一节所述相同，不同的是现在将它独立地应用于井的每个相层段。图 6-1 为细分的例子，其中根据孔隙度和黏土含量曲线将整个层段划分为五个相。如果希望保持井中自然存在的岩石特性，例如在 A 井中位于深度 1.25～1.27km 的砂岩与下伏泥岩之间（图 6-1），这种细分尤其重要。

为了保持地下的主要地质特征，模拟程序应分别将具有局部变化趋势和区间相关的变差函数，应用在不同的层段。在图 6-7 中，展示了一个例子，其中在每个层段中，应用了具有空间相关性的区域蒙特卡罗模拟方法。与全局方法相比，区域方法的优点是可以考虑局部的各向异性，并保持不同层之间的强对比界面。此外，还可以改变层的厚度，并通过这样做来建立相应的相被拉伸或缩短的虚拟测井（如图 6-8 所示，在这里逐渐减小低孔隙度的中间层段的厚度）。

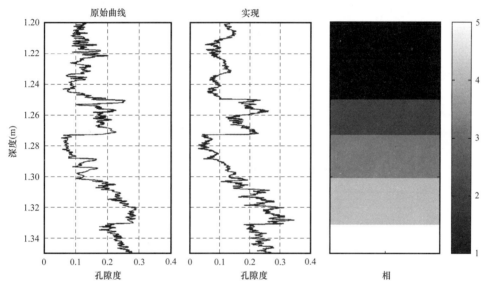

图 6-7　具有垂直相关性的区域蒙特卡罗模拟：实际孔隙度测井（左），
模拟孔隙度的实现（中）和层段分类（右）

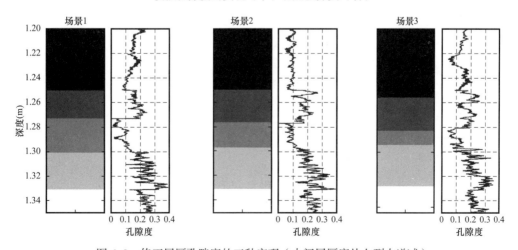

图 6-8　修正层厚孔隙度的三种实现（中间层厚度从左到右递减）

6.5 相关变量的随机模拟

到目前为止，只考虑了一个单一的变量（孔隙度）。然而不应相互独立地模拟这些岩性性质，因为它们之间可能是相关的（例如黏土含量和孔隙度）。可以使用类似于前面章节中描述的程序，同时模拟两种不同的曲线，例如考虑了垂向相关性与属性相关性的孔隙度和黏土含量。采用前文中单变量模拟的流程来模拟两条不同的曲线，计算两个变量的本地平均（平滑）趋势 m_1 和 m_2，用相同类型的分析变差函数模型对其进行拟合，并估计两条原始曲线的相关长度。需要明确的是，如果这两个属性是相关的，它们各自的相关长度应该彼此接近。因此，在接下来的步骤中，为两个变量选择一个单一的相关长度，它可以是两个变量中的一个，也可以是它们的平均值。这项操作为两个变量提供了单个分析变差函数，但具有不同的方差，孔隙度的方差为 σ_ϕ^2 和黏土含量的方差为 σ_C^2。并对这个常见的解析变差函数进行归一化，让其方差等于 1。解析变差函数对应的协方差矩阵为 C。

接下来形成了这两个变量的协方差矩阵 S，它是一个 2×2 对称的矩阵

$$S = \begin{bmatrix} \sigma_\phi^2 & \sigma_{\phi,C} \\ \sigma_{\phi,C} & \sigma_C^2 \end{bmatrix} \tag{6-5}$$

其中，方差 σ_ϕ^2 与 σ_C^2 定义为：

$$\sigma_\phi^2 = \sum_{i=1}^n \left(\phi_i - \mu_\phi\right)^2, \sigma_C^2 = \sum_{i=1}^n \left(C_i - \mu_C\right)^2 \tag{6-6}$$

n 是样本数，μ_ϕ 与 μ_C 是分别为孔隙度与黏土含量的平均值。此外，$\sigma_{\phi,C}$ 是孔隙度和黏土含量的协方差：

$$\sigma_{\phi,C} = \sum_{i=1}^n \left(\phi_i - \mu_\phi\right)\left(C_i - \mu_C\right) \tag{6-7}$$

然后计算 Kronecker 乘积：

$$K = S \otimes C \tag{6-8}$$

并对其进行 Cholesky 分解，$R = \text{chol}(K)$。K 和 R 都为 $2n\times2n$ 的大小的矩阵。

为了模拟两个具有 n 个样本的相关随机向量，生成一个随机向量 u，样本个数 $2n$，并服从均值为零，标准差为 1（$u \sim n(0,1)$）的正态分布，将这个向量乘以矩阵 R，最后将含有局部均值变化的背景趋势加到它上面：

$$\begin{bmatrix} v_1 \\ v_2 \end{bmatrix} = \begin{bmatrix} m_1 \\ m_2 \end{bmatrix} + Ru \tag{6-9}$$

图 6-9 显示了一个使用区域蒙特卡罗模拟同时联合模拟孔隙度和黏土含量的实例，该模拟具有五个相层段。

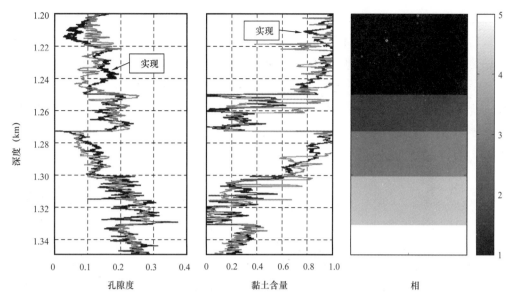

图 6-9　考虑了孔隙度和黏土含量垂向相关的同时基于相的蒙特卡罗模拟：孔隙度实现（左），
黏土含量实现（中）和层段分类（右）（原始曲线为灰色，而实现结果为黑色）

6.6　实例和敏感性分析

在图 6-10 所示的示例中，继续使用了图 6-1 所示的层段分类结果，并考虑两种属性之间的相关性以及每种属性的深度趋势，对孔隙度和黏土含量进行了 50 次不同的模拟。结果表明，从确定性的井资料中可以产生各种各样地质上可行的结果。

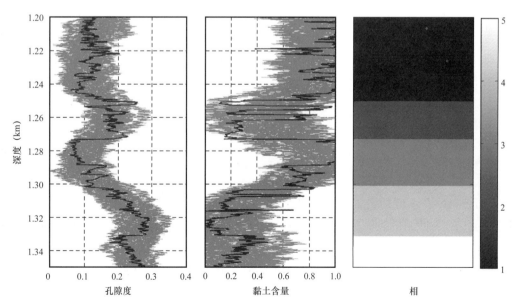

图 6-10　孔隙度（左）和黏土含量（中）的多重实现（灰色），与井上观察到的深度趋势和垂直相关性
相一致。实井资料曲线为黑色。该层段的相划分（同图 6-1）如右图所示

可以改变几个参数，以进一步扩大结果空间。其中在从实验变差函数找到解析变差函数模型后，就可以人为改变相关长度。这个实例的结果如图 6-11 所示。可以看到，通过减小相关长度（例如，从最初的 30m 到 10m），增加了结果的空间频率；也就是说，实现变得"噪声更重"（图 6-11 左图），因为这个操作相当于强行降低原始数据的空间连续性。相反，若人为地增加相关长度（例如，从原来的 30m 增加到 50m），实现结果变得更加连续（图 6-11 右图）。

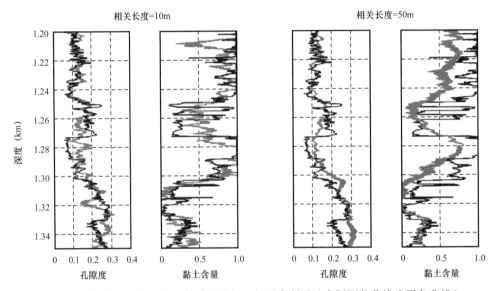

图 6-11　模拟对相关长度的敏感性分析，如图中所示（实际测井曲线为黑色曲线）

为了扩大测量变量的扰动范围，随机生成的残差可以加到任何地质上合理的低频背景趋势上。这样的趋势可以通过从井上平滑相应的曲线获得。一旦计算出这个趋势，就可以人为对其进行扰动，增加或减少相内的值。此外，通过改变层段的深度，就对这口井进行地质时间的移动。为此，可以使用第 5 章所讨论的压实（或深度）趋势。这里提供了一个例子，使用 Ramm 和 Bjørlykke（1994）提出的孔隙度（ϕ）与深度（Z）的缩减公式：

$$\phi_{\mathrm{sh}}(Z) = \phi_{\mathrm{sh}}^0 \mathrm{e}^{-\alpha(Z-Z_0)};$$

$$\phi_{\mathrm{ss}}(Z) = \begin{cases} \phi_{\mathrm{ss}}^0 \mathrm{e}^{-\beta(Z-Z_0)}, & Z \leqslant Z^c \\ \phi_{\mathrm{ss}}(Z^c) - \gamma(Z-Z^c), & Z > Z^c \end{cases} \qquad (6\text{-}10)$$

其中，下标 sh 和 ss 分别表示泥岩和砂岩；Z_0 为参考深度，ϕ_{sh}^0、ϕ_{ss}^0 分别为 Z_0 处泥岩、砂岩的孔隙度；Z^c 为砂岩的胶结成岩深度；α、β、γ 为需标定的经验系数，其单位为 km^{-1}（见 5.3 节）。

$\alpha = 1.00\mathrm{km}^{-1}$；$\beta = 0.50\mathrm{km}^{-1}$；并且 $\gamma = 0.10\mathrm{km}^{-1}$。将井从目前的深度向下移动 1km，因此现在的深度层段从 2.2km 深处开始。使用式（6.10）来模拟孔隙度随深度降低的现象。然后根据从井数据观察到的黏土含量与孔隙度的相关性，对黏土含量进行协模拟。得到的孔隙度和黏土含量曲线如图 6-12 所示。

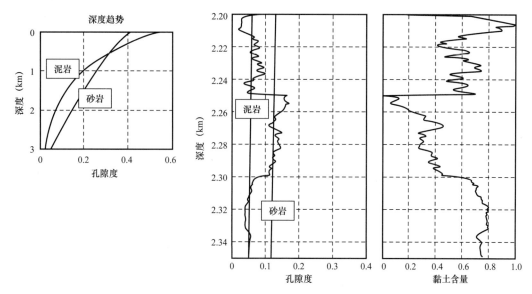

图 6-12　利用式 6-10 中的压实深度趋势模拟 2.20～2.35km 深度范围内的孔隙度和黏土含量，统计数据从 1.20～1.35km 深度范围的实际井中获得，在孔隙度道中，标记的这两条单调曲线是砂岩和泥岩的孔隙度趋势

6.7　相的虚拟曲线

上述方法帮助生成连续的反映岩石性质的虚拟测井曲线，例如，孔隙度和黏土含量。有时还需处理离散变量，如岩相或特别定义的相。这些可能只是泥岩和砂岩。如泥质含量和孔隙流体等其他特征也可以用于层段的分类，这将进一步增加分类（相）的数量。例如，这类相可定义为泥岩、砂质泥岩、泥质砂岩、纯油砂、纯气砂、纯水砂 6 类。相可以通分配一个整数来为每个相类别进行编号。因此，在此将处理相 1，相 2，…，相 n。

目前的目标是生成这些相在地质上合理的层序。地质统计学中用于生成随机层状序列的一种常用技术是马尔可夫链蒙特卡罗模拟技术，通常简称为 McMC（Grana 等，2012）。这种技术可以用来模拟相序列，来反映地质和沉积中的实际特征（Krumbein 和 Dacey，1969）。

马尔可夫链基于一组条件概率，这些条件概率描述了发生在给定位置的相与位于上面（向上链）或下面（向下链）的其他相之间的依赖性。如果从一个相到另一个相的过渡仅取决于紧接在前的相，则链称为一级链。转变的条件概率是所谓的转变矩阵 $\boldsymbol{P}$ 的元素，其中元素 $\boldsymbol{P}_{ij}$ 是从相转变的概率 i 至紧邻 i 相之下的 j 相。

考虑一组三相的例子：砂，粉砂和泥岩。

$$\boldsymbol{P} = \begin{array}{c} \\ \end{array} \begin{array}{ccc} \text{sh} & \text{si} & \text{sa} \\ \begin{bmatrix} 0.90 & 0.05 & 0.05 \\ 0.00 & 0.95 & 0.05 \\ 0.05 & 0.00 & 0.95 \end{bmatrix} & \begin{array}{c} \text{sh} \\ \text{si} \\ \text{sa} \end{array} \end{array} \tag{6-11}$$

转换矩阵的一个例子是其中缩写 sh，si 和 sa 分别表示泥岩，粉砂和砂。在该矩阵中，行对应于给定深度处的泥岩，粉砂和砂的概率，而列对应于下一层（更深）中的泥岩，粉砂和砂的概率。具体来说，在这个矩阵中，在泥岩之上出现泥岩的概率为 90%，在粉砂之上出现泥岩的概率为 0%，在砂岩之上出现泥岩的概率为 5%。这意味着，在本例中，不能让泥岩位于粉砂的顶部，也不可能让粉砂位于砂的顶部。过渡矩阵对角线上的项与层的厚度有关：对角线上的数越高，观察不到过渡的概率越高（即相具有自身过渡的高概率）。将这种高概率转化为给指定层的厚度增量。

在下面的例子中，在 2.00km 深度处有一个充满石油（10% 含水饱和度）的碎屑岩储层。油水界面深度为 2.10km。储层的围岩为泥岩。

用一阶马尔可夫链建立井中的相层序模型，并据此对相应的岩石性质的分布特征进行控制。剖面中的第一个样品是泥岩。在下一步中，从条件概率 $P(F_i|F_{i-1})$ 中取出第 i 相，其中 F_i 代表第 i 相。从第一个点一直到层段的底部一直持续该过程。这种具体实现是期望的相剖面（图 6-13）。

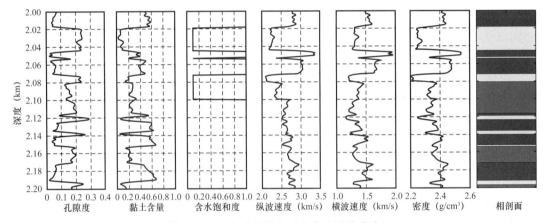

图 6-13 如本节所述生成的合成测井曲线

从左至右依次为：孔隙度、黏土含量、含水饱和度、纵波和横波速度、体积密度和相剖面

（黑色为泥岩，深灰色为粉砂，浅灰色为砂），在 Grana 等（2012）之后

接下来，在每个相内，生成孔隙度和黏土含量的虚拟测井曲线。如前所述，这两条虚拟测井曲线不仅需考虑每一相内纵向相关性，同时还需考量这两条曲线之间的相关性，服从常见的孔隙度和黏土含量之间的相互依赖关系。

这些孔隙度和黏土含量的虚拟测井曲线是从三个二元高斯分布中取样产生的，每个相一个。这三个分布共同构成一个单一的双变量模态分布（图 6-14）。这三种分布可以从油田或附近油田已有的测井资料中估计，也可以从油田的先验地质认识中获得。根据这些高斯分布，现在得到了每个相的孔隙度和黏土含量的平均值，它们的方差，它们的协方差和相关性。用均值来建立低频趋势，m_1 与 m_2。由于这个例子中相厚度较小，在每个相中使用了一个恒定的趋势。用方差与协方差［式（6-6）、式（6-7）］对每个相建立矩阵 S［式（6-5）］。对于每种相，分别假设泥岩、粉砂、砂岩的相关长度分别为 3m、10m 和 4m 的高斯解析变差函数模型（图 6-15）。每个相的变差函数均有三个对应的矩阵 C。

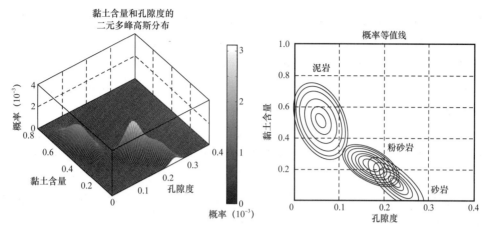

图 6-14 黏土含量和孔隙度的双变量多模态高斯分布（左）和相应的概率等值线（右），
在 Grana 等（2012）之后

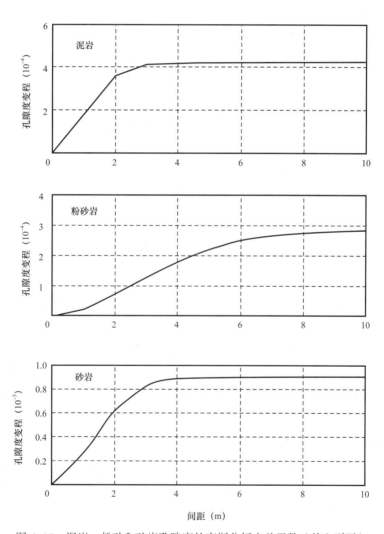

图 6-15 泥岩，粉砂和砂岩孔隙度的高斯分析变差函数（从上到下）

将每个分布的协方差矩阵 S 乘以（Kronecker 乘积）由变差函数得到的协方差矩阵 C ［式（6-8）］，然后进行 Cholesky 分解。结果 R 乘以具有正态分布特征的随机向量，并与局部趋势相加［式（6-9）］对每个相重复这个程序，结果得到三个相对应的孔隙度、黏土含量的伪测井曲线。最后，根据前期模拟的相剖面，将模拟的黏土含量、孔隙度虚拟曲线重新组合成完整的垂向剖面。

在产生这些输入后，就可将其用于选定的岩石物理速度—孔隙度模型中，进而创建弹性属性剖面（纵波、横波速度和体积密度）。在这个具体的例子中，假设岩石只含有两种矿物，石英和黏土，使用了软砂模型。最后，在概型模型趋势上考虑数据的自然特征，在每条模拟曲线加上具有 1m 垂直相关长度的随机误差。图 6-13 左侧为相剖面，图 6-16 显示了在目的层段中模拟的岩石属性参数的交会图。

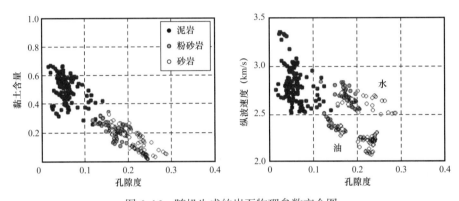

图 6-16　随机生成的岩石物理参数交会图

左图：黏土含量与孔隙度的关系；右图：纵波速度与孔隙度的关系

6.8　岩石特性和反射特征的空间模拟

随机生成岩石属性三维体比一维虚拟测井曲线生成更为复杂。岩石属性的三维体是在地震网格上有规律间隔的一维虚拟测井的集合。然而，不能通过简单地模拟一组相互独立的虚拟测井曲线来构建这种三维体，因为属性必须在横向相关，而且这种相关必须与地质规律一致。为了实现这一目标，需要一个空间统计模型来描述三维地质体的连续性，跟前几节中虚拟测井曲线生成的过程类似，其空间连续性模型用垂向变成来表征。可以在三维中使用各种方法和模型，例如空间变差函数或训练图像，如 Deutsch 与 Journel（1996）所述。

其中一种有效的方法是采用序贯模拟法。可用地质统计技术来产生离散或连续属性的概率密度函数的实现。序贯模拟过程通过沿着随机路径顺序访问一维，二维或三维空间的网格单元来产生期望属性的实现。在每个网格中，模拟值从局部条件分布中提取，该局部条件分布依赖于先验分布和先前临近网格中的模拟值。将此过程应用于所有网格单元。

序贯模拟方法可分为两点和多点地质统计学两大类。由于前者只考虑两个空间位置之间的相关性，且利用变差函数模型保证了属性分布的空间连续性，因此比后者速度更快。

两点地质统计学中最常用的两种算法是序贯指示模拟和序贯高斯模拟（Deutsch 和

Journel，1996）。序贯指示模拟用于处理离散随机变量（例如储层建模中的相），而序贯高斯模拟用于处理连续随机变量（例如孔隙度）。相比之下，多点地统计学考虑了多个空间点之间的相关性。因此，要找到相关条件概率的解析模型通常是相当困难的。这两种方法都可从测量数据或岩石物理模型中导出背景趋势，以描述属性的非平稳行为。

在两点序贯模拟方法中常用的方法是概率场模拟，其中三维空间相关误差 $\varepsilon(x, y, z)$ 由局部变化的方差 $v(x, y, z)$ 来进行重新刻度，并且加到局部变化的均值 $m(x, y, z)$ 上，即：

$$p(x, y, z) = m(x, y, z) + v(x, y, z)\varepsilon(x, y, z) \qquad (6-12)$$

这就是在下文示例中使用的方法。含有空间相关误差的数据体可以通过序列高斯模拟来产生，而局部变化均值的数据体可以通过野外数据插值或从分析趋势模型得到。

在本节中，展示了岩石特性的地质统计学模拟（图6-17），其中孔隙度是使用真实碎屑岩地层（石英/黏土）数据集的低频趋势模拟得到的，该数据集还包括黏土含量和含水饱和度（本例中的碳氢化合物是油）。在此孔隙度模拟的基础上，利用原始数据集中存在的关系对黏土含量和含水饱和度进行了协模拟。

使用 Batzle 和 Wang（1992）的公式来获得孔隙流体的性质，其中盐水矿化度为 8×10^4ppm；石油重度为30°API；气体比重为0.70；气油比（GOR）为400；孔隙压力和温度分别为15MPa和80℃。然后，采用软砂模型计算数据体的弹性特性。图6-17至图6-19显示的是模拟的孔隙度，黏土含量和含水饱和度。

体积密度、横波速度 v_p 和纵波速度 v_s 都是用软砂模型从孔隙度、黏土含量和饱和度计算得到（图6-20至图6-22）。相应的纵波阻抗和泊松比如图6-23和图6-24所示。在得知了其对应的弹性参数的垂向分布情况后，就可计算每个横向反射点的地震道。使用参数与前面章节中描述的相同，一个30Hz的Ricker子波和相同的射线追踪算法。得到的法向入射角和大入射角（45°）下的振幅，分别如图6-25和图6-26所示。

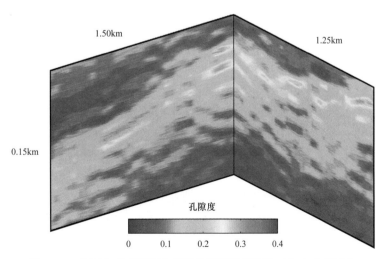

图6-17　在两个垂直剖面上显示的模拟孔隙度体（如文中所述），沿着各自的方向标记的是水平和垂直距离（色标见"图版"部分）

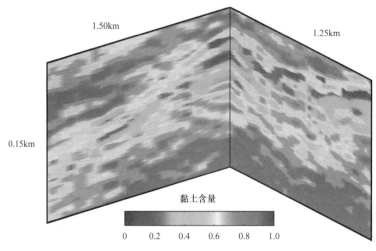

图 6-18　与图 6-17 相同，但显示的是黏土含量（色标见"图版"部分）

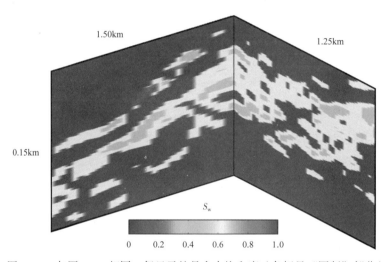

图 6-19　与图 6-17 相同，但显示的是含水饱和度（色标见"图版"部分）

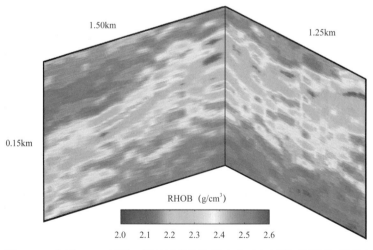

图 6-20　与图 6-17 相同，但显示的是体积密度（色标见"图版"部分）

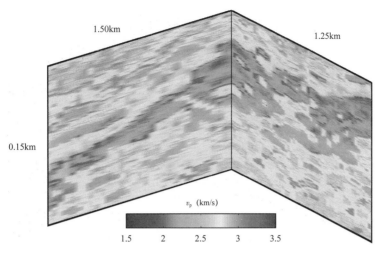

图 6-21　与图 6-17 相同，但显示的是纵波速度（色标见 "图版" 部分）

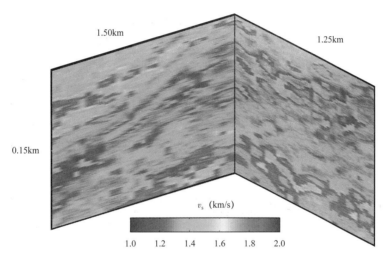

图 6-22　与图 6-17 相同，但显示的是横波速度（色标见 "图版" 部分）

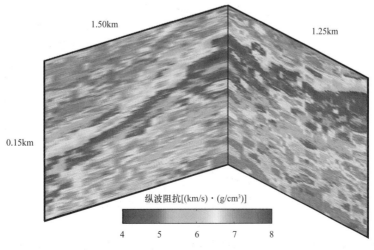

图 6-23　与图 6-17 相同，但显示的是纵波阻抗（色标见 "图版" 部分）

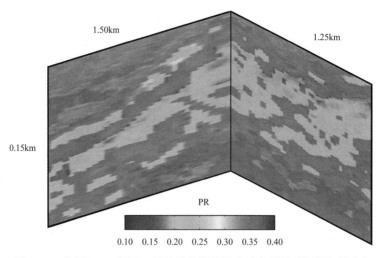

图 6-24　与图 6-17 相同，但显示的是泊松比（色标见"图版"部分）

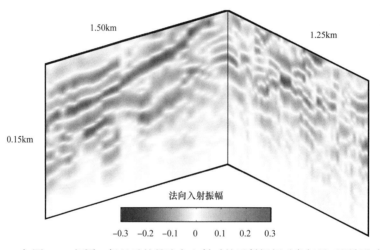

图 6-25　与图 6-17 相同，但显示的是法向入射时的反射振幅（色标见"图版"部分）

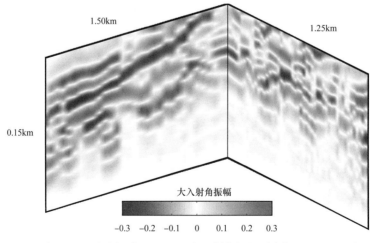

图 6-26　与图 6-17 相同，但显示的是大入射角振幅（色标见"图版"部分）

在本例中，储层中的阻抗和泊松比都小于围岩中的阻抗和泊松比。结果如图 6-25 和图 6-26 所示，法向入射时的振幅为负，随炮检距的增加，第Ⅲ类 AVO 响应逐渐变强。

最后必须指出，在过去几十年中，为了描述与地质上一致的情况，采用了一些方法来模拟地下的岩石特性。通常采用计算量最小的方法，但它们不能表征地质体各向异性的全部特征以及相应的空间各向异性。相比之下，计算量最大的方法能更全面地表示地质体特征（例如，对象模型和过程模型），但其很难匹配多个观测结果。更具体地说，最简单的部分是：根据长度、曲折度、宽度和深度等地质体的描述参数，创建地质对象并将其放入虚拟的地下中。最复杂的部分是这个目标（河道）必须符合不同位置的井中观测结果。

在试图模拟自然的科学中，往往采用一种折中的方法。一个模型可以尽可能地复杂和综合，以近似自然发生，但相反，每次有新的可用数据时，必须更新模型。因此，一个综合的模型通常不具有预测性，而一个简单的模型也不能面面俱到。牢记这一点，在本书中遵循的原则是：模型必须"尽可能简单，但不是更简单"。

第三部分
利用井资料和地质资料得出地质模型与地震震幅

7 碎屑岩层序：诊断和 v_s 预测

7.1 疏松含气砂岩

图 7-1 显示了一口海上钻遇砂泥岩地层含气井中所获得的数据。该砂岩层段包括两个小层，上部小层含气，而下部小层含水。在这组井数据中，只有纵波速度可用。只用 v_p 进行了流体替换 [式（2-15）]，并计算了由此导致的湿岩密度、纵波速度和阻抗（图 7-1，底部）。

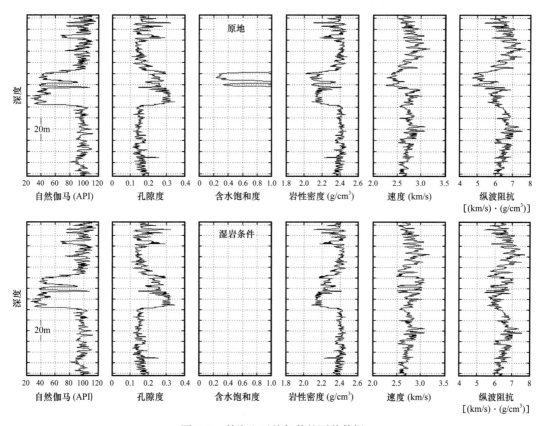

图 7-1　某海上天然气井的测井数据

上图：原始数据；下图：通过流体替换计算的流体饱和条件下的密度、速度和纵波阻抗

为了对所研究的层段进行岩石物理诊断，需要将整个层段全部加入流体，在这种情况下流体就是地层盐水。图 7-2 分别展示了原位条件和流体饱和条件下的阻抗与孔隙度的关系图，色标为 GR 值流体饱和。

一个理论模型似乎适合于该数据集，即软砂岩模型 [式（2-29）至式（2-31）]，其中压差为 50MPa，配位数为 7，剪切模量校正因子为 1。石英和黏土的弹性特性如表 2-1

所示，但本例中假设的黏土密度为 2.65g/cm³，与石英相同。另外，此处水的体积模量为 2.88GPa，密度为 1.03g/cm³。气体的体积模量和密度分别为 0.13GPa 和 0.26g/cm³。图 7-2（右）显示了叠加在流体饱和阻抗与孔隙度交会图上的模型曲线。

图 7-2 所示的诊断结果表明，软砂岩模型解释了纵波弹性特性与孔隙度和黏土含量的相关性，黏土含量用 GR 表示。然而，这一结果并不能保证该模型与每个深度测点的数据相匹配。为了验证是否完全符合，就必须要有各个地层的黏土含量（C）。

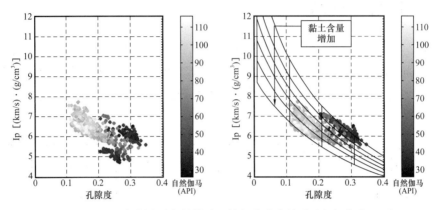

图 7-2 图 7-1 中所示层段的纵波阻抗与孔隙度关系（色标代表 GR）

左图：原位条件；右图：通过流体替代并根据原位弹性特性计算出的流体饱和阻抗。右边的模型曲线来自文中描述的软砂岩模型。对于模型曲线，箭头表示黏土含量增加

估算黏土含量的常用方法是在选定的纯石英点和纯页岩点之间将自然伽马线性转换为泥质含量 C。第一项是最小自然伽马值（GR_{min}），第二项是最大自然伽马值（GR_{max}）。相应的黏土含量公式为：

$$C = \frac{GR - GR_{min}}{GR_{max} - GR_{min}} \qquad (7-1)$$

当然，这种计算泥质含量的方法有一定的局限性，如果层段中存在影响岩石天然放射性的微量放射性元素，甚至会产生误导。

在式（7-1）中，可以给 GR_{min} 和 GR_{max} 手动赋值，它们并不一定是自然伽马曲线中的确切极值。这里选择 $GR_{min}=35$ 和 $GR_{max}=105$。当然，如果采用这些值，式 7-1 会得出负的黏土含量（$C<0$），其中自然伽马<35；另外当自然伽马>105 时，$C>1$。为了纠正此人为因素，只需在 $C<0$ 时指定 $C=0$，在 $C>1$ 时指定 $C=1$。

图 7-3（上图）显示了所得的黏土含量与深度的关系。采用此黏土含量以及总孔隙度，现在可以基于模型计算出流体饱和条件下岩石的密度、速度和阻抗。

由此得到的弹性特性与测量的趋势相吻合，但未能准确地全部描述。然而，为了使用软砂岩模型预测 v_s，需要黏土含量曲线，以使测得的 v_p 与预测的 v_p 精确匹配。可通过反向运行软砂岩模型，并基于实测孔隙度和 v_p 计算泥质含量 C 来计算该曲线。所得到的 C 曲线见图 7-3（下图），似乎比较符合，但仍有一定的偏差。利用更新的黏土含量重新计算的流体饱和 v_p 和 i_p 并与实际数据（图 7-3，下图）进行对比，发现仅有层段中间的几个深度点处的黑色和灰色曲线之间存在偏差。出现这种偏差的原因是，测量的速度比利用测

量孔隙度和更新的黏土含量的软砂模型计算的速度要高。这可能是由于测量值的不准确，也可能是由于假设不成立，即假设岩石仅含有黏土和石英两种矿物，并且遵循软砂岩模型的速度—孔隙度变换原理。但是，总体来说两种速度之间的偏差较少，这使得可以接受适合于本案例研究的建模。

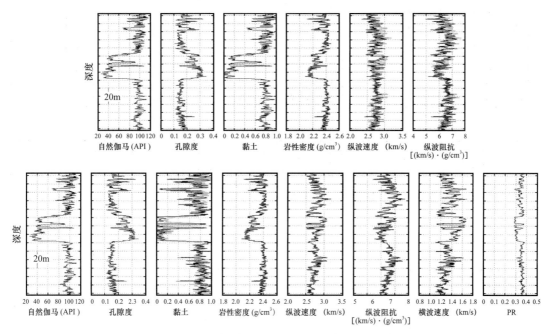

图 7-3 文中示例井的测井数据（所有弹性特征都是针对流体饱和条件的）

上图：自然伽马、孔隙度，根据文中所述自然伽马计算的黏土含量，采用该黏土含量和软砂岩模型计算的流体饱和密度、速度和阻抗。密度、速度和阻抗的粗体灰色曲线为实测值，而叠加的黑色曲线为模型值。下图：与上图基本相同，不同之处包括采用速度测量值（黑色）和基于自然伽马的黏土含量估算值重新计算的黏土含量，以及根据目前更新的黏土含量计算出的基于模型的密度、速度和阻抗。井数据由灰色粗体曲线表示，而基于模型计算的结果为黑色。最后两条曲线显示了基于模型计算的横波速度和泊松比

结果展示了利用目前适用于孔隙度和更新的黏土含量的相同岩石物理模型来计算 v_s（图 7-3）。还可以用具有相同黏土含量的模型计算流体饱和条件下和原位饱和度条件下的 v_s（图 7-4）。接下来，利用预测的 v_s，可以计算出这些条件下的合成地震道（图 7-4）。

流体饱和砂岩的响应明显不同于充满气体的相同砂岩的响应：在第一种情况下，在流体饱和砂岩顶部可观察到一个小波峰，其前后为波谷；在第二种情况下，可观察到一个非常明显的波谷，具有明显的Ⅲ类 AVO 特征。

在这种情况下，预测生成合成地震道集所需的横波速度是关键。为了完成这项任务，建立了一个与纵波速度数据相匹配的岩石物理模型。因为该模型是一个理论模型，所以它不仅可以根据孔隙度、黏土含量、流体体积模量和密度生成 v_p，而且可以采用相同的输入来预测 v_s。一种更传统的方法是采用第 2 章论述的 v_s 经验预测程序之一。采用此方法时，必须记住，大多数 v_s 经验预测程序都是为流体饱和设计的。这意味着，如果井中只有 v_p 可用，则在根据 v_p 预测 v_s 之前，必须先进行流体替换，以变为流体饱和条件。考虑到井中可能存在烃类等原位条件，并且由于剪切模量不取决于孔隙流体，因此必须将此 v_s 校正为：

$$v_{s\text{InSitu}} = v_{s\text{Wet}} \sqrt{\dfrac{\rho_{b\text{Wet}}}{\rho_{b\text{InSitu}}}} \qquad (7\text{-}2)$$

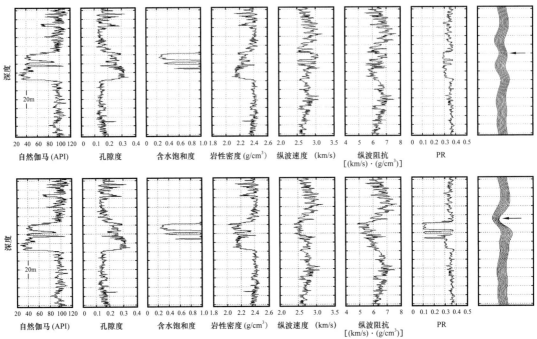

图 7-4　文中示例井的井深数据图

上图：流体饱和条件；下图：原位条件。弹性特征是基于模型的。采用 30Hz 的 Ricker 子波在井上产生合成地震道集。最大入射角约为 45°。箭头表示地震响应特征。上图中的饱和度曲线是针对原位条件的。下图中的饱和度曲线也是原位条件下的原始曲线

现在使用 Greenberg 和 Castagna（1992）预测程序（GC）（最流行的方法之一），并将其应用到 $v_{p\text{Wet}}$ 中，$v_{p\text{Wet}}$ 是根据 $v_{p\text{InSitu}}$ 计算得来的，而 $v_{p\text{InSitu}}$ 通过仅采用 v_p 进行流体替换而得。流体饱和条件和原位条件下的结果如图 7-5 所示。

软砂岩模型和 GC 预测的 v_s 和泊松比在泥岩中基本相同。但在砂岩中，无论是流体饱和条件还是原位条件，软砂岩模型预测的 v_s 都小于 GC 预测的 v_s。因此，软砂岩模型预测的泊松比小于 GC 预测的泊松比。

目前面临的难题是，在这两种预测结果中该选择哪一种。不需要讨论这两个结果中的哪一个是正确的，而是要重新阐述这个问题，即这两个 v_s 预测程序之间的差异对合成地震响应的影响有多大，以及对根据孔隙度、岩性和流体解释现场地震数据的能力的影响有多大。图 7-6 所示的合成地震结果表明，采用这两种预测结果生成的合成道集实际上是相同的。

主要的结论是，预测结果的精度必须与目标一致，在这种情况下，目标就是地震响应。显然，这里的合成地震道集在两个 v_s 预测值之间并没有明显的变化。这意味着两个答案在地震解释中都是正确的。

然后，采用基于软砂岩模型的预测结果，并利用它构建一个正演 AVO 小程序，如第 4 章所示。根据井数据，将砂岩和页岩的孔隙度范围分别设定为 0.20～0.35 和 0.10～0.25。砂岩中的黏土含量范围为 0～0.20，页岩中的黏土含量范围为 0.60～1.00。

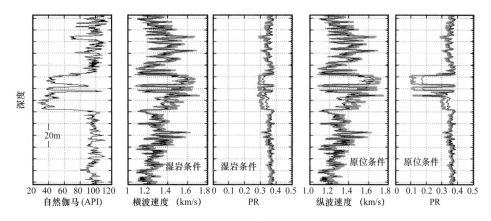

图 7-5 自然伽马（左）、横波速度和泊松比曲线

粗体灰色曲线为软砂岩模型预测的横波速度和泊松比的曲线（图 7-4），而黑色曲线则来自 GC。第二条和第三条曲线是针对流体饱和条件，而第四条和第五条曲线则是针对原位条件（气体）

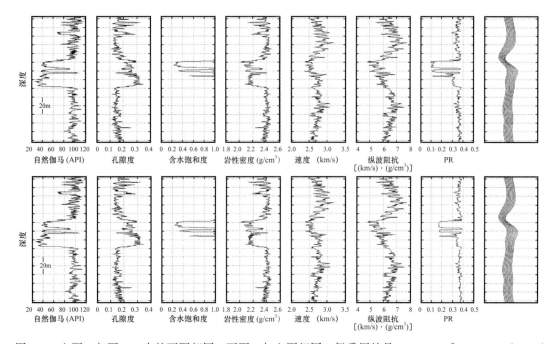

图 7-6 上图：与图 7-4 中的下图相同；下图：与上图相同，但采用的是 Greenberg 和 Castagna（1992）预测程序，这些图是针对原位（天然气）条件的

图 7-7 显示了页岩和中孔隙度含气砂岩之间反射特征的实例。图 7-8 显示了页岩和低孔隙度含气砂岩之间的反射特征。图 7-9 和图 7-10 分别显示了含气砂岩和流体饱和砂岩之间的反射以及流体饱和砂岩和页岩之间的反射特征。

注意图 7-7 和图 7-9 所示的 AVO 响应出现在图 7-6 所示的合成地震道集中（例如，页岩和含气砂岩之间的强 Ⅲ 类 AVO）。由于 AVO 建模是在两个无限大的半空间之间的一个尖锐界面上进行的，因此通常会扩大在合成地震数据或真实地震数据中可识别的响应。同时，这种建模以其纯粹的形式提供结果，而不一定存在于真实数据中，从而指导在真实的地震数据中寻找更有物理意义的解释。

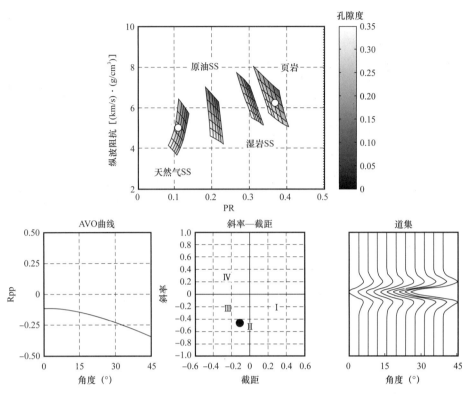

图 7-7 基于岩石物理诊断建立的软砂岩模型的 AVO 建模程序，页岩与中孔隙度含气砂岩之间的反射

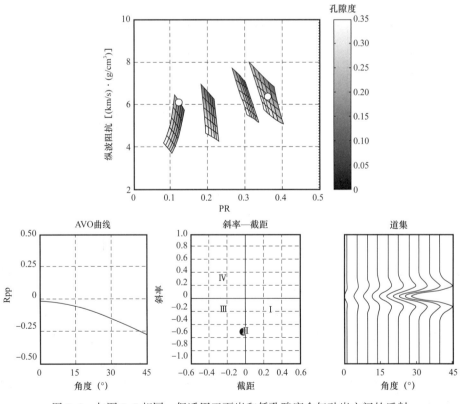

图 7-8 与图 7-7 相同，但适用于页岩和低孔隙度含气砂岩之间的反射

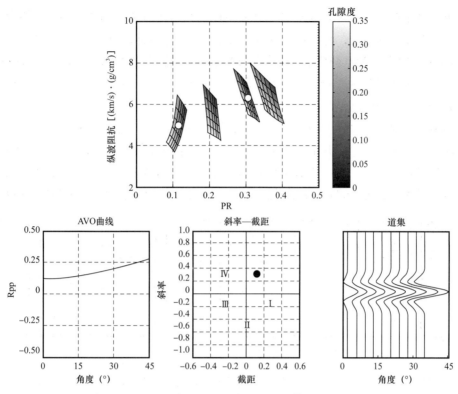

图 7-9　与图 7-7 相同，但适用于含气砂岩和流体饱和砂岩之间的反射

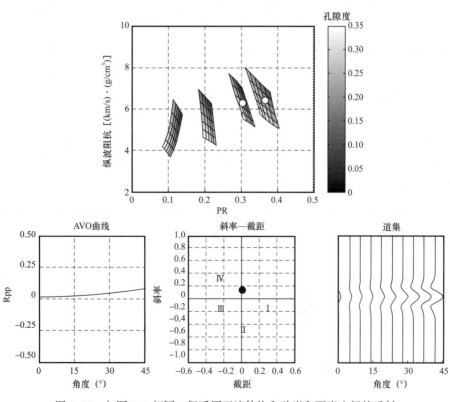

图 7-10　与图 7-7 相同，但适用于流体饱和砂岩和页岩之间的反射

在下一种情况下，用原油填充含气砂岩下面的纯净的流体饱和砂岩层段。假设原油的API 为 30，气油比为 300，将这些数据输入 Batzle–Wang（1992）流体特性模型（第 2 章），得出原油的体积模量为 0.53GPa，密度为 0.65g/cm³。还假设含油砂岩中的含水饱和度为 40%，当水的体积模量为 2.88GPa，密度为 1.03g/cm³ 时，油 / 水混合物的有效体积模量为 0.79GPa，密度为 0.80g/cm³。

所得到的合成道集如图 7–11 所示。由于下部砂岩层段的孔隙度大于含气砂岩的孔隙度，因此如果充满原油，则其阻抗要小于上覆含气砂岩的阻抗。因此，观察到两个负波峰，一个在含气砂岩的顶部，另一个在含油砂岩的顶部。在这种假设情况下，最强同相轴是由含油砂岩和下伏页岩之间的界面处出现的正波峰构成，其振幅随入射角的增加而逐渐增加。

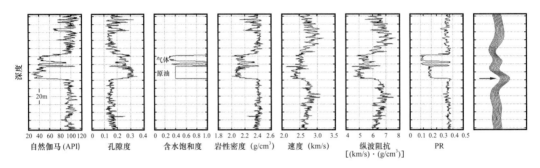

图 7–11　与图 7–6 相同，但适用于文中所述的最初充满原油的流体饱和砂岩层段
箭头表明含油砂岩和下伏页岩之间界面处的正波峰

最后，采用第 6 章中描述的随机技术，根据原始数据中观察到的黏土含量、孔隙度和饱和度，创建四个伪井。其目的是通过平均增加黏土含量 0.25，将层段中间的砂岩替换成泥质砂岩。这些模拟考虑了原始数据中黏土含量和孔隙度之间的关系（图 7–12，左图）。因此，在四种情况中的两种情况下，砂岩的孔隙度平均减少了 0.05，而在另外两种情况下，保持了砂岩的平均孔隙度与原始数据相同。由于在原始数据中没有观察到饱和度和黏土含量有明显的相关性（图 7–12，右图），因此逐渐将砂岩中的含水饱和度增加了 0.60，这种饱和度增加适合对含有非商业性天然气量的泥质砂岩进行模拟。然后采用软砂岩模型分别计算这四种情况的密度和弹性特征剖面，并计算合成地震道集（图 7–13 至图 7–16），详细情况见图名中的说明。

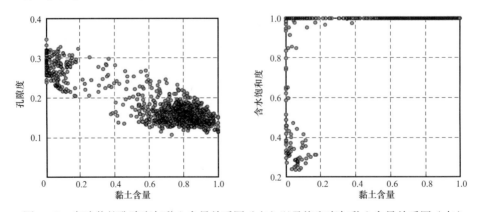

图 7–12　实验井的孔隙度与黏土含量关系图（左）以及饱和度与黏土含量关系图（右）

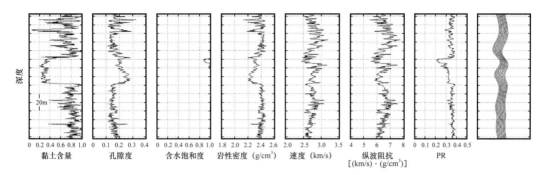

图 7-13 基于本节中实验井原始数据的随机实现

砂岩黏土含量平均增加 0.25，而孔隙度平均降低 0.05。去除了原始数据中将天然气与流体饱和砂岩隔开的薄页岩层。频率为 30Hz

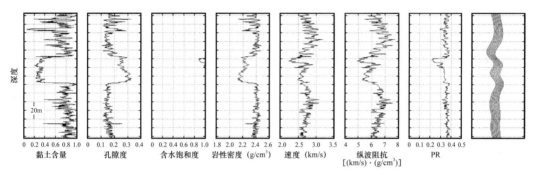

图 7-14 与图 7-13 相同，但砂岩孔隙度没有降低

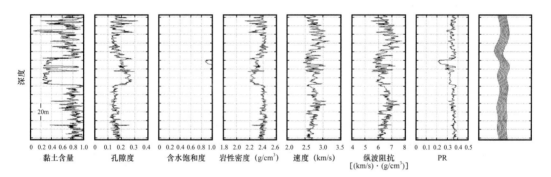

图 7-15 与图 7-13 相同，但保留了原始数据中的薄页岩层，以将天然气与流体饱和砂岩隔开

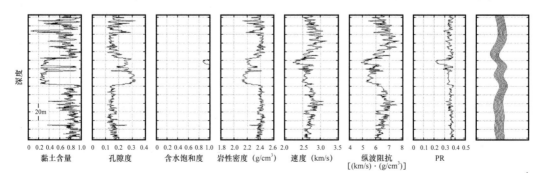

图 7-16 与图 7-14 相同，但保留了原始数据中的薄页岩层，以将天然气与流体饱和砂岩隔开，砂岩孔隙度没有降低

结果表明，尽管含少量天然气的泥质砂岩的 AVO 响应与原始资料的 AVO 响应在性质上相似，但明显较弱。砂岩孔隙度的小幅降低会使含气砂岩顶部以及从流体饱和砂岩到页岩的过渡处的同相轴变暗。天然气和流体饱和砂岩之间存在的薄页岩层实际上并不影响振幅。

尽管原始数据的这些随机变化不会导致反射波振幅发生显著变化，但建模仍然很重要，如果不进行此类模拟，就无法得出此结论。

7.2　致密胶结的含气砂岩

图 7-17 显示了另一口气井的测井曲线。一个巨大的含气砂岩层段之后是由页岩层分隔的相对薄的含气砂层。这些数据与前面小节中实验井之间的区别在于，这里的砂岩具有更小的孔隙度和高得多的波速。在前面的示例中，含气砂岩的波速约为 2.5km/s，而在这里则达到 4.0km/s。上一节实验井中页岩的速度与现在的井中页岩的速度相差并不大。在前面的示例中，页岩速度介于 2.5～3.0km/s，而这里的速度大约为 3.0km/s。这意味着，与上一个示例中的页岩相比，实验井中的页岩稍微致密一些，但相比之下，由于成岩胶结作用开始出现，砂岩不仅更加致密，而且更加坚硬。

在仅采用 v_p 进行流体替代后，获得了流体饱和速度（图 7-17）。因为砂岩是坚硬的，所以流体从气态到湿态的替换不会对 v_p 和 I_p 产生明显的影响，这与前面的例子不同。

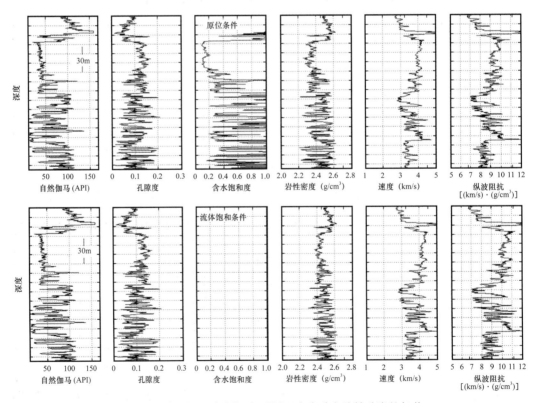

图 7-17　与图 7-1 相同，但适用于含有致密胶结砂岩的气井

图 7-18 显示了原位条件和流体饱和条件下阻抗与孔隙度的关系图，并采用自然伽马进行了颜色编码。固定胶结模型曲线在流体饱和交会图的上面。如第 2 章所述，该模型具有与软砂岩模型相同的功能形式，不同之处在于其具有人为的高配位数，从而可以解释成岩胶结作用。各软砂岩模型中使用的参数：压差为 50MPa；临界孔隙度为 0.40；配位数为 20；剪切模量校正因子为 1，水的体积模量为 2.30GPa，密度为 0.96g/cm³。气体的体积模量和密度分别为 0.08GPa 和 0.23g/cm³。该模型似乎可以合理地描述数据（图 7-18，右图）。

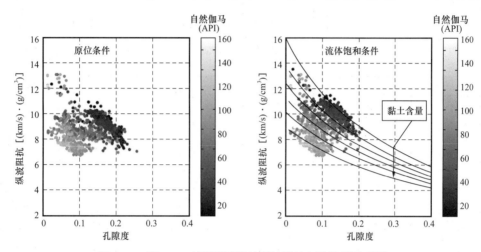

图 7-18　图 7-17 中所示层段的纵波阻抗与孔隙度关系图

左图：原位条件；右图：通过流体替代并根据原位弹性特征计算出的流体饱和阻抗，右边的模型曲线来自文中描述的固定胶结模型

与前面的示例一样，通过反向运行固定胶结模型来计算黏土含量。该黏土含量曲线如图 7-19 所示。它符合自然伽马曲线的形状，但顶部页岩层段太软，无法用固定胶结模型进行模拟。这是其纵波阻抗低于图 7-18（右图）中 100% 黏土含量模型曲线的层段。

采用此黏土含量，将固定胶结模型应用于原位条件和潮湿条件下的整个层段，并实现了测量和模拟密度、速度和波阻抗之间的精确匹配（图 7-20）。

确信此固定胶结模型能准确地预测弹性特征，因而可以用它来预测 v_s 和生成合成道集。和以前一样，使用 30 Hz 的 Ricker 子波。图 7-21 所示的合成地震结果表明，充满气体的层段的振幅与相同的湿层段的振幅非常相似，在坚硬的胶结砂岩中预计会出现这种情况。

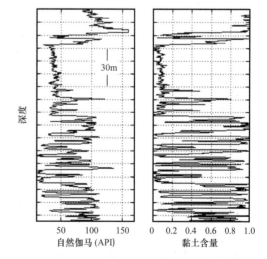

图 7-19　实验井的自然伽马曲线（左）和黏土含量曲线（右）

况。这意味着实验井的地震解释必须依靠地质和沉积因素。岩石物理学本身很难解决含气层段和流体饱和层段之间的差异。

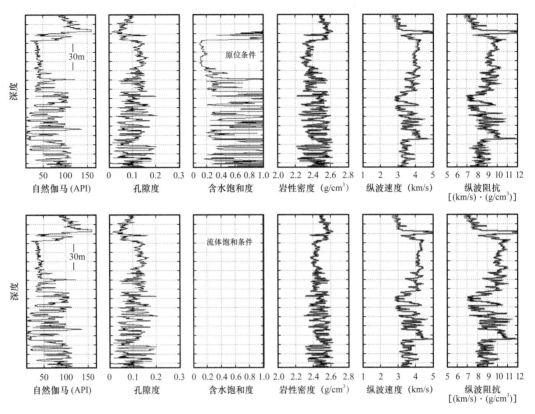

图 7-20　原位条件（上图）和流体饱和条件（下图）下井中测量和模拟的弹性特征

在密度、速度和阻抗轨迹中，粗体灰色曲线表示测量的弹性特征，而黑色曲线则表示模拟的弹性特征

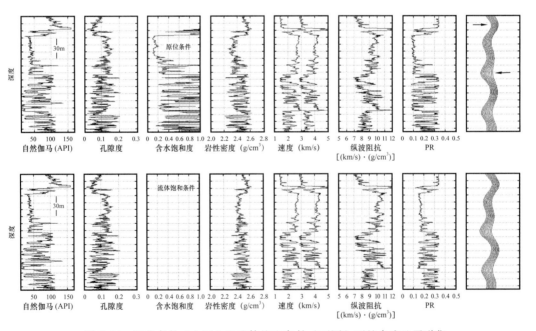

图 7-21　原位条件（上图）和流体饱和条件（下图）下的合成地震道集

最大入射角约为45°。箭头表示大型含气层段上部和下部的同相轴。速度轨迹显示了纵波速度和横波速度

图 7-22 显示了基于固定胶结模型的 AVO 建模小程序，该模型根据该层段的岩石物理诊断结果而建立。在此模拟中，假设含气砂岩的固定含水饱和度为 0.20，砂岩的泥质含量在 0~0.20 之间，孔隙度在 0.10~0.20 之间，页岩的黏土含量在 0.70~1.00 之间，孔隙度在 0.02~0.17 之间。在图 7-22 中，比较了页岩/砂岩界面处的含气砂岩和流体饱和砂岩的反射。两者之间的差异实际上是无法区分的。

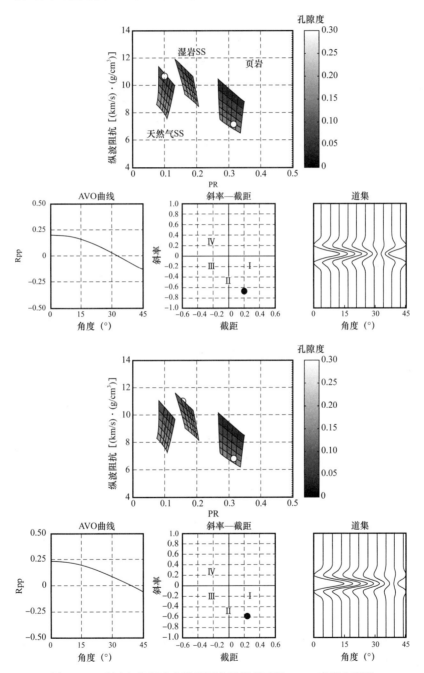

图 7-22　采用本节所述参数的固定胶结模型的 AVO 建模小程序

上图：从相对疏松的页岩到相对坚硬的含气砂岩；下图：相同，但适用于流体饱和砂岩

在图 7-23 中，建立了中硬页岩和相对疏松砂岩之间的反射模型，其 AVO 特征与前面的示例不同，现在页岩和含气砂岩之间为 Ⅱ 类 AVO，页岩和流体饱和砂岩之间为非常弱的 Ⅱ 类 AVO。

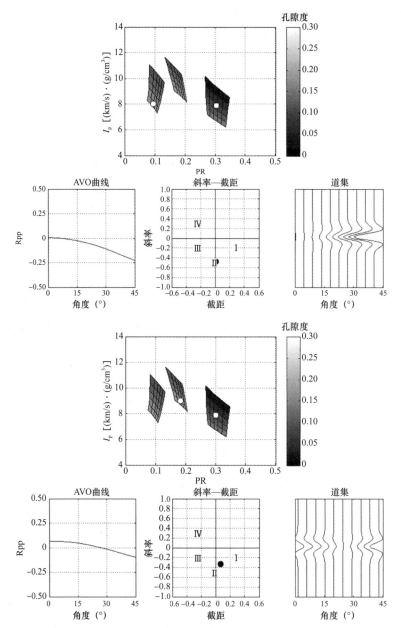

图 7-23 采用本节所述参数的固定胶结模型的 AVO 建模小程序
上图：从相对松软的页岩到相对松软的含气砂岩；下图：相同，但适用于流体饱和砂岩

接下来，通过用页岩代替块状含气砂岩，来探讨实验井中的层状砂岩 / 页岩层序的地震反射特征。为此，运行 50 点算术平均对最初建立的黏土含量曲线进行平滑处理，残差为原始黏土含量曲线和平滑后的黏土含量曲线之间的差值，并将该残差添加到 0.90 的固定黏土含量中。孔隙度也进行了类似的改变。此外，假设位于层状含气砂岩 / 页岩层序上

的层段是完全流体饱和的。将相同的固定胶结模型应用于这些假设的黏土含量、孔隙度和含水饱和度等输入数据。所得到的曲线和合成地震道集如图 7-24 所示。

层状序列的顶部显示了明显的 I 类 AVO 响应，其中，一个法向入射的正波峰之后是一些由于层状序列内部反射而产生的波谷和波峰。

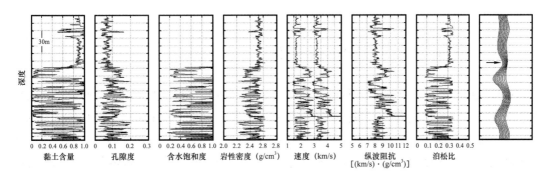

图 7-24 测井曲线和合成地震道集（假设块状含气砂岩被页岩取代）
合成地震参数与本节前面的示例相同，箭头表示层状序列顶部的反射，速度同时显示了纵波速度和横波速度

8 碎屑岩层序的测井曲线形态与地震反射特征

8.1 碎屑岩层序中的形态特征

地震振幅不仅取决于弹性特征的对比，还取决于地下介质弹性特征的分布形态，而该形态又与下伏岩石性质有关，包括孔隙度和泥质含量。图 8-1 显示了钻遇低自然伽马油气藏的海上油井数据。自然伽马曲线的形态在油藏底部呈块状，但在油藏顶部自然伽马值从低到高渐变。孔隙度曲线和密度曲线显示了这种向上变细的形状，纵波阻抗也显示了这种形状。因此，底部含油层段的波阻抗差异大于顶部，从而油藏底部的振幅更强。

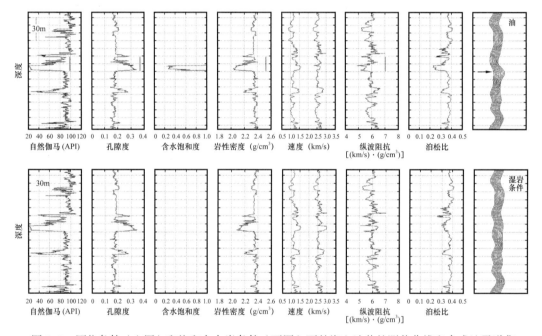

图 8-1 原位条件（上图）和饱和含水岩条件（下图）下的海上油井的测井曲线和合成地震道集
原位条件下的竖线表示向上变细的层段，箭头表示该层段底部的地震异常。合成记录道是用最大入射角约为 45° 的
30Hz Ricker 子波产生的。速度列同时显示了纵波速度和横波速度

这表明了 AVO 响应表现出随着偏移距的增大，法线入射的振幅变得越来越大的特征。出现这种的响应原因是纵波阻抗的差异以及砂岩和下伏泥岩之间的泊松比差异（图 8-1，上图）。如果是含水饱和砂岩（图 8-1），因为强阻抗差和泊松比差实际上几乎消失了，那么反射特征将非常不同，在这种情况下，尤其是在大角度入射时，亮点则表示充满油气的层段。

在该井中，由于残余气体饱和度的存在，在一个向上变细的砂岩层序中可以观察到类似甚至更强烈的曲线特征（图 8-2）。而两个砂岩层段得到了类似但稍弱的曲线特征（图 8-3），如自然伽马曲线所示，下部砂岩层段比上部砂岩层段更干净，或许正因为如此，下部砂岩中存在较少残余气体，而上部砂岩则 100% 饱含水。这两个砂岩层段中间被泥岩层隔开。总之，这种砂岩 / 泥岩组合产生的阻抗剖面与图 8-2 所示的连续向上变细层序的阻抗剖面相似。由于这种阻抗剖面的相似性，因此合成地震振幅具有类似的特征（图 8-3）。

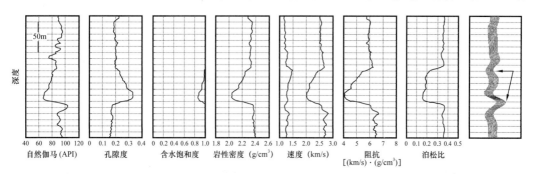

图 8-2　原位条件下的具有剩余含气饱和度的海上气井的测井曲线和合成地震道集

合成记录道是用最大入射角约为 45° 的 30Hz Ricker 子波产生的。测井曲线进行平滑处理。合成地震显示中的箭头表示向上变细层段顶部和底部的振幅。速度列同时显示了纵波速度和横波速度

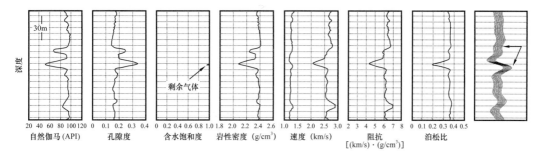

图 8-3　原位条件下的具有剩余含气饱和度的海上气井的测井曲线和合成地震道集，适用于两个位置相近的砂岩层段；具有残余含气饱和度的下部层段以及总体阻抗剖面类似于向上变细的层序，速度道同时显示了纵波速度和横波速度

相比之下，两个紧密相隔的块状和三角状含气砂岩层段的合成地震反射显示出大致垂直对称的振幅（图 8-4）。

图 8-2 和图 8-3 所示的合成地震道集具有相似的特征，但是造成这种相似性的根本原因却不同。如果将地震反射用于推断地下的地层构造，则该结果再次强调了地震反射的非唯一性：不同的构造可以产生相同的反射结果。这就是为什么要把沉积学和地质学知识纳入解释范畴的原因。这样的信息可以帮助约束建模变量，并且这样做可以减少上述非唯一性。不过，只有具有地质意义且基于岩石物理学的正演模拟才可能观察到影响地震响应的变量。

然后分析图 8-2 所示的向上变细层段中变量之间的岩石物理关系。图 8-5 显示了在原位条件和饱和含水条件下孔隙度和波阻抗以及泊松比和波阻抗之间的交会图。两个图上的软砂岩模型曲线表明，该模型适合描述这个层段。模型参数如下：水的体积模量和密度分

别为 2.85GPa 和 1.01g/cm³；有效压力为 30MPa；临界孔隙度为 0.40；配位数为 7；剪切模量校正因子为 1。

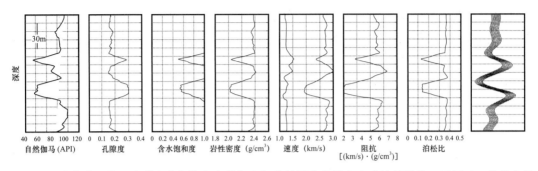

图 8-4　原位条件下的具有剩余含气饱和度的海上气井的测井曲线和合成地震道集，适用于三角状和块状含气砂岩

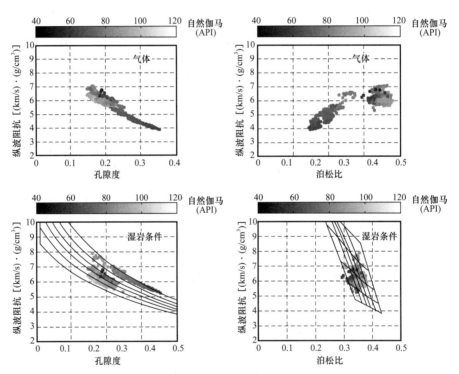

图 8-5　采用自然伽马值进行了颜色编码的波阻抗与孔隙度交会图（左图）和阻抗与泊松比交会图（右图）
上图：原位条件（气）；下图：完全含水条件（通过流体替换获得），其中的阻抗—孔隙度和阻抗—泊松比网格来自软砂岩模型

饱和含水阻抗—孔隙度图表明，介于零和 20% 泥质含量之间的数据点并非都具有最低的自然伽马值，这意味着在此层段内，泥质含量与自然伽马值并不直接相关，受自然伽马值影响最大的反而是总孔隙度。为了进一步分析这个沉积旋回中岩石性质的相互依赖性，建立了额外的交会图，这次只包括楔形向上变细的部分（图 8-6）。

图 8-6 中的交会图至少有两点启示：首先，孔隙度、岩性和含水饱和度不一定彼此独立变化（另见第 5 章），其次尽管所研究的层段中的自然伽马值有较大的跨度，但泥质含

量仅在 0~20% 之间的狭窄区间内变化。一个细致的岩石物理学专业人员可能会在这些交会图中发现有趣的细微之处。例如，在完全含水波阻抗与孔隙度交会图中，位于该向上变细层序最底部的孔隙度最高和自然伽马值最低的层段的数据正好落在泥质含量为 0 的软砂岩模型曲线上（见图 8-6 中左下方的箭头），而其余数据则略低于该模型曲线。这种细微的变化可能透露更多有关沉积历史的信息，并且可能会提高检测油气并推断其油气饱和度的能力。读者可在 Gutierrez（2001）的文献中找到有关南美古近—新近纪河流相碎屑沉积物的此类深入分析的示例。

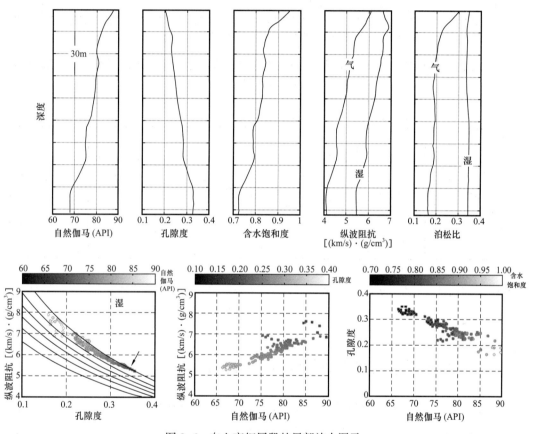

图 8-6   向上变细层段的局部放大图示

上图依次为自然伽马、孔隙度、含水饱和度、纵波阻抗（原位条件和水湿岩条件）和泊松比（原位条件和水湿岩条件）等曲线。下图分别为完全含水砂岩阻抗值与孔隙度的交会图（叠加了软砂岩模型网格）；完全含水砂岩阻抗值与自然伽马的交会图以及孔隙度与自然伽马的交会图

在这里，不必过度关注这些细枝末节，而是利用所学的知识，构建一个带有理想化的向上变细旋回的伪井。具体来说，假设背景完全含水泥岩的孔隙度为 0.20，泥质含量为 0.80。在向上变细的楔形体中，泥质含量恒定在 0.10，而总孔隙度从底部的 0.40 左右逐渐降低到顶部的 0.20 左右。此外，砂岩的含气饱和度固定为 0.80。气体和水的体积模量分别为 0.041GPa 和 2.65GPa，而它们的密度分别为 0.16g/cm³ 和 1.00g/cm³。

为了计算弹性特征，在分析实际井数据时使用了软砂岩模型，其输入参数与本节前面分析实际井数据时使用的参数相同。合成地震道集是用最大入射角约为 45° 的 30Hz Ricker 子波产生的（图 8-7）。在这里，和前面所研究的实际案例一样，观察到楔形砂岩底部有较强的负振幅，而其顶部的振幅要小得多。这种简化的伪井产生的地震响应几乎与真实井产生的一样。考虑到这一点，将进行广泛的伪井建模和合成地震生成。

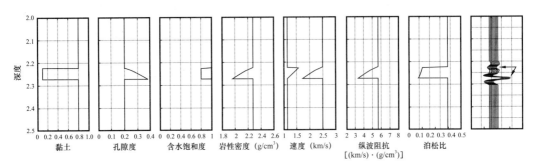

图 8-7　适用于具有低含气饱和度的向上变细旋回的伪井的测井曲线和合成地震道集；速度道同时显示了纵波速度和横波速度

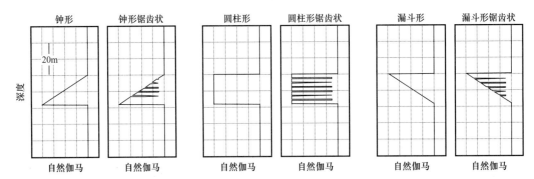

图 8-8　碎屑沉积物中的主要自然伽马曲线形态分类（据 Rider，2002），在自然电位（SP）曲线中也可以观察到类似的形态

8.2　碎屑岩层序中的常见形状和伪井

Rider（2002）描述了碎屑沉积物中六种主要的垂直自然伽马曲线形状：钟形（向上变细）、锯齿状钟形、箱形（块状）、锯齿状箱形、漏斗形（向上变粗）、锯齿状漏斗形（图 8-8）。目的是计算此类层段的弹性特征，然后生成相应的合成地震道集。

在上一节中，尽管向上变细层段的自然伽马值几乎单调地向上增加，但只有泥质含量低于 20% 的软砂岩模型才符合阻抗值。Rider（2002）解释说，自然伽马值增加并不一定意味着泥质含量的增加。它也可能是由其他放射性元素如长石和云母的存在而引发的。为了简化这种情况，假设矿物成分仅为石英和黏土，其弹性模量和密度值取自表 2-1。然后假设伪井向上变细层序中泥质含量固定为 10%，并生成一个与实际井数据相似的合成地震道集。

这只是处理岩石矿物成分不确定性的一种方法。一般来说，更为谨慎的做法是，首先根据钻井数据和岩心数据确定最简单的矿物特征，然后就可以用来解释和分析所研究的油气藏的钻井数据和实验室数据，然后将这种矿物成分用于伪井和合成地震生成。然而，这种简化并不能保证充分描述地下可能出现的所有情况。

弹性特征的岩石物理模拟必然需要矿物学知识。尽管可以使用复杂的测井仪器（例如伽马能谱测井仪）观测得到，却很难获得完全真实的矿物成分，特别是在弹性特征建模的背景下。即使有了明确的矿物组分，仍然需要为各个矿物选择合适的弹性模量和密度值。而这些常数，特别是黏土弹性模量，很大程度上取决于黏土矿物类型。例如，Mavko 等（2009）给出的矿物弹性模量表中，其中黏土、云母、长石甚至石英弹性模量范围较大。建模的过程需要面临的问题是要选择使用哪一组常数。

在实际中，最重要的是要选择一组弹性模量常数，保证能对数据进行岩石物理建模，然后在某个目标储层段内（尤其是相对于深度）改变这些弹性常数。岩石物理模拟和诊断的优点是任何矿物组分及弹性模量常数都可以用于等效介质模型中。缺点是可能的变量太多了。建议以"尽可能简化，但并不简单"的方式选择矿物组分以及弹性模量和密度常数，后者直接决定了岩石物理建模和地震正演模拟的结果能否与现场实际数据相匹配。

考虑到这一点，使用表 2-1 中的矿物弹性常数对图 8-8 中所示的情况进行岩石物理建模。假设背景泥岩中的泥质含量固定为 80%，而砂岩段中的泥质含量与自然伽马值成线性变化，为 5%～80%。泥岩的孔隙度保持在 0.15，而最纯净砂岩处的孔隙度为 0.25，并且砂岩孔隙度与自然伽马值成比例线性变化，其变化范围 0.15～0.25。将建立（1）完全饱和含水岩情况和（2）含气砂岩情况的模型，后者在泥质含量低于 20% 的情况下设置 40% 的固定含水饱和度。还将使用两个极端的岩石物理模型：提供最低弹性特征的软砂岩模型和提供最高弹性特征的硬砂岩模型，并在整个研究层段内应用这两种模型。两个模型中使用的常数如下：有效压力为 30MPa；临界孔隙度为 0.40；配位数为 6；剪切模量校正因子为 1。孔隙流体特征与上一节中使用的相同：气体和水的体积模量分别为 0.041GPa 和 2.65GPa，其密度分别为 0.16g/cm^3 和 1.00g/cm^3。

图 8-9 至图 8-16 显示了由此计算出的针对向上变细形状的测井曲线和合成道集。对于这些示例中使用的地震子波频率和地层厚度，锯齿形生成的合成道集几乎与平滑形状生成的道集相同。但是，响应在 100% 饱和含水和气体情况下会有所不同，并且在很大程度上取决于所使用的岩石物理模型（软岩与硬岩情况）。

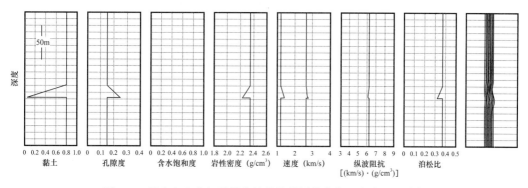

图 8-9　具有向上变细的层序的伪井的测井曲线和合成地震道集

计算泥质含量和孔隙度如文中所述，100% 饱和含水砂岩情况，软砂岩模型，地震道集由最大入射角约为 45° 的 30Hz Ricker 子波合成

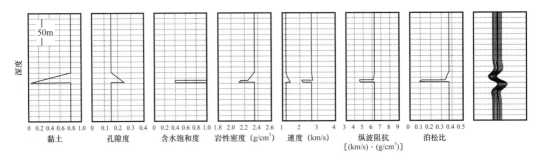

图 8-10　具有向上变细的层序的伪井的测井曲线和合成地震道集

计算泥质含量和孔隙度如文中所述，含气砂岩情况，软砂岩模型，地震道集由最大入射角约为45°的30Hz Ricker
子波合成

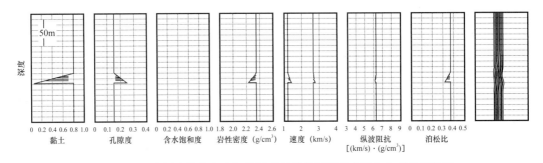

图 8-11　具有锯齿状向上变细的层序的伪井的测井曲线和合成地震道集

计算泥质含量和孔隙度如文中所述，100%饱和含水砂岩情况，软砂岩模型，地震道集由最大入射角约为45°的30Hz
Ricker 子波合成

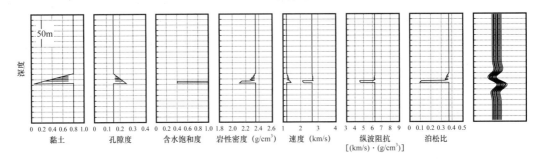

图 8-12　具有锯齿状向上变细的层序的伪井的测井曲线和合成地震道集

计算泥质含量和孔隙度如文中所述，含气砂岩情况，软砂岩模型，地震道集由最大入射角约为45°的30Hz Ricker
子波合成

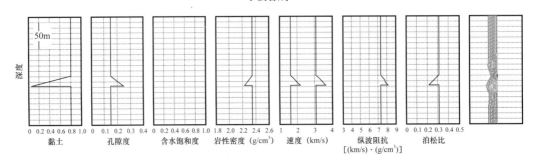

图 8-13　具有向上变细的层序的伪井的测井曲线和合成地震道集

计算泥质含量和孔隙度如文中所述，100%饱和含水砂岩情况，硬砂岩模型，地震道集由最大入射角约为45°的30Hz
Ricker 子波合成

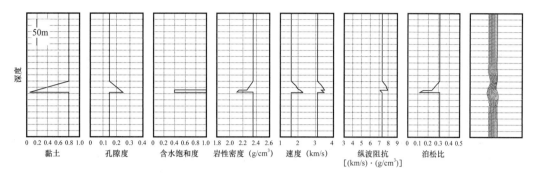

图 8-14　具有向上变细的层序的伪井的测井曲线和合成地震道集

计算泥质含量和孔隙度如文中所述，为含气砂岩，硬砂岩模型，地震道集由最大入射角约为 45° 的 30Hz Ricker 子波
合成

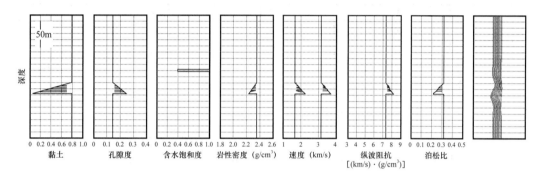

图 8-15　具有锯齿形向上变细的层序的伪井的测井曲线和合成地震道集

计算泥质含量和孔隙度如文中所述，为 100% 饱和含水砂岩情况，硬砂岩模型，地震道集由最大入射角约为 45° 的
30Hz Ricker 子波合成

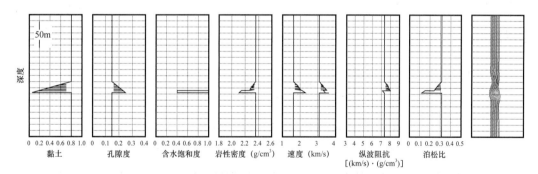

图 8-16　具有锯齿形向上变细的层序的伪井的测井曲线和合成地震道集

计算泥质含量和孔隙度如文中所述，为 100% 含气砂岩，硬砂岩模型，地震道集由最大入射角约为 45° 的 30Hz Ricker
子波合成

　　块状（箱形）砂岩的合成地震道集结果如图 8-17 至图 8-24 所示，而向上变粗砂岩层序（漏斗形）的合成地震道集结果如图 8-25 至图 8-32 所示。很显然，气体的形态和存在与否以及沉积物类型（软硬程度）直接影响合成地震响应。同时，在向上变细层序和向上变粗层序的情况下，锯齿形的存在几乎不会影响地震响应。但是，锯齿形会影响块状砂岩的地震响应（对比图 8-21 和图 8-23）。这种影响是意料之中的，因为块状砂岩中的锯齿状泥岩会导致整体波阻抗变弱，同时，在地震尺度上泊松比也略微增加。

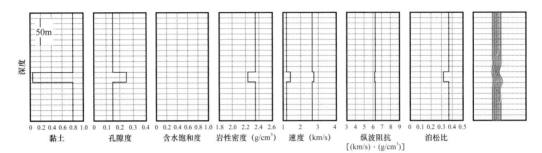

图 8-17　具有块状（箱形）砂岩层序的伪井的测井曲线和合成地震道集

100% 饱和含水砂岩，软砂岩模型，地震道集由最大入射角约为 45° 的 30Hz Ricker 子波合成

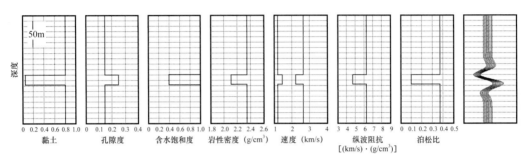

图 8-18　具有块状（箱形）砂岩层序的伪井的测井曲线和合成地震道集

含气砂岩，软砂岩模型，地震道集由最大入射角约为 45° 的 30Hz Ricker 子波合成

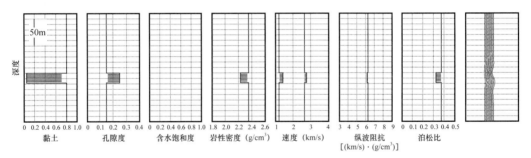

图 8-19　具有锯齿形块状（箱形）砂岩层序的伪井的测井曲线和合成地震道集

100% 饱和含水砂岩，软砂岩模型，地震道集由最大入射角约为 45° 的 30Hz Ricker 子波合成

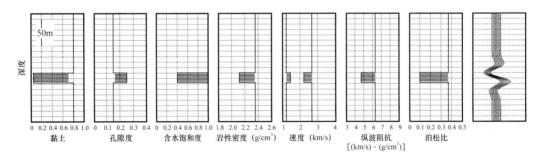

图 8-20　具有锯齿形块状（箱形）砂岩层序的伪井的测井曲线和合成地震道集

含气砂岩，软砂岩模型，地震道集由最大入射角约为 45° 的 30Hz Ricker 子波合成

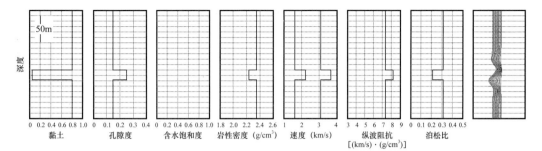

图 8-21 具有块状（箱形）砂岩层序的伪井的测井曲线和合成地震道集

100% 饱和含水砂岩，硬砂岩模型，地震道集由最大入射角约为 45° 的 30Hz Ricker 子波合成

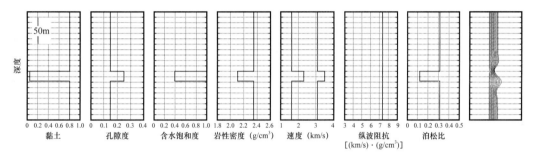

图 8-22 具有块状（箱形）砂岩层序的伪井的测井曲线和合成地震道集

含气砂岩，硬砂岩模型，地震道集由最大入射角约为 45° 的 30Hz Ricker 子波合成

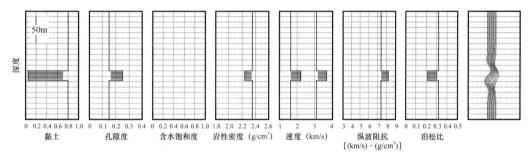

图 8-23 具有锯齿形块状（箱形）砂岩层序的伪井的测井曲线和合成地震道集

100% 饱和含水砂岩，硬砂岩模型，地震道集由最大入射角约为 45° 的 30Hz Ricker 子波合成

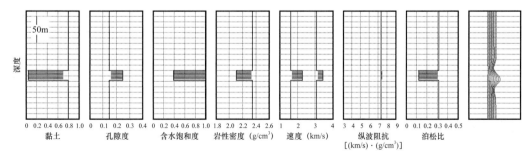

图 8-24 具有锯齿形块状（箱形）砂岩层序的伪井的测井曲线和合成地震道集

含气砂岩，硬砂岩模型，地震道集由最大入射角约为 45° 的 30Hz Ricker 子波合成

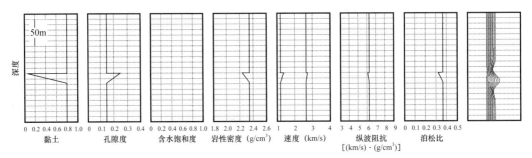

图 8-25　具有向上变粗的砂岩层序的伪井的测井曲线和合成地震道集

100% 饱和含水砂岩，软砂岩模型，地震道集由最大入射角约为 45° 的 30Hz Ricker 子波合成

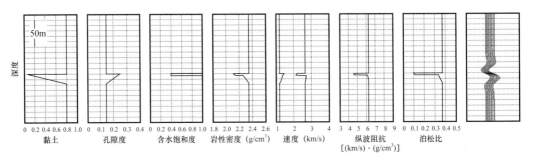

图 8-26　具有向上变粗的砂岩层序的伪井的测井曲线和合成地震道集

含气砂岩，软砂岩模型，地震道集由最大入射角约为 45° 的 30Hz Ricker 子波合成

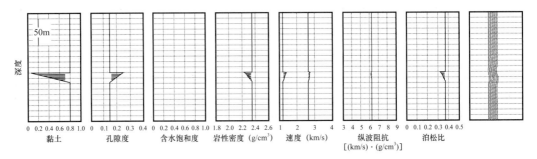

图 8-27　具有锯齿形向上变粗的砂岩层序的伪井的测井曲线和合成地震道集

100% 饱和含水砂岩，软砂岩模型，地震道集由最大入射角约为 45° 的 30Hz Ricker 子波合成

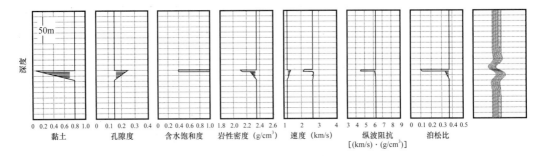

图 8-28　具有锯齿形向上变粗的砂岩层序的伪井的测井曲线和合成地震道集

含气砂岩，软砂岩模型，地震道集由最大入射角约为 45° 的 30Hz Ricker 子波合成

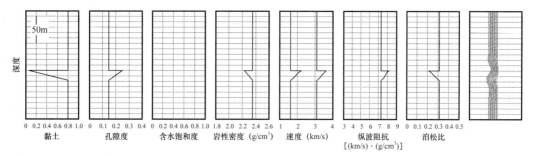

图 8-29　具有向上变粗的砂岩层序的伪井的测井曲线和合成地震道集

100% 饱和含水砂岩，硬砂岩模型，地震道集由最大入射角约为 45° 的 30Hz Ricker 子波合成

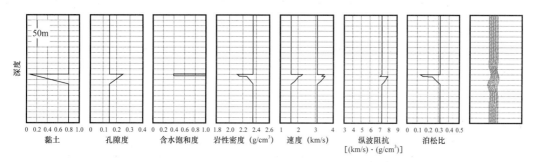

图 8-30　具有向上变粗的砂岩层序的伪井的测井曲线和合成地震道集

含气砂岩，硬砂岩模型，地震道集由最大入射角约为 45° 的 30Hz Ricker 子波合成

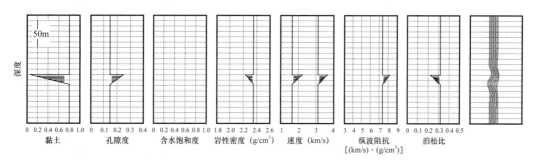

图 8-31　具有锯齿形向上变粗的砂岩层序的伪井的测井曲线和合成地震道集

100% 饱和含水砂岩，硬砂岩模型，地震道集由最大入射角约为 45° 的 30Hz Ricker 子波合成

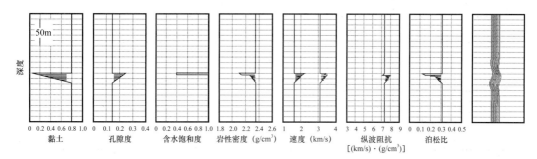

图 8-32　具有锯齿形向上变粗的砂岩层序的伪井的测井曲线和合成地震道集

含气砂岩，硬砂岩模型，地震道集由最大入射角约为 45° 的 30Hz Ricker 子波合成

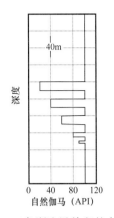

图 8-33 三角洲边界前积的自然伽马
曲线形态

根据 Rider（2002），自然伽马曲线形态可以对应于某些特定沉积环境。例如，在三角洲—河流环境中，向上变细的形状表示河道边滩沉积，而在相同的环境背景下，三角洲边缘进积作用可能导致一套相对较厚的砂岩层，自然伽马值自上而下逐渐增加（图 8-33）。

采用与前面示例相同的方法构建泥质含量剖面和孔隙度剖面，可以使用软砂岩（未胶结和分选差）模型和硬砂岩（分选和胶结良好）模型（图 8-34）得到饱和含水砂岩和含气砂岩的弹性特征和合成地震响应。在这种情况下，地震响应很大程度上取决于沉积物的硬度以及气体的赋存情况。

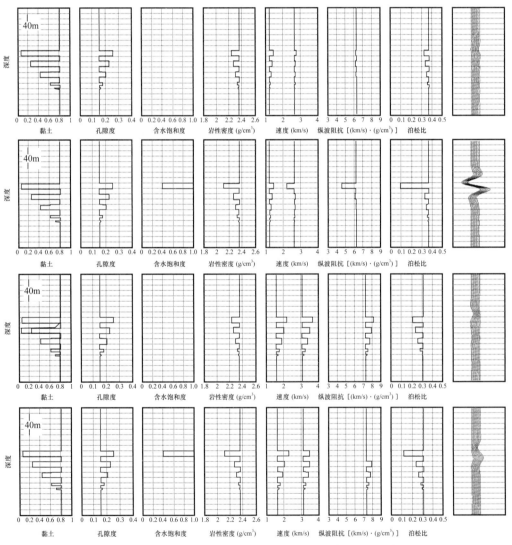

图 8-34 三角洲边界前积情况的测井曲线和合成地震道集

从上到下依次为饱和含水软砂岩；含气软砂岩；湿硬砂岩和含气硬砂岩

另外，根据 Rider（2002）的说法，海侵（退积）陆棚环境的特点可能是近乎块状的砂岩逐渐进入上面的泥岩，呈现缓缓上升的自然伽马曲线形态（图 8-35）。相应的测井曲线和合成地震道集如图 8-36 所示。可观察到，在地震尺度上，测井尺度的矿物组分和孔隙度变化的细节被淡化了。这并不意味着基于岩石物理学的正演模拟在根据地震资料揭示地下属性方面是徒劳的。恰恰相反，这对于理解能看到什么，能识别什么，不能识别什么是至关重要的。

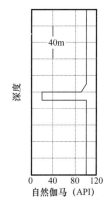

图 8-35　海侵退积陆棚情况下的自然伽马曲线形态

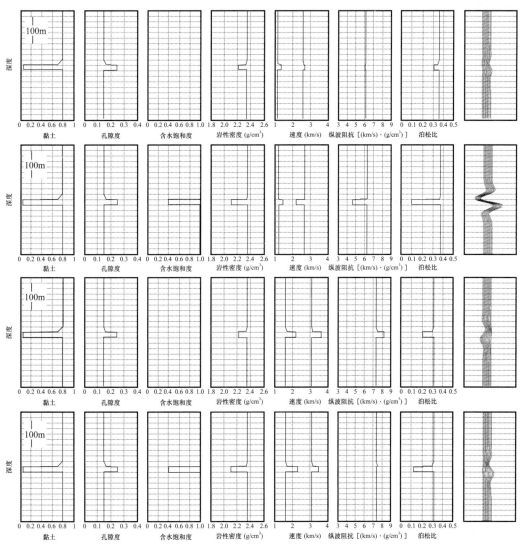

图 8-36　海侵退积陆棚情况的测井曲线和合成地震道集

从上到下依次为饱和含水软砂岩、含气软砂岩、饱和含水硬砂岩和含气硬砂岩

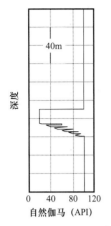

图 8-37 海退进积陆棚
情况的自然伽马曲线形态

海退进积陆棚环境的自然伽马曲线形态如图 8-37 所示。这是由块状砂岩随着深度的逐渐变化形成一系列较薄的高自然伽马层段形成的。相应的地震响应变化如图 8-38 所示。

图 8-39 至图 8-43 所示为深海环境自然伽马曲线，其转化为泥质含量的方式与本节前面的示例相同。在这种情况下，为了得到相应的地震响应，将仅考虑含气砂岩情况，并采用固定胶结模型，其中与软砂岩模型的唯一区别在于选择了更高的配位数，在这些示例中为 15。这里研究的具体情况包括：（1）斜坡水道（图 8-39）；（2）内扇水道（图 8-40）；（3）中扇水道（图 8-41）；（4）扇上沉积朵体（图 8-42）；（5）远源盆地平原（图 8-43）。所有曲线都是按照 Rider（2002）绘制的。

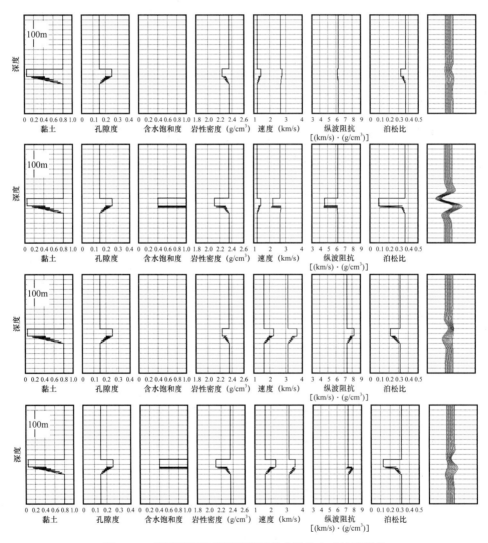

图 8-38 海退进积陆棚情况的测井曲线和合成地震道集
从上到下依次为饱和含水软砂岩、含气软砂岩、饱和含水硬砂岩和含气硬砂岩

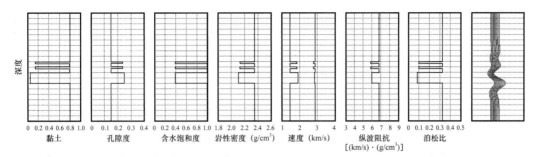

图 8-39　采用固定胶结模型（配位数为 15 的软砂岩模型）建立的适用于深海环境斜坡水道含气砂岩的
测井曲线和合成地震道集

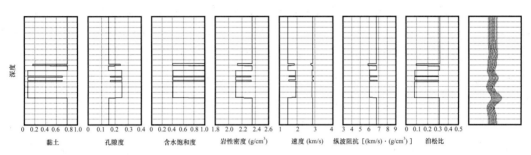

图 8-40　采用固定胶结模型（配位数为 15 的软砂岩模型）建立的适用于深海环境内扇水道含气砂岩的
测井曲线和合成地震道集

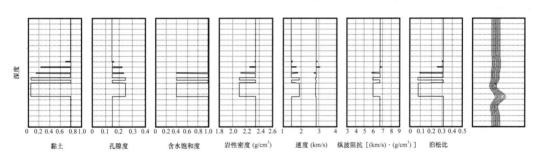

图 8-41　采用固定胶结模型（配位数为 15 的软砂岩模型）建立的适用于深海环境中扇水道含气砂岩的
测井曲线和合成地震道集

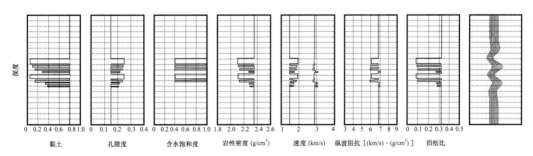

图 8-42　采用固定胶结模型（配位数为 15 的软砂岩模型）建立的适用于深海环境上扇沉积朵体含气砂
岩的测井曲线和合成地震道集

　　在这些示例中，采用了固定的纯净砂岩和纯泥岩矿物学参数和孔隙度。在实际应用中，
这些物性参数以及矿物学参数必须与具体的地质情况（包括上覆岩层、有效压力和温度）
相结合。

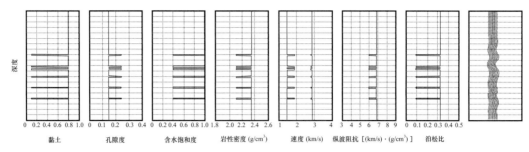

图 8-43 采用固定胶结模型（配位数为15的软砂岩模型）建立的适用于深海环境远源盆地平原含气砂岩的测井曲线和合成地震道集

本节中的最后一个示例涉及砂岩矿物弹性模量参数对弹性特征和地震响应的影响。将研究嵌入泥岩背景中的块状砂岩。泥岩的矿物成分为80%黏土和20%石英。其孔隙度固定在0.15。对于砂岩，研究两种变量：（1）5%的黏土和95%的石英以及（2）5%的黏土和95%的"平均"长石，其弹性模量和密度来自表8-1。在本研究中，用长石代替石英反映了纯石英砂岩和长石砂岩之间的差异。对于石英和黏土，采用常见的弹性模量常数：石英的体积模量和剪切模量分别为36.6GPa和45.0GPa，密度为2.65g/cm³；黏土的体积模量和剪切模量分别为21.0GPa和7.0GPa，密度为2.58g/cm³。砂岩的孔隙度恒定为0.25。采用固定胶结模型（配位数为15的软砂岩模型）计算层段内的弹性特征。所有其他参数与前面示例中使用的参数相同。结果如图8-44和图8-45所示。

表 8-1　矿物的弹性模量和密度的多样性（Mavko 等，2009）

矿物	体积模量（GPa）	剪切模量（GPa）	密度（g/cm³）
高岭石	1.5	1.4	1.58
海湾黏土 A	25.0	9.0	2.55
海湾黏土 B	21.0	7.0	2.60
白云母 A	61.5	41.1	2.79
白云母 B	42.9	22.2	2.79
白云母 C	52.0	30.9	2.79
斜长石	75.6	25.6	2.63
"标准"长石	37.5	15.0	2.62
石英 A	37.0	44.0	2.65
石英 B	36.6	45.0	2.65
石英 C	37.9	44.3	2.65

这种矿物成分替换导致长石砂岩的振幅比石英砂岩在含水饱和情况和含气砂岩情况下的振幅都要大。此外，两种矿物成分合成的地震道集的特征也各不相同：在石英含水饱和情况下，观察到弱的Ⅰ类AVO响应，其法向入射反射为正，随入射角的增加而逐渐减小，

在入射角大约45°时变为负。相比之下，含水饱和石产生弱的Ⅳ类AVO响应，随着入射角的增大，垂直入射波谷变小（图8-44）。

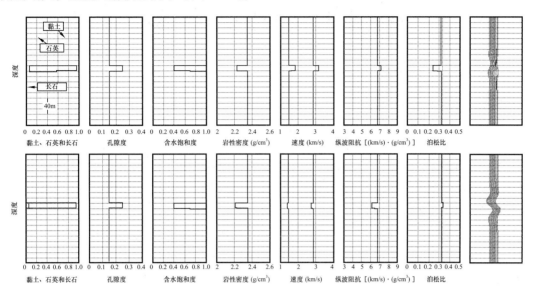

图8-44　上图为饱和含水砂岩条件下，采用固定胶结模型建立的块状纯石英砂岩测井曲线和合成地震道集；下图为饱和含水砂岩条件下，采用固定胶结模型建立的块状长石砂岩测井曲线和合成地震道集

在第一列中黑色细曲线表示泥质含量；灰色粗曲线表示石英含量；黑色虚线表示长石的含量

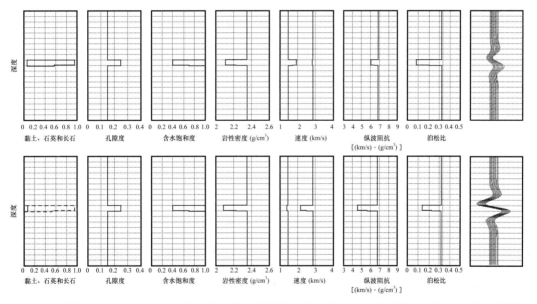

图8-45　上图为含气砂岩条件下，采用固定胶结模型建立的块状纯石英砂岩测井曲线和合成地震道集；下图为含气砂岩条件下，采用固定胶结模型建立的块状长石砂岩测井曲线和合成地震道集

在第一列中黑色细曲线表示泥质含量；灰色粗曲线表示石英含量；黑色虚线表示长石的含量

在长石的情况下，含气砂岩的反射特征更强，并且具有与石英砂岩不同的特征：含气长石砂岩情况下，观察到清晰的Ⅲ类AVO响应，随着入射角的增加，反射振幅的负值越来越高。虽然长石砂岩的振幅比石英砂岩的振幅大，但前者的AVO效应远不如后者明显。

9 碳酸盐岩的综合模拟

9.1 背景和模型

碳酸盐岩储层的油气构成了全球油气资源的重要部分。然而，与砂岩相比，碳酸盐岩的岩石物理研究要落后得多。可以说，主要原因是碳酸盐岩的孔隙形状比硅质碎屑岩复杂得多。Wang（1997）列出了碳酸盐岩中遇到的许多孔隙空间类型，并将它们与此类样品中的弹性波速联系起来。其中一些孔隙类型如下：

晶间孔隙，顾名思义，是指大小大致相同的晶体之间的孔隙空间，而粒间孔隙是指任何尺寸的颗粒之间的孔隙。此类孔隙形状不规则且棱角分明，因此容易变形。因此，这类孔隙的纵波速度和横波速度都表现出对有效压力的强烈敏感性。铸模孔是由个别成分的选择性溶解而形成的，具有规则的形状。粒内孔位于单个颗粒内。这种岩石是坚硬的，这类孔隙的弹性特征几乎不依赖于有效压力。孔洞和喉道是活性矿物溶解形成的较大夹杂物。带有孔洞的岩石比较坚硬。这类孔隙的弹性特征对外加应力的依赖性较弱。由于通道孔隙被拉长，它们使岩石变得更软，其弹性特征强烈依赖于应力。

对于碳酸盐岩，已经提出了许多速度—孔隙度和速度—密度经验公式。首先，Wyllie等（1956）和Raymer等（1980）的经典经验方程可以应用于碳酸盐岩。具体来说，Wyllie的v_p时间平均值表示为：

$$\frac{1}{v_p} = \frac{1-\phi}{v_{ps}} + \frac{\phi}{v_{pf}} \tag{9-1}$$

式中，ϕ 为孔隙度；v_{ps} 为矿物相中的纵波速度；v_{pf} 为孔隙流体中的纵波速度。

显然，式（9-1）必须谨慎使用，这是因为在干燥岩石中，$v_{pf} \approx 0$，从而得到的 v_p 也为零。重要的是要记住，该公式是为饱和含水岩石样品设计的，不应用于其他情况。参考表2-1中方解石和白云石的体积模量和剪切模量以及密度，得到纯方解石中，$v_p = 6.640$km/s，$v_s = 3.436$km/s；同样，白云石中，$v_p = 7.347$km/s，$v_s = 3.960$km/s。

Raymer等（1980）的公式（第2章）为：

$$v_p = (1-\phi)^2 v_{ps} + \phi v_{pf} \tag{9-2}$$

Dvorkin（2008a）给出的 v_s 为：

$$v_s = (1-\phi)^2 v_{ss} \sqrt{\frac{(1-\phi)\rho_s}{(1-\phi)\rho_s + \phi\rho_f}} \tag{9-3}$$

式中，v_{ss} 是组成矿物的横波速度，其密度为 ϕ_s，ϕ_f 是孔隙流体的密度。

图 9-1 显示了根据式（9-1）至式（9-3）得到的纯方解石和纯白云石湿岩的速度—孔隙度交会图。本例中水的体积模量为 2.50GPa，密度为 1.00g/cm³。

Anselmetti 和 Eberli（1997）根据对来自 Bahamas 和 Maiella 台地碳酸盐岩样品的实验室测量结果，提供了以下速度—孔隙度公式：

$$v_p = 6.393 e^{1.80\phi}, v_s = 3.527 e^{2.06\phi} \tag{9-4}$$

其中速度单位为 km/s。相应曲线如图 9-1 所示。在高孔隙度时，v_p 曲线接近式（9-2）曲线，而 v_s 曲线偏离式（9-3）曲线。

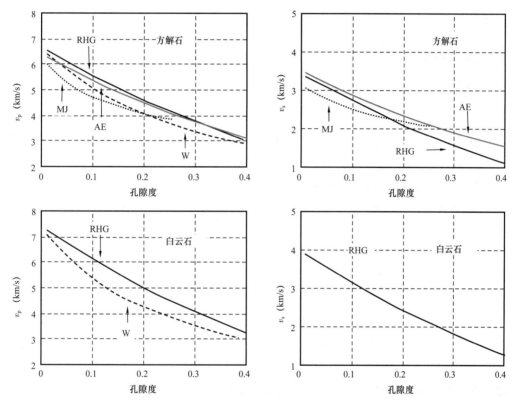

图 9-1 根据式（9-1）至式（9-5）得到的方解石（上图）和白云石（下图）的速度与孔隙度的关系
这些曲线根据所使用的公式进行标注：W 为式（9-1）；RHG 为式（9-2）和式（9-3）；AE 为式（9-4）；MJ 为式（9-5），所有曲线都是针对饱和含水条件的

Marion 和 Jizba（1997）提出了干岩骨架的体积弹性模量（K_{Dry}）和剪切弹性模量（G_{Dry}）与其孔隙度相关的公式：

$$K_{Dry} = (0.0198 + 0.198\phi)^{-1}, \ G_{Dry} = (0.0374 + 0.250\phi)^{-1} \tag{9-5}$$

饱和含水岩石的相应曲线［用流体替换式（9-5）给出的体积模量］如图 9-1 所示。

理论纵横波速度—孔隙度模型，即软砂岩模型、硬砂岩模型和固定胶结模型（第 2 章），这些模型曲线如图 9-2 所示。所有三个模型的临界孔隙度均为 0.45。对于软砂岩模型和硬砂岩模型，配位数为 6；对于固定胶结模型，配位数为 20（软砂岩模型中）。有效压力为 40MPa，剪切模量校正因子为 1。流体为水，其体积模量为 2.50GPa，密度为 1.00g/

cm^3。

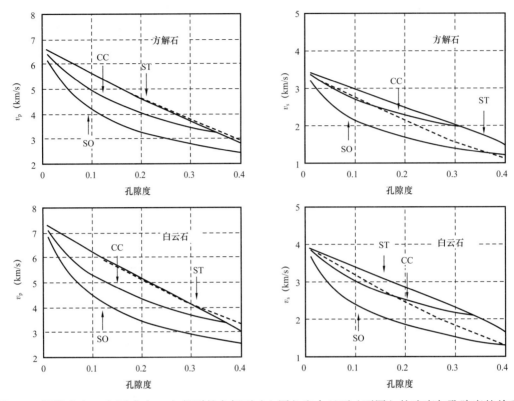

图 9-2　根据式（9-1）至式（9-5）得到的方解石（上图）和白云石（下图）的速度与孔隙度的关系，
同时显示了硬岩模型（ST）、软岩模型（SO）和固定胶结模型（CC）曲线
所有曲线都是针对饱和含水条件的

Ruiz（2009）提出了一个具有多孔颗粒的碳酸盐岩的有效介质模型，其中采用硬砂岩模型或杂质模型计算了颗粒材料的有效弹性特征。由此计算出的弹性模量假定为多孔颗粒材料的弹性模量，可用于任何岩石物理模型。在相同的工作中，碳酸盐岩数据可以用差异有效介质模型（DEM）进行近似建模，其中包含物（孔隙）的长宽比为 0.13。

最后，引用基于实验室数据和钻井数据的统计方程（Mavko 等，2009）。对于含水饱和及含油饱和的白垩石样品：

$$v_p = 5.128 - 8.505\phi + 5.050\phi^2 \text{；} v_s = 2.766 - 2.933\phi \tag{9-6}$$

对于含水饱和的石灰石：

$$v_p = 5.624 - 6.650\phi \text{；} v_s = 3.053 - 3.866\phi \tag{9-7}$$

对于含水饱和的白云石：

$$v_p = 6.606 - 9.380\phi \text{；} v_s = 3.581 - 4.719\phi \tag{9-8}$$

这三个关系式如图 9-3 所示，其中 Raymer-Dvorkin 曲线用作参考。

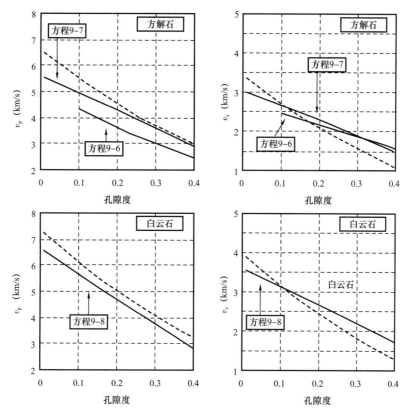

图 9-3　根据式（9-6）、式（9-7）和式（9-8）计算中的方解石（上图）和白云石（下图）
的速度与孔隙度的关系曲线

所有曲线都是针对饱和含水岩条件的

9.2　实验室数据和钻井数据

根据对意大利露头地层中大量碳酸盐岩样品进行的实验室测量结果，Scotellaro 等（2008）和 Vanorio 等（2011）分析了速度—孔隙度趋势曲线。这些数据的一个有趣的特点是，大多数样品中的速度对有效压力的依赖性都较弱。原因可能是这些样品在大气条件下存在了很长一段时间，从而导致对应力变化敏感的微裂缝已经闭合。这些干岩数据如图 9-4 所示。数据至少包含两个部分：上部分样点序列的孔隙度大约在 0～0.45 之间平滑变化，而另一样点序列针对较软的样品，并且孔隙度大约在 0.25～0.30 之间变化，在 0.25 孔隙度时接近第一部分样点序列。根据 Vanorio 和 Mavko（2011），数据中位于约0.25～0.30 孔隙度范围内的软（较低）样点序列对应于微晶（泥晶）结构溶解和形成大的顺性孔隙或去除泥晶基质，从而使大晶粒框架变硬。

图 9-4 也显示了两个部分的模型曲线。上部分曲线是干燥、纯方解石岩石的硬砂岩模型，有效压力为 1MPa（大多数测量是在环境条件下进行的）；临界孔隙度为 0.50；配位数为 6；剪切模量校正因子为 1。为了拟合数据中的下部分，简单地在这组样本的最低和最高孔隙度之间线性内插弹性模量。然后，将这些模量—孔隙度域中的线性曲线转化为速

度—孔隙度曲线，并计算矿物密度为 2.71g/cm³ 的纯方解石的体积密度。体积模量（M_{Dry}）和剪切模量（G_{Dry}）的公式为：

$$M_{Dry} = 139 - 422\phi \ ; \ G_{Dry} = 47 - 143\phi \tag{9-9}$$

式中，模量的单位为 GPa。

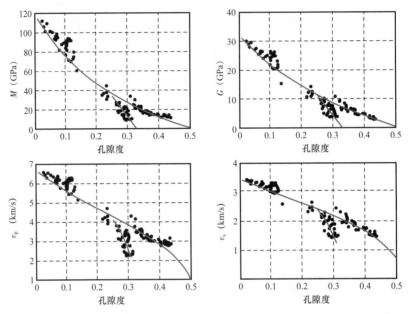

图 9-4　Scotellaro 等（2008）得到的带有示意线的碳酸盐岩数据（见文中所述）

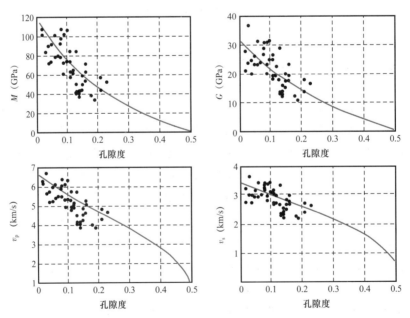

图 9-5　Kenter 等（1997）得到的碳酸盐岩数据，带有硬砂岩模型曲线（与图 9-4 相同）

　　另一个相关数据集源于 Kenter 等（1997）。本研究中的样品含有方解石和白云石，以及少量云母、高岭石、长石和石英。在实验室用超声波频率进行了流体饱和岩石测量。图

9-5 显示了在 30MPa 围压条件下的这些数据。通常，这些数据可以通过图 9-4 中所示的硬砂岩模型曲线来描述。但是，该曲线周围的数据点明显分散，可能是由孔隙形状和矿物成分的变化引起的。

图 9-6 显示了以白垩岩为主的 Ekofisk 井的数据（Walls 等，1998）。100% 含水饱和条件下的流体替代作用，使主力储层中的纵波速度 v_p 增加约 18%，泊松比则从约 0.25 增加到 0.35。

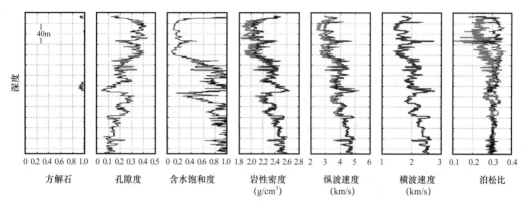

图 9-6　Ekofisk 井（据 Walls 等，1998）

在密度、速度和泊松比道中，粗灰色曲线是原位测量，而黑色曲线 100% 含水饱和岩石的测井曲线

含水饱和岩石体积模量和剪切模量与孔隙度的关系如图 9-7 所示。这些数据可以与含水饱和方解石在有效压力为 40MPa、临界孔隙度为 0.55、配位数为 6、剪切模量校正因子为 2 的情况下计算出的硬砂岩曲线相匹配。水的体积模量和密度分别为 2.627GPa 和 0.997g/cm³。为了根据数据调整模型曲线，必须改变纯方解石的体积模量和剪切模量，即分别采用 55GPa 和 22GPa。

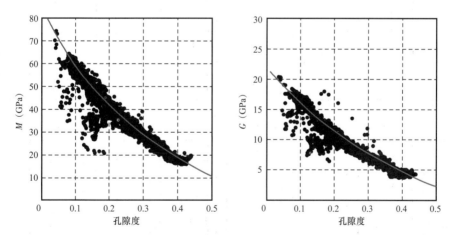

图 9-7　Ekofisk 井含水饱和岩石样品的体积模量（左图）和剪切模量（右图）与孔隙度的关系

（据 Walls 等，1998）

曲线来自硬砂岩模型，其矿物弹性模量如文中所述进行了调整

这种看似特别的调整表明，尽管用于建模的函数形式是合适的，但必须以不同的端点来锚定。在实际应用中，对每口井单独进行此类调整是错误的。而是必须考虑所研究领域的整个数据集，并引入共同的调整常数。

9.3 伪井和反射

Palaz 和 Marfurt（1997）论述了碳酸盐岩的各种地震反射特征。Lucia（2007）论述并分析了碳酸盐岩储层及其周围的沉积层序。在这里，首先介绍碳酸盐岩储层被致密泥岩包围的多种情况。背景泥岩的孔隙度固定为 0.15，黏土含量为 60%（其余为石英）。碳酸盐岩储层的岩性可以是石灰岩或白云岩，其孔隙度和含气饱和度或含油饱和度各不相同。

为了计算泥岩背景下的岩石弹性特征，使用了有效压力为 30MPa、临界孔隙度为 0.40、配位数为 6、剪切模量校正因子为 1 的硬砂岩模型。碳酸盐岩地层中也使用了相同的参数，只是临界孔隙度现在设定为 0.50。

图 9-8 比较了充填有天然气或原油（两种情况下含水饱和度 S_w=0.30）或完全水饱和情况下 30% 孔隙度方解石层的合成地震反射特征。流体性质源自表 2-2。

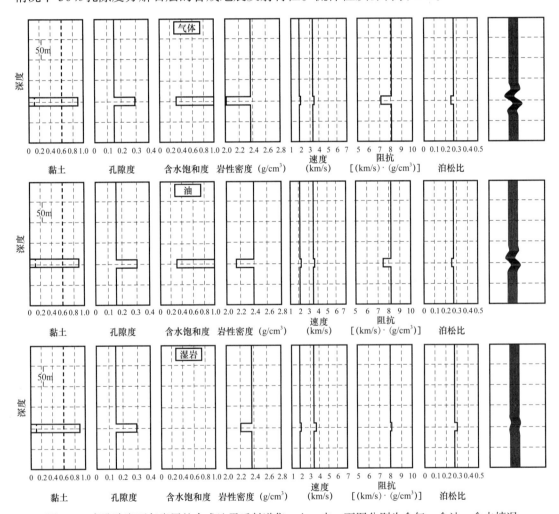

图 9-8　高孔隙度石灰岩层的合成地震反射道集，上、中、下图分别为含气、含油、含水情况

在第一列中，虚线表示黏土含量，而黑色实线表示方解石含量，地震道集由最大入射角约为 45° 的 40 Hz Ricker 子波合成

在这个高孔隙度碳酸盐岩储层中，可以清楚地看到振幅与孔隙流体的相关性：含气或含油方解石层段的呈现负振幅，而在在饱和水之后，方解石层段振幅几乎变为零。

图 9-9 描述了相同的过程，只不过白云石代替了方解石。矿物成分的变化有很大的不同：含气白云岩几乎没有反射，而含油白云岩与水湿白云岩则得到了 I 类 AVO 响应。此类 AVO 响应的特征是当法线入射的正反射，其振幅随入射角的增加而逐渐减小。

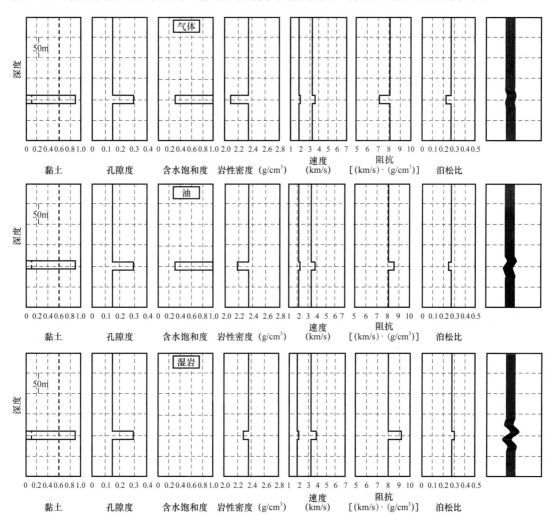

图 9-9 高孔隙度白云岩层的合成地震反射道集，上、中、下图分别为含气、含油、含水情况
在第一列中，虚线表示黏土含量，而灰色实线表示白云石含量，地震道集由最大入射角约为 45° 的 40 Hz Ricker 子波合成

在下一个应用实践中，将假定碳酸盐岩储层中充满了气体，并探讨孔隙度变化带来的影响。具体来说，对于石灰岩储层（图 9-10）和白云岩储层（图 9-11），将研究储层孔隙度分别为 0.25、0.15 和 0.05 的情况。结果表明，孔隙度越小，反射特征越弱。其次，矿物成分也很重要。例如，对于孔隙度为 25% 的方解石储层，I 类 AVO 反射非常弱，而在相同的孔隙度下，白云岩储层的反射特征却非常明显。在最低孔隙度为 0.05 时，弹性波以非常强的正反射撞击"砖墙"（比喻弹性波遇到超强致密层反射介质）。

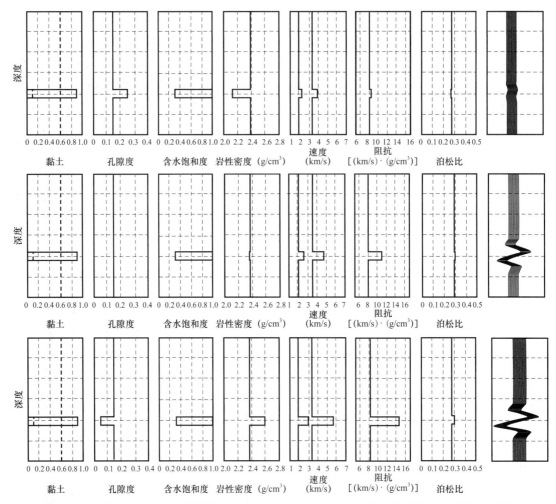

图 9-10　孔隙度从 0.25（上）降低到 0.15（中）和 0.05（下）的含气石灰岩层的合成地震反射道集

在第一列中，虚线表示黏土含量，而黑色实线表示方解石含量，地震道集由最大入射角约为 45° 的 40Hz Ricker 子波合成

下一个场景是在 Fournier 和 Borgomano（2007）以及 Grotsch 和 Mercadier（1999）之后的古近—新近系石灰岩构造。研究了一个包含六个岩相的层段，其垂直顺序、厚度、孔隙度、密度和速度如表 9-1 所示。所得到的合成地震道集如图 9-12 所示。在泥粒岩和泥粒灰岩之间的第一个边界处观察到强烈的正反射特征。接下来的反射特征相对较小，直到在颗粒灰岩和富含石英的泥粒灰岩之间的界面处又出现了强烈的正反射特征，在富含石英的泥粒灰岩和底部相对较软的砂岩之间的界面处出现了甚至更强的负反射特征。

这种情况是对 Grotsch 和 Mercadier（1999）菲律宾海上古近—新近系 Malampaya 气田复杂实际地质情况的简化。不过，图 9-12 中的两个尖锐反射与本书中所示的靠近石灰岩构造边缘钻探的气井的真实地震剖面还是比较吻合的。

最后一个场景是仿照 Lucia（2007）构建的西得克萨斯油田二叠系白云岩。该层序包括三个岩相：白云质颗粒灰岩、白云质泥粒灰岩和白云质粒泥灰岩。它们的垂直排列和特性如表 9-2 所示。在这种情况下，观察到两个强烈的负反射，一个在上部白云质粒泥状灰岩和白云质粒状灰岩之间的界面处，另一个在相同的岩性界面处，但位于层段较深的地方（图 9–13）。

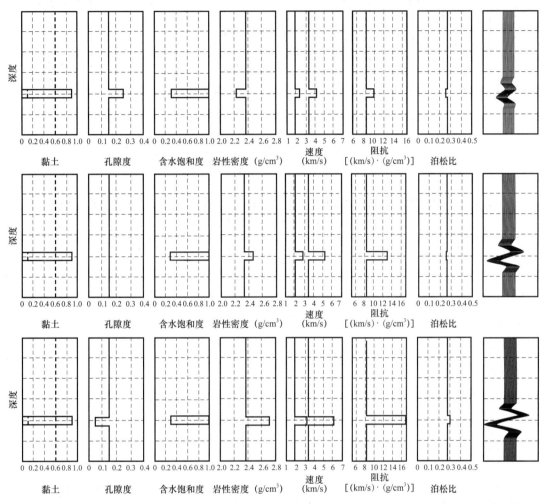

图 9-11　孔隙度从 0.25（上）降低到 0.15（中）和 0.05（下）的含气白云岩层的合成地震反射道集

在第一列中，虚线表示黏土含量，而黑色实线表示白云石含量，地震道集由最大入射角约为 45° 的 40Hz Ricker 子波合成

表 9-1　古近—新近系石灰岩构成情况的岩相、垂直（自上而下）顺序、厚度、孔隙度和弹性特征

（岩相编号如图 9-12 所示）

岩相	厚度（m）	孔隙度	纵波速度（km/s）	横波速度（km/s）	密度（g/cm³）
泥岩 -1	50	0.152	2.800	1.288	2.450
粒灰岩 -2	40	0.080	4.700	2.532	2.550
粒泥状灰岩 -3	80	0.250	3.500	1.854	2.270
粒状灰岩 -4	40	0.100	4.000	2.155	2.520
富含石英的粒石灰岩 -5	20	0.050	5.400	2.854	2.600
砂岩 -6	50	0.260	3.200	1.717	2.240

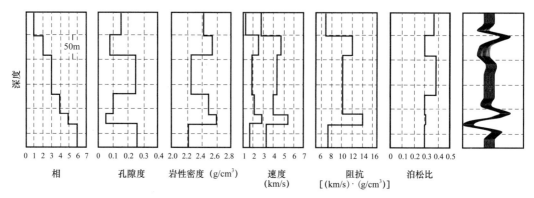

0 1 2 3 4 5 6 7　　0 0.1 0.2 0.3 0.4　　2.0 2.2 2.4 2.6 2.8　　1 2 3 4 5 6 7　　6 8 10 12 14 16　　0 0.1 0.2 0.3 0.4 0.5

相　　　　　　孔隙度　　　　岩性密度（g/cm³）　　　速度　　　　　　阻抗　　　　　　　泊松比
　　　　　　　　　　　　　　　　　　　　　　　　（km/s）　　　［(km/s)·(g/cm³)]

图 9-12　表 9-1 所列石灰岩建造层序的测井曲线和合成地震道集

地震道集由最大入射角约为 40° 的 40Hz Ricker 子波合成

表 9-2　二叠系白云岩情况的岩相、垂直（自上而下）顺序、厚度、孔隙度和弹性特征

（岩相编号如图 9-13 所示）

岩相	厚度（m）	孔隙度	纵波速度（km/s）	横波速度（km/s）	密度（g/cm³）
白云质粒泥状灰岩 -1	30	0.050	6.100	3.840	2.780
白云质粒状灰岩 -2	5	0.200	4.800	2.720	2.500
白云质粒灰岩 -3	30	0.100	5.500	3.130	2.680
白云质粒泥状灰岩 -1	30	0.050	6.100	3.840	2.780
白云质粒状灰岩 -2	5	0.200	4.800	2.720	2.500
白云质粒灰岩 -3	30	0.100	5.500	3.130	2.680
白云质粒泥状灰岩 -1	30	0.050	6.100	3.840	2.780

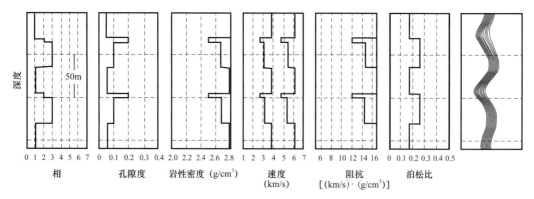

0 1 2 3 4 5 6 7　　0 0.1 0.2 0.3 0.4　　2.0 2.2 2.4 2.6 2.8　　1 2 3 4 5 6 7　　6 8 10 12 14 16　　0 0.1 0.2 0.3 0.4 0.5

相　　　　　　孔隙度　　　　岩性密度（g/cm³）　　　速度　　　　　　阻抗　　　　　　　泊松比
　　　　　　　　　　　　　　　　　　　　　　　　（km/s）　　　［(km/s)·(g/cm³)]

图 9-13　表 9-2 所列二叠系白云岩层序的测井曲线和合成地震道集

地震道集由最大入射角约为 40° 的 40Hz Ricker 子波合成

10　时移（四维）储层监测

10.1　背景知识

时移（四维）地震方法试图定量地确定地下油气藏在经历油气生产和流体注入等主要人为干扰前后的地震响应差异。这方面已有多个理论和实例的研究成果发表。本章仅举其中几例，其他的读者可以参考 Calvert（2005）、Osdal 等（2006）、Gommesen 等（2007）、Ebaid 等（2008）、Dvorkin（2008b）、Ghaderi 和 Landro（2009）、Trani 等（2011）以及 Ghosh 和 Sen（2012）所发表的研究成果。时移（四维）地震的主要思路是根据油气饱和度、孔隙压力和温度来解释地下地震响应中观察到的差异变化，以确定因绕流而形成的死油带，并最终提高采收率。

Nur（1969）也许是第一个对时移地震监测的物理学原理有所研究的学者，在他的研究中，他测量了当水从最初完全饱和的孔隙度仅为 1.5% 的花岗岩样品中完全排出时的超声波纵波速度（图 10-1）。后来，Wang（1988）发现，当岩石样品被加热后，饱和重质油岩石样品的纵波速度将急剧下降。

基于地震的实际储层监测必须克服一些障碍，其中之一就是针对同一地下地质目标但在不同时间获得的地震数据进行一致性对比。需要记住的是，地震数据体中的纵坐标是地震波

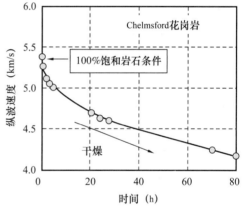

图 10-1　孔隙度 1.5% 的 Chelmsford 花岗岩样品测得的速度与时间关系图（Nur，1969）

的双程旅行时（TWT），而不是物理深度，但是由于声速可能随着储层的开采而发生变化，因此这种一致性对比并不是一件容易的事。四维地震方法的物理原理本身也不简单：在生产过程中，一些储层的孔隙度（致密程度的表征参数）可能会发生显著变化，而在另一些储层中，如果有反应性流体（如二氧化碳）的注入，储层孔隙结构本身也可能会发生变化（Vanorio 等，2011）。这里将主要讨论孔隙流体和孔隙压力这两个时间变量对岩石弹性特性的影响，而这些影响主要发生在大多数碎屑岩储层中。

流体替换理论，即随着孔隙流体变化而计算岩石弹性特性的变化的理论已经相当成熟（第 2 章）。尽管如此，仍然要做出如下选择：必须确定哪种流体分布类型（均匀或不均匀饱和）与地震监测解释结果最相关。Knight 等（1998）基于毛细管压力平衡原理，提出了一种斑块饱和流体替换理论，并由此发现非均质岩石的不同孔隙部分在排水或注入过程中是如何饱和的。即便如此这个理论仍然包含许多未知变量，比如孔隙度和渗透率的非均质

性。为了规避（但非消除）这些复杂情况，这里将基于正演模拟"假设"场景的原理，期望如果正演模拟的响应与观察结果相匹配，那么模型就能描述现实情况。

尽管已经发表了大量的速度与应力关系的实验结果，但孔隙压力对岩石弹性性质的影响仍然难以用简单理论概括。虽然这些关系的机理（可以）被理解为：随着孔隙压力的增加，岩石中的裂缝将被打开，从而使岩石软化，但在流体注入过程中出现的此类诱发裂缝的数量和类型目前尚不清楚。

为了定量确定孔隙压力对弹性特性的影响，通常需要进行实验室测试，其中实验过程基本上是与实际情况相反的。也就是说，并不是在固定的围压应力下去改变孔隙压力，而是保持孔隙压力不变来改变围压。由于大多数实验室速度测量都必须在超声频率下进行，因此需要注意的是，实验室测量数据（约 10^6 Hz）和井测量数据（10^3～10^4 Hz）以及地震数据（10～100Hz）之间的频率差往往会使流体饱和样品的实验室数据不太适用于实际的地震解释。这就是为什么谨慎地对干燥（即空气饱和）的岩石样品进行超声脉冲透射测量，然后对此类数据进行低频流体置换的原因。图 10-2 显示了砂岩样品上获得的部分此类结果。注意，在枫丹白露砂岩和渥太华砂岩中，泊松比都随围压的降低而降低（Dvorkin 等，1999）。

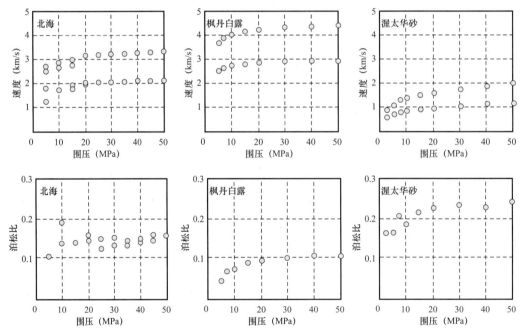

图 10-2　上图为纵波速度和横波速度与围压的关系图，下图为泊松比与围压的关系图
从左至右分别为室内风干的北海砂岩（由挪威国家石油公司提供）、枫丹白露砂岩（据 Han，1986）
和渥太华砂（据 Yin，1992）

图 10-3 展示了在高围压下达到的速度最大值与初始低压力条件下的速度值以及相应的曲线形态，此图有助于读者了解砂岩样品的速度—压力特性的多样性（数据来自 Han，1986）。

利用实验室干燥岩石速度与围压的关系来评估恒定覆压条件下孔隙压力变化影响的一种简单方法是绘制如图 10-2 和图 10-3 所示的镜像图。所绘制的镜像图如图 10-4 所示。在镜像图中,绘制了实测干燥岩石速度与试验中最大围压(50MPa)和变化的较小幅度围压 P_c 之间的差值的关系图,并假定该差值为空气饱和样品中的孔隙压力 P_p。换言之,当 $P_p=0$ 时,实测干燥岩石速度与 $P_c=50$MPa 时的速度相同,而当 $P_p=30$MPa 和围压等于 50MPa 时的速度与围压 $P_c=20$MPa 和零孔隙压力时的速度相同。

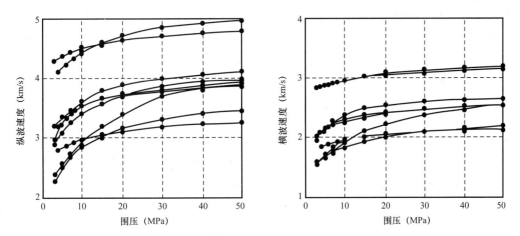

图 10-3 一些固结砂岩样品的纵波速度和横波速度与围压的关系图(据 Han,1986)

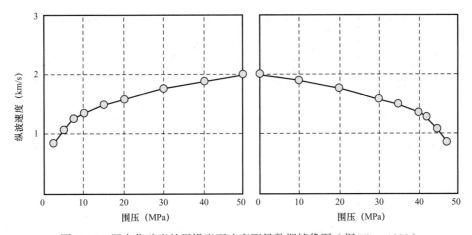

图 10-4 渥太华砂岩的干燥岩石速度测量数据镜像图(据 Yin,1992)
左图为原始实验数据,右图为左图的镜像图,绘制了其与最大围压 50MPa 和不同围压的差值的关系图,并假设这个差值可以代表孔隙压力的变化

图 10-4 所示的操作看起来几乎是显而易见的。然而,这个坐标变换背后隐含一个重要的假设,即假设速度取决于围压和孔隙压力之间的压力差,称之为有效压力 P_d,计算公式见式(10-1)。

$$P_d=P_c-P_p \qquad (10-1)$$

换句话说,假设在 40 MPa 围压和 20 MPa 孔隙压力下测得的岩样弹性特性与在 30 MPa 围压和 10 MPa 孔隙压力下测得的岩样弹性特性相同。

实验和理论(见 Mavko 等,2009)表明,这种说法并非绝对正确。实际上,弹性特性取决于所谓的有效压力 P_e,计算公式见式(10-2)。

$$P_e = P_c - \alpha P_p \qquad (10-2)$$

式中，α 为有效压力系数（$\alpha \leqslant 1$）。很有可能式（10-2）是一个近似值，并且这里讨论的关系的函数形式更为复杂。

不过，即使是简单的等式（10-2），在实际应用中也存在问题。原因是不同岩石性质的有效压力系数 α 可能会有所不同（Mavko 等，2009）。这就是完美科学与实际应用之间相互冲突的一个例子：完美科学中有太多的未知数无法在实际中应用。因此，在这里只能勉强接受一个"足够好"的解决方案，并假设所有相关变量都取决于有效压力，$P_d = P_c - P_p$，由此得到公式（10-3）：

$$v_p = F_1 (P_c - P_p) ; \ v_s = F_2 (P_c - P_p) \qquad (10-3)$$

式中 F_1 和 F_2 是实验确定的函数。

此外，尽管孔隙度通常随压力而变化，尤其是在较软的岩石中这种情况更为突出，但在此忽略这种变化，并假设孔隙度和干燥样品的体积密度都与压力无关。

这里需要指出的是速度—压力关系不应与孔隙度—压力关系相结合，以获得速度—孔隙度的关系趋势，因为后者通常在固定的有效压力下建立，并且可能随有效压力 P_d 的变化而变化（图 10-5）。

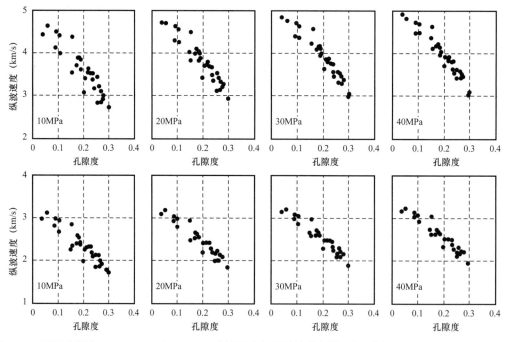

图 10-5　围压分别为 10、20、30 和 40MPa 时低泥质含量固结砂岩样品的干燥岩石速度（据 Han，1986）

10.2　速度—压力数据的流体替换

储层流体的体积模量和密度随孔隙压力和温度的变化而变化（见第 2 章）。在这里，为了简化起见，将忽略这些变化，保持流体性质不变，即盐水矿化度 8×10^4ppm；原油

API 为 25；天然气比重 0.75；气油比 200；孔隙压力 20MPa；温度 70℃。表 10-1 列出了所得的体积模量和密度（Batzle 和 Wang，1992）。

表 10-1　按本节所述计算的流体性质

流体	体积模量（GPa）	密度（g/cm³）
天然气	0.044	0.186
油	0.561	0.709
盐水	2.865	1.043

本章中使用的另一个样本是硬度非常软的渥太华砂（Han，1986）。为了简化以下示例，假设其孔隙度 0.33 与压力近似无关，干燥岩石的体积密度设为 1.77 g/cm³，也与压力近似无关。该样品的弹性特性如图 10-6 所示。

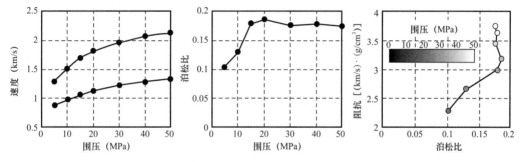

图 10-6　渥太华砂的干燥岩石弹性特性（据 Han，1986）

该样品与 Yin（1992）使用的样品（图 10-4 所示）不同，从左到右依次为速度（纵波速度和横波速度）与围压的关系；泊松比与围压的关系；纵波阻抗与泊松比的关系，并采用围压进行了彩色编码，如色棒所示

现在，对干燥岩石样品数据进行流体替代，理论上用天然气、原油和水充注样品，并让每种流体都达到 100% 饱和。所得的 I_p 和 v 与围压的关系见图 10-7。接下来，假设该样品代表位于一定深度的储层，其上覆岩层应力为 40MPa，原始孔隙压力为 $P_p=20$MPa，因此原始（初始）有效压力为 20MPa。在本例中，唯一可变的压力是 P_p，其初始值可在 ±10MPa 范围内变化，从而有效压力的变化范围为从 $P_p=30$ MPa 时的 10 MPa 到 $P_p=10$MPa 时的 30MPa。图 10-8 显示了被天然气、原油或水完全饱和的岩石样品的各自阻抗。右边的图便于预测各种过程引起的阻抗变化。例如，假设增加孔隙压力，原来存在于油 / 气系统中的游离气变成溶液，从而使储层中没有游离气体。图 10-8（右）中的箭头显示了这种假设转变。最终的结果是阻抗并没有变化，这是因为改变孔隙流体性质和增加孔隙压力的作用相互抵消。

当然，如图 10-8 所示的油气藏条件变化的例子并不完全符合实际情况，因为在真实的油气藏中，从来没有 100% 的含油气饱和度，无论初始饱和度是多少，都因为残余油气饱和度的存在而不能降为零。这就意味着不可能从一个含水饱和度为 20%、含气饱和度为 80%的气藏转变到含水饱和度为 100%、含气饱和度为 0 的气藏，孔隙中总会有残余气体。

因此，为了使这个例子更真实、更简单，假设该气藏是一个初始含水饱和度等于 0.20

（$S_w=0.20$）的天然气藏。该气藏逐渐减少至 20% 的含气饱和度（$S_w=0.80$）。束缚水饱和度 $S_{wi}=0.02$，剩余气饱和度也为 0.02，即最大的可能含水饱和度为 0.98。

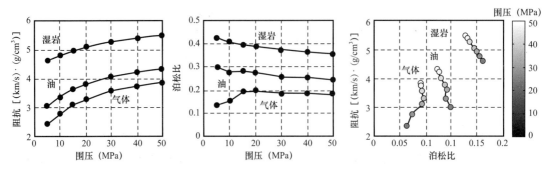

图 10-7　渥太华砂岩分别被天然气、原油和水饱和后的弹性特性（据 Han，1986）

从左到右依次为阻抗与围压的关系；泊松比与围压的关系；纵波阻抗与泊松比的关系

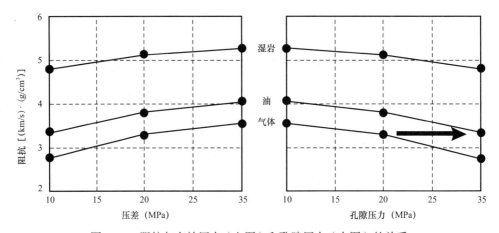

图 10-8　阻抗与有效压力（左图）和孔隙压力（右图）的关系

右图中的箭头显示了随着孔隙压力的增加和气泡破裂（气体进入溶液），从天然气到原油的假设转变

　　首先假设随着气体的耗尽和含水饱和度的增加，所形成的两相流体分布是均匀的，因此，孔隙流体的有效体积模量是天然气和地层水的调和平均值（第 2 章）。所得的 I_p 和 v 与 S_w 的关系图以及彼此的关系图见图 10-9 所示。

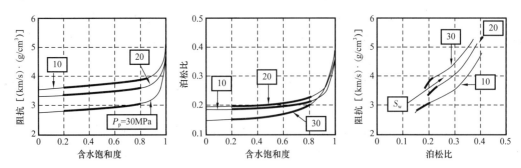

图 10-9　假设流体分布均匀条件下的波阻抗（左图）和泊松比（中图）与含水饱和度的关系

第三张图显示了当含水饱和度增加时阻抗与泊松比的交会图（箭头），三条曲线中的每一条都对应于图中标记的固定孔隙压力，细曲线表示含水饱和度在 0%～100% 之间，而粗曲线表示含水饱和度在 20%～80% 之间

在 $0.20 < S_w < 0.80$ 的范围内，波阻抗或泊松比与水饱和度之间的变化都很小，这在第 2 章中也有论述。然而，已发表的现场研究成果表明，在生产过程中存在明显的弹性性质变化。

基于这种明显的地震可观测到的饱和度变化，推测由于瞬态生产过程导致的流体分布模式可能是斑块状的。相应的理论曲线如图 10-10 所示。现在观察到岩石的弹性性质相对于含水饱和度的明显变化。

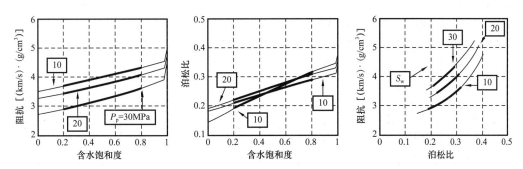

图 10-10　假设斑块饱和条件下的波阻抗（左图）和泊松比（中图）与含水饱和度的关系，相关曲线图示与图 10-9 相同

10.3　合成地震道集

为了说明压力和饱和度变化对地震数据的影响，将研究两种生产情况：（1）气藏从初始状态（$P_p = 20\text{MPa}$ 和 $S_w = 0.20$）开始进行开采，孔隙压力从 20MPa 下降到 10MPa，含水饱和度从 0.20 增加到 0.80；（2）气藏处于注水状态阶段，含水饱和度变化范围相同，也从 0.20 增加到 0.80，但孔隙压力从 20MPa 增加到 30MPa。背景是比较软的含水饱和泥岩，泥质含量 70%，孔隙度 20%。

初始状态、情况 A 和情况 B 的测井曲线和合成地震道集如图 10-11 所示。合成道集是采用 40Hz 的 Ricker 子波生成的。三个道集的相互比较如图 10-12 所示。

由于含气砂岩的阻抗远小于泥岩的阻抗，因此在泥岩/砂岩界面处的振幅为负值。从初始状态到情况 A，振幅的绝对值在减小。主要原因是情况 A 的有效压力从初始状态的 20MPa 增加到 30MPa，从而使含气砂岩变硬。斑块模型中饱和度的增加会增加这种压力驱动的阻抗。

相反，初始状态和情况 B 之间的振幅变化不大。这是由于有效压力从初始状态的 20MPa 降低到 10MPa，并降低干燥岩石骨架刚度，从而抵消了增加饱和度对增加阻抗的作用。

为了进一步解释这些结果，请参考图 10-13，其所示内容类似于图 10-9 和图 10-10。该图显示了均匀饱和情况和 $P_p = 20\text{MPa}$、斑块饱和情况和 $P_p = 10\text{MPa}$、斑块饱和情况和 $P_p = 30\text{MPa}$ 时的含水饱和度范围在 20% 至 80% 之间的弹性性质变化。第一条曲线的起点对应于储层的初始状态；第二条曲线的终点对应于情况 A；第三条曲线的终点对应于情况 B。用 I_p 和 v 的相应变化来解释合成地震结果。

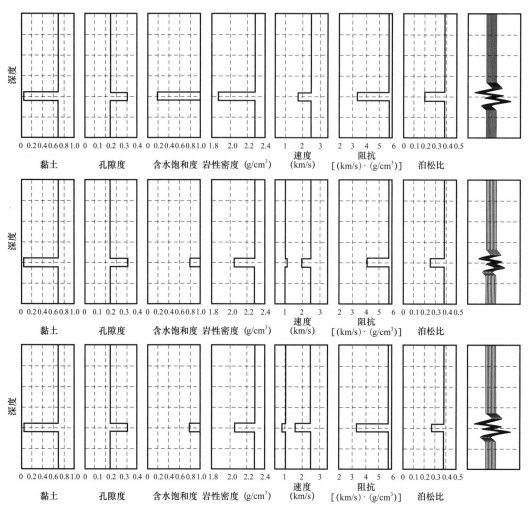

图 10-11　油气藏初始状态（上图）、情况 A（中图）和情况 B（下图）的测井曲线和合成地震道集，相邻水平网格线之间的垂直距离为 50m

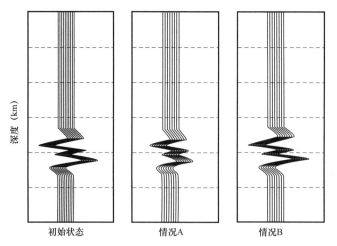

图 10-12　源自图 10-11 的油藏初始状态（左图）、情况 A（中图）和情况 B（右图）的合成道集，相邻水平网格线之间的垂直距离为 50m

最终制作出图 10-11 至图 10-13 所研究的三种情况下泥岩 / 砂岩界面的 AVO 曲线。表 10-2 列出了此处研究的初始状态以及其他两种情况下该界面上下的速度和体积密度。相应的 AVO 曲线以及截距—斜率交会图如图 10-14 所示。

请注意，对于情况 B，所计算的梯度略为正值。这是因为 AVO 曲线是用 Zoeppritz 公式（第 4 章）计算出来的，而梯度是根据这些曲线计算出来的，假设 $P—P$ 波反射率与入射角的正弦平方成正比，在这种情况下，这是一个近似值。

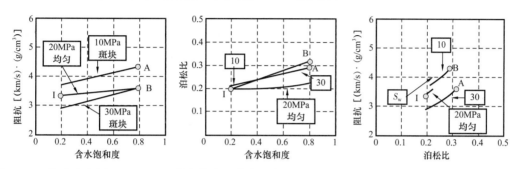

图 10-13 饱和度范围 0.20～0.80，均匀饱和、孔隙压力 20MPa；斑块饱和、孔隙压力 10MPa；斑块饱和、孔隙压力 30MPa 条件下的阻抗（左图）和泊松比（中图）与含水饱和度的交会图，标有 "I" "A" 和 "B" 的符号分别表示储层的初始状态、情况 A 和情况 B，第三张图显示了当含水饱和度增加时阻抗与泊松比的交会图（箭头），第三幅图中的斜箭头表示饱和度增加的方向

表 10-2 四维正演模拟中所采用的地层弹性性质和密度

地层	纵波速度（km/s）	横波速度（km/s）	密度（g/cm³）
泥岩	2.507	1.078	2.289
储层初始状态	1.773	1.089	1.886
储层情况 A	1.991	1.141	2.056
储层情况 B	1.631	0.914	2.056

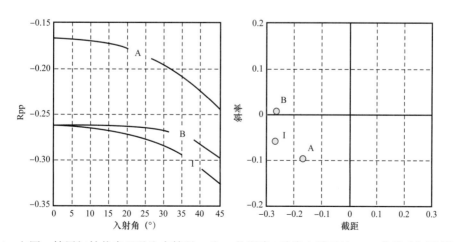

图 10-14 左图：储层初始状态以及生产情况 A 和 B 的泥岩 / 砂岩上界面的 AVO 曲线（如图所示）。右图：储层三种状态下的斜率与截距（梯度）散点图

10.4 结论

时移储层监测的主要目的是在空间和时间上确定生产过程中的流体饱和度，以便更好地制定开采方案和优化增井部署。现场观测结果的解释是基于对流体分布模式以及孔隙压力变化的假设。对于任何地震资料的解释，这个过程都不是唯一的。处理这种不确定性的一种方法是进行大量的正演模拟场景，以便找到与观测到的地震特征相匹配的结果。这种模拟有助于对解释结果进行分类，也可以消除不太可能的结果。

在本章论述的例子中，只研究了饱和度和压力这两个输入变量。根据储层类型的不同，还必须考虑其他变量，如稠油砂岩的温度或致密白垩岩储层的孔隙度变化。岩石物理学理论提供了考虑这些附加变量的模型。

在这里，研究了开采过程对地下弹性性质的影响。现场研究表明，在某些情况下，地震衰减也可能是生产监测的一个有用属性（Eastwood 等，1994）。第 15 章为读者提供了将地震衰减引入正演模拟的定量理论。

在实际的四维地震应用中，这里（以及更多处）介绍的场景应当作为采集四维地震数据之前进行的可行性研究，以助于决定是否采集以及如何采集此类地震数据。

第四部分
勘探技术前沿

11 基于岩石物理的油气勘探工作流程

11.1 引言

地球科学家面临的一项关键挑战是利用地震振幅确定和验证油气勘探远景区带的经济潜力。这种验证需要实施根据地震数据校准岩石特性的解释技术。定量地震解释技术已成功应用于井控区域的岩性预测和流体预测（Avseth 等，2005）。在与井控范围有一定距离的前沿盆地，应用同样的技术是有问题的。主要原因是，当解释技术超出了原来的标定范围，地震异常就不能得到可靠的识别、预测和验证。

已识别的地震异常的验证包括两个阶段：首先是本章所述的基于岩石物理学的振幅校准建模，然后是详细的振幅解释和风险分析（第 12 章）。这种用于区域勘探的综合方法将岩石物理建模和基于地震的评价技术相结合，使地震解释人员能够将地震响应变化与岩石属性变化和符合的地质情况联系起来，从而预测、量化和推断地震响应变化。该方法涉及研究沉积作用和成岩过程，以了解地质作用对地震响应的影响，以及当前勘探区解释模型与其他采用井控数据和已知输入数据建立的模型之间可能存在的差异。

图 11-1 显示了可用于解释地下岩性、流体含量、孔隙度、岩石结构和孔隙压力的地震振幅异常，重点是建立基于岩石性质的地震解释框架，生成潜在勘探成功和失败情况下地震响应的情况，从而降低勘探风险。该工作流程包括以下几个关键部分：（1）识别弹性岩石类型，如泥岩和水湿砂岩、含油砂岩和含气砂岩；（2）地质情况正演模拟（按照本书所述的方法）；（3）生成这些地质情况的合成地震道集；（4）将这些合成地震响应与所研究的地震振幅异常进行对比。

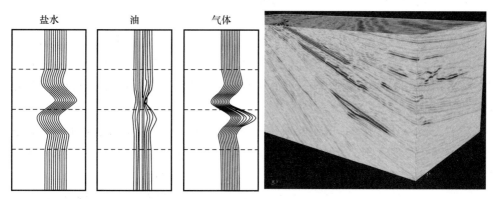

图 11-1　解释工作的详细流程：将基于综合场景的地震道集与真实数据体中的实际地震异常进行比较，在实际地震显示中，红色表示负振幅，蓝色表示正振幅

有关颜色版本，请参阅"图版"部分

11.2　振幅校正的岩石物理模拟

与油气藏有关的地震响应称为直接烃类指示或DHIs。在识别地震数据中的关键振幅异常之后，在建立相关的DHIs之前，关键是要了解可能与地震异常相关的岩石性质的变化，并确定是否可以利用现有的现场地震数据来预测相关岩石性质在地震上的预期横向变化（第12章）。一般而言，地震数据预期使用的是地层波阻抗差与深度、储层和相关围岩的横向变化以及地震数据质量的直接函数。

首先，在假定地震资料质量理想的前提下，利用岩石弹性性质的相关深度趋势来检验岩石性质的预期变化是否能对远景区的地震资料产生明显的影响。在工作流程的后期，利用基于岩石物理的地震正演模拟，研究地震场数据是否能够预测关键岩石属性的空间变化。该过程包括以下步骤：

（1）测井数据和地震数据的质量控制和调整，包括使用岩石物理变换修复质量较差的测井数据。

（2）时深标定，分析核验激发速度并对钻井和地震处理速度进行校正。

（3）重点井合成地震记录的生成。

（4）岩石分类和粗化。

（5）岩石属性趋势分析、岩石物理诊断和模型建立。基于区域盆地模拟和岩相模拟数据，与现有的热史、埋藏史和储层质量预测模型进行整合。针对远景区的预期压力和温度进行流体弹性属性建模。

（6）基于速度的垂直有效应力（VES）和储层孔隙度预测外推，在勘探目标位置处使用预测模型；基于场景的AVO正演模拟，以确定假设储层及盖层的地震响应，并研究DHIs类型及其在现场的适用性。

11.3　测井和地震质量的控制和调整

定量地震解释基于可靠的地震数据和井数据。所需的输入数据集通常包括叠前和叠后地震数据体、处理速度模型、测井数据和地质数据（如岩性描述和岩心岩石物理分析）。验证测井数据质量是否足够高以及现有的地质和岩石物理数据是否足以进行区域标定是非常重要的。

对于岩石物理分析来说，关键的测井数据集必须进行严格的质量控制和选择，这对岩石物理分析是至关重要的。根据测井数据的可用性以及关键地质单元的垂直和水平采样情况来选择井。需要定期进行地质采样，以掌握岩石性质的变化。

这个初始任务的关键是去除任何虚假的测井数据，特别对于全井的密度数据和横波、纵波数据，只保留可靠的数据，避免不良测井数据造成的错误和对采集的影响，否则会波及整个数据分析过程并影响最终的岩石物理模型。测井数据中常见的误差来源包括深度不匹配、冲洗带引起的井壁粗糙度变化、泥浆滤液侵入和泥岩蚀变。采用一系列人工手段和经验技术分析和编辑不可靠段的测井曲线。必须对测井数据进行广泛的质量检查，以解决声波测井数据中的周期跳跃和噪声脉冲，密度测井数据中与井壁坍塌或井壁粗糙相关的环境影响，以及横波速度测井数据中通常与横波速度非常慢的岩石有关的错误初至拾取。

测井数据中包含了井数据与现有岩石物理模型的比较，以及与相关经验回归结果的比较。一旦按特定场地对这些模型和回归结果进行了标定，则低质量的测井曲线将得到修复，缺失的测井层段将重新生成，并作为地震正演模拟的输入数据。

为了进行可靠的解释和得出有效的结论，地震数据必须有足够高的质量。叠加数据和道集数据的振幅和相位的保持是定量解释成功的关键。地震处理员和定量解释员之间的通信对于确保地震处理中保留相对的 AVO 响应是至关重要的。用于 AVO 分析的叠前数据的质量至关重要，这是因为关键的地震属性，如截距和梯度，在存在小的正常时差（NMO）误差的情况下是不可靠的。为了避免 AVO 属性的不可靠估计，优先考虑同相轴时间上与偏移距和保留振幅具有高度的一致性的可用偏移道集（Yilmaz，2001）。

11.4　勘探地震学中的速度

勘探地震学中的速度主要有两种：物理速度和速度测量。物理速度是指弹性波在地下的速度，包括瞬时速度、横波速度和纵波速度、波相速度和波群速度（Mavko 等，2009）。而速度测量是从地震数据分析中得到的估计值，其单位与物理速度相同，但只有某种间接的关系。速度测量涉及层速度、叠加速度、偏移速度以及平均速度和均方根（RMS）速度（Yilmaz，2001）。

现场速度测量需要使用钻井，并且包括两种直接方法或井测量法：声波测井和校验炮测量。声波测井显示了纵波（压缩波）和横波（剪切波）的传播时间与深度的关系。电缆声波测井仪发出声波，声波从震源穿过地层返回接收装置。从定性的角度，声波测井用于地质对比和岩性、烃源岩、正常压实和超压带的识别（Rider，2002）。传统的定量应用包括固结砂岩的孔隙度评价。尽管声波测井通常被认为是石油物理学家和地质学家使用的一种工具，但这种测井最初是作为地震勘探的辅助工具而发明的，其目的是为时深标定和生成合成地震记录提供层速度剖面（Sheriff 和 Geldart，1995）。

现代声波测井仪可以记录包括纵波、横波和斯通利波的完整波形。这些原位弹性速度测量对地震解释研究，包括岩性、孔隙度和油气预测等都是至关重要的。声波测井仪通常可以提供可靠的过套管速度值。在软泥岩中使用声波测井仪比较理想，在裸眼中软泥岩可能会变得机械不稳定（Paillet 等，1992）。

校验炮测量系指测量从地表到测点的地震传播时间。可以通过设置井中检波器，从地面发送声波并记录波的初至时间来直接测量纵波速度。除了测量初至时间外，校验炮测量还可用于分析全波列。这种所谓的垂直地震剖面测量（VSP）必须从上下行地震同相轴的角度进行分析，结果以地震图像格式显示（Hardage，1985）。VSP 使用大量的检波器，它们在井筒中以规则的间距紧密放置，而不是在校验炮测量中那样不规则地放置。VSP 数据经过正确记录和处理后，可为精细的地震同相轴识别和子波确定提供最佳数据。VSP 也是用于深度）—传播时间标定的关键技术（Hardage 等，1994）。

地震数据提供了储层区带的构造图像，它取决于岩性、孔隙度、流体类型以及温度和压力。为了预测这些物理性质和条件，有必要建立波传播属性（即速度和波阻抗）与岩石物理和岩性属性之间的关系。如前所述，这种关系采用控制实验，包括井数据和实验室测量数据。

11.5 时深标定

下面的例子处理的是海上勘探区（OA），包括地震数据和勘探区外四口邻井数据。声波测井数据可以不同方式显示，以便进行分析并与地震数据进行结合。两个重要的显示数据是层速度和垂直传播时间与深度的关系（图 11-2）。层速度通常根据声波时差的倒数或根据 Dix 公式的叠加速度来估算（Sheriff 和 Geldard，1995）。为了将声波数据与地震数据进行比较，必须采用 Backus 平均法对声波速度测井数据进行平滑处理（粗化到地震尺度）（Mavko 等，2009）。

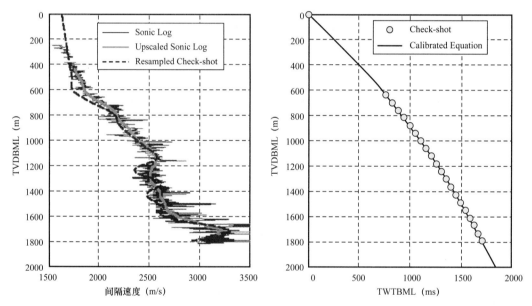

图 11-2　左图：为了将声波数据与地震数据进行比较，必须采用 Backus 平均法对声波速度测井数据进行处理，从而达到相同的尺度；右图：采用校验炮数据进行时深标定的示例

声波测井通常每半英尺（约 15cm）采集一个读数；而校验炮点数据采样则是每 50～200m 采样一次。声波测井速度信息用于在此类离散测量数据之间进行插值。声波传播时间数据通常与校验炮数据不同（Box 和 Lowrey，2003）。根据离散校验炮估计的双程旅行时与声波测井数据之间的差称为速度偏移。有时完整的声波时间比校验炮检距时间长，偏移被认为是负值，通常是由于钻井过程中井眼地层衰减以及声波波形处理中的周波跳跃造成的。而正偏移可能与频率效应有关（Marion 等，1994），低频地震波（10～90Hz）的传播速度比高频声波（20～30kHz）慢。这种差异也可能是由泥浆滤液侵入声波测井仪

采样的地层引起的：用压缩性较小的水部分替代孔隙中的可压缩烃类，可以使岩石变得更硬，声波传导速度更快（见第 2 章和第 10 章相关内容）。

为了确定储层的空间位置，需要将地震响应从传播时间域转换为深度域。根据地震速度和双程旅行时，可以使用多种函数形式来估计深度。最流行的方法是双参数形式，包括线性（Slotnick，1936）和幂律公式（Faust，1951，1953；Evejen，1967）。在实践中，将速度和传播时间与深度相关联的函数或趋势是利用校验炮和 VSP 测量以及声波速度测井数据来校准的。描述瞬时速度（v_{ins}）随深度（z）变化的最早、最简单、应用最广泛的解析表达式来自 Slotnick（1936）：

$$v_{ins} = v_0 + kz \qquad (11-1)$$

式中，v_{ins} 定义为波前沿其传播方向的速度。

该公式中的常数是使用声波数据确定的（Marsden 等，1995 年）。

通常采用类似的线性表达式来描述作为深度函数的地下小层速度或层速度（v_{int}）：

$$v_{int} = v_0 + kz \qquad (11-2)$$

式中，v_{int} 是地下连续层段的平均速度。

如果速度是深度的线性函数，则其与垂直传播时间呈指数关系（Slotnick，1936）：

$$z(t) = \frac{v_0}{k} \left(e^{kt/2000} - 1 \right) \qquad (11-3)$$

式中，传播时间 t 以 ms 为单位；速度以 m/s 为单位；深度以 m 为单位；系数 2000 用于将以 ms 为单位的双程旅行时转换为以 s 为单位的单程旅行时。

图 11-2（右）显示了使用该公式将深度与时间相关联的示例。

式（11-3）的倒数公式将深度转换为时间：

$$t(z) = \frac{2000}{k} \ln \left(1 + \frac{kz}{v_0} \right) \qquad (11-4)$$

这些函数可以使用多口井的声波测井数据和校验炮数据来校准，通常描述主要的上覆岩层。校验炮可提供最准确的时间—深度信息。用两种方法估算 v_0 和 k：（1）线性公式中共中心点深度与层速度之间的常规交会图；（2）采用数学优化最小化模型来尽可能降低模型预测值与实际值之间的差异，从而校准指数公式。常数 v_0 和 k 均受岩性、构造隆升、地应力和沉积速率的影响（Japsen，1993，1998；Japsen 等，2007；Marsden 等，1995）。

11.6 岩石分类

为了建立可靠的岩石物理模型，需要对储层和盖层进行准确的岩性识别。在进行岩石性质分析时，必须获得表示关键岩石类型的岩性标志，以指示关键岩石类型。基于油气井的岩性信息通常来自录井、岩心和测井解释。

录井给出的初始粗略岩性描述必须通过自然伽马、SP、电阻率、声波、密度和中子数据等测井数据进行验证。进一步检查测井数据有助于确定岩石性质的趋势、基线和绝对值（Rider，2002）。基于测井的岩性识别必须与岩心数据进行比较。如果发现不一致，则必须重新检查两个数据源。必须特别注意识别煤、火山灰、泥灰岩和方解石夹层等岩性，这些岩性可能与错误的地震解释有关。

11.7　地震正演模拟

正如本书所讨论的那样，为了识别关键储层岩石和相关地层单元的地震响应，通过合成地震记录将井数据与地震数据联系起来。通过将从声波和密度测井得到的反射系数序列与从地震数据得到的子波进行褶积来生成合成地震道（Waters，1992）。声波测井数据通常在与密度测井数据结合以得到声阻抗之前，通过校验炮测量进行校准（Box 和 Lowrey，2003）。由于合成地震数据和真实地震数据之间经常出现不匹配的情况，因此产生了井震标定的子学科。这个领域是相当模糊的，需要很多经验。重要的是，没有数据包含地质信息：许多因素可能会影响井数据和地震数据的准确性以及合成地震记录的生成过程，而这个过程需要有一个合适的子波，由于子波随深度和位置会发生变化，因而无法被可靠地建立。井震标定中使用的逻辑必须尽可能简单，并依赖于间接证据。例如，如果 VSP 确认了一个合成地震记录，而地震数据却没有，则可以谨慎地依赖合成数据并重新处理地震数据，或者开始在不太完美的真实地震体中寻找合成地震同相轴的迹象。

通过对多种地质情况下地震响应的正演模拟，确定利用 AVO 增强直接烃类指示的潜力。目标是生成一份潜在勘探成功和失败的地震响应目录。根据地质学规律和当地地层情况，通过对单个岩石类型和岩石类型组合的建模来建立真实的场景。有时现场地震数据中不存在振幅异常，在这种情况下，必须特别注意其他的指标，例如平点可能表示流体接触或成岩转变（例如不同类型蛋白石之间的转变）。

11.8　岩石属性粗化

层状介质中的地震速度不仅取决于岩石和流体的性质，而且还取决于地震数据相对于沉积剖面的尺度。速度由波长 λ 与层厚 d 的比值控制，当 λ/d 远小于 1 时，速度可能较高，而反之则相反。当 λ/d 远小于 1 时，波以射线形式传播，通过一个层序的总传播时间正好是穿过各个层的传播时间之和。相反，当层厚比波长小得多时，波平均各个层的弹性柔量，且视速度下降（Marion 等，1994；Mavko 等，2009）。

理想情况下，预测性岩石物理模型应在地震尺度下生成。测井尺度关系不应无条件地应用于地震尺度数据，因为无法从使用长波长的实验中准确恢复空间某一点的弹性性质（Dvorkin 等，2003；Dvorkin 和 Uden，2006）。没有任何通用规则（地震正演模拟除外）将岩心尺度（$\lambda \approx 0.005m$）和测井尺度（$\lambda \approx 0.5m$）测量值转换成地震尺度（$\lambda \approx 50m$）。然而，有迹象表明，岩石物理变换可能大致与尺度无关（见第 17 章以及 Dvorkin，2008c，2009；Dvorkin 和 Nur，2009；Dvorkin 等，2009；Dvorkin 和 Derzhi，2013）。

尽管如此，简单的平均规则仍可用于粗化测井数据。体积和质量属性可以采用算术平均窗口进行粗化，如：

$$\langle \rho \rangle = \frac{1}{n}\sum_{i=1}^{n}\rho_i \qquad (11-5)$$

式中，ρ_i 是单个连续体积密度读数，$\langle \rho \rangle$ 是粗化后的密度，n 是平均窗口的大小。

弹性模量可以采用调和平均（Backus）平均窗口进行粗化（Mavko 等，2009）：

$$\langle M \rangle = \left(\frac{1}{n}\sum_{i=1}^{n}\frac{1}{M_i}\right)^{-1} \qquad (11-6)$$

式中，M_i 是单个连续弹性模量读数，$\langle M \rangle$ 是粗化后的弹性模量。

平均窗口的长度应与波长 λ 相当，例如，$\lambda/10$（Sams 和 Williamson，1993；Menezes 和 Gosselin，2006），或甚至 $\lambda/20$（Rio 等，1996）。

然后，将粗化的测井曲线进行分层，以确定"端元"岩性层段，如"纯"页岩或"纯"砂岩。纯度的度量是某一个属性的变异系数，该系数定义为选定区间内的标准差与平均值的比率，也称为非均质系数。一旦确定了"纯"岩性层段，就可以通过使用粗化曲线拟合等方法，为这些岩石建立岩石性质之间的关系。

11.9 深度趋势、岩石物理诊断和模型建立

设计特定现场岩石物理转换的关键是估算压力和温度深度趋势，然后使用它们计算储层流体的体积模量和密度（第 2 章）。图 11-3 显示了距离勘探远景区最近的井的压力和温度深度趋势示例。

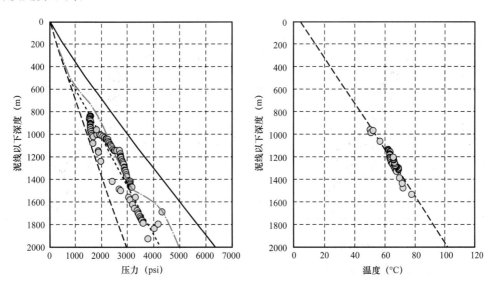

图 11-3　左图：压力和应力与泥线以下深度的关系（DBML）（黑色实线是上覆岩层应力；黑色虚线是静水压力；灰色符号表示在最接近远景区的刻度井中测得的孔隙压力；短虚线是区域孔隙压力趋势；点划线是盆地模拟的孔隙压力）右图：井内测量的温度与深度的关系（符号）和区域地温梯度（虚线）

在钻井之前，可以通过多种方法预测孔隙压力，包括采用地震层速度和盆地模拟。由于异常地层压力影响到井的设计和生产方案以及油气圈闭的完整性，因此油气藏的远景评价在很大程度上依赖于异常地层压力预测。压力预测的主要原理是地震波速度会随着应力差的增加而增加。产生超压的原因很多，其中一种是沉积物在地质时期内逐渐被埋藏和压实。如果在上覆岩层持续增加的情况下水无法逸出，则沉积物会变成超压状态。在这种情况下，在此深度的孔隙度仍然较大，使得相应的地震波速度小于周围的正常压力地层。另一个机制是构造隆升，原来较深的储层被带到较浅的部位。其孔隙压力在深处是正常的，在较小深度处则异常高。在这种情况下，密度随深度保持大致相同，但随着有效压力的减小，岩石结构中的微裂缝被打开，从而使地震波速度变小。

在实际应用中，仅采用经验局部标定公式将层速度与压力相关联。例如，Eaton（1975）、Bowers（1995，2002）、Dutta（1987）、Katahara（2003） 和 Gutierrez 等（2006）论述了这些方程。

根据式（11-5）和式（11-6），速度和密度—深度趋势最好通过相关井数据进行粗化校准（图11-4）。一般来说，泥岩的弹性特性是通过经验深度趋势以及实际速度和地震层速度 v_{int} 之间的经验趋势来估计的。泥岩的简单速度—深度趋势可以是线性的：

$$v_{pMud} = a + bz \tag{11-7}$$

泥岩速度也可以与层速度呈线性关系：

$$v_{pMud} = c + dv_{int} \tag{11-8}$$

式（11-8）中的常数当然与式（11-7）中的常数不同。

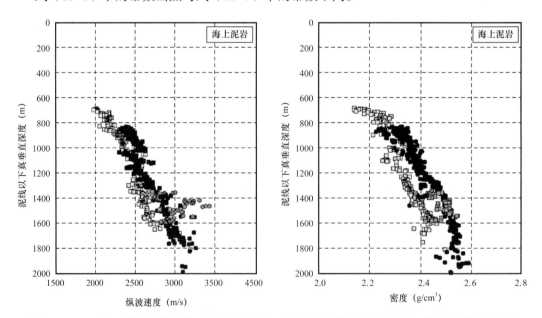

图 11-4　四口海上井的粗化速度（左图）和密度（右图）与深度的关系图（不同井的符号不同）

确定 v_{pMud} 随深度变化的另一种方法是将其与深度和层速度都相关联：

$$v_{pMud} = A + Bv_{int} + Cz \tag{11-9}$$

式中，常数再次不同于前面两个公式中使用的常数。

下一个任务是确定横波速度 v_s 的深度趋势。第二章讨论了许多 v_s 预测程序。在这里，介绍另一种在近海盆地中被证明是有用的方法。首先，采用一个幂律公式，将泥岩的泊松比 v_{Mud} 与其纵波速度 v_{pMud} 关联起来：

$$v_{Mud} = 0.5 - a\left(v_{pMud} - 1500\right)^b \tag{11-10}$$

式中，常数 a 和 b 不同于先前公式中使用的常数，速度的单位是 m/s。

此公式旨在满足泥线处岩石具有如下条件：处于悬浮状态、速度约为 1500m/s、泊松比为 0.5。一旦对式 11-10 中的系数进行了局部校准，则使用弹性公式的标准理论来求出 v_{sMud}：

$$v_{sMud} = v_{pMud}\sqrt{\frac{1 - 2v_{Mud}}{2\left(1 - v_{Mud}\right)}} \tag{11-11}$$

在 $a = 0.00014$ 和 $b = 0.96$ 的情况下，图 11-5 给出了将式 11-10 校准为局部粗化数据的示例。

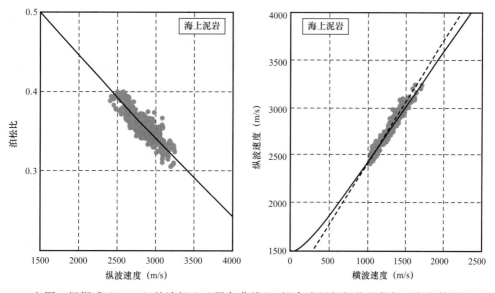

图 11-5　左图：根据式（11.10）的泊松比（黑色曲线），拟合成局部粗化的数据（灰色符号）；右图：同上，但绘制了纵波速度和横波速度图［黑色曲线是根据式（11-10）和式（11-11），而虚线是根据 Greenberg 和 Castagna（1992）］

使用类似的方法将泥岩的体积密度 $\tilde{n}_{Mud}$ 与纵波速度 v_{pMud} 关联起来。采用的函数式如下

$$\rho_{Mud} = 1.32 + a\left(v_{pMud} - 1500\right)^b \tag{11-12}$$

式中，常数 a 和 b 再次不同于先前中使用的常数；速度单位为 m/s；密度单位为 g/cm^3。

图 11-6（左图）显示了所研究的近海区域的数据，以及根据该公式得出的拟合曲线，其中 $a = 0.1575$，$b = 0.275$。在图 11-6（右图）中，将该曲线与其他关系曲线进行了比较。它不同于这些关系曲线，这再次强调了本地数据校准的必要性。

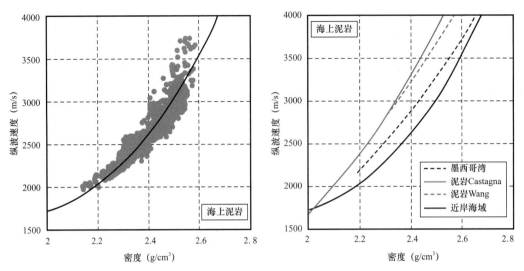

图 11-6　左图：根据式 11-12 得到的校准速度—密度数据和最佳拟合曲线，其中系数见正文；右图：
与墨西哥湾的经验曲线以及 Castagna 等（1993）和 Wang（2000）的经验公式相比，同样是最佳拟合
曲线（黑色）

在确定了泥岩的趋势之后，下一个任务就是对砂岩储层做同样的工作。储层的弹性
特性，特别是砂层中的纵波速度，可以采用速度—孔隙度变换来计算（第 2 章）。孔隙度
本身可以通过所谓的储层质量模型来估算。这些模型分为三类（Lander 和 Walderhaug，
1999）：（1）面向结果的模型，如孔隙度和其他变量（如深度、温度和垂直有效应力）的
统计相关性；（2）面向过程的模型，如基于热力学和动力学原理的地球化学反应路径模
型；（3）根据地质数据集进行经验校准的模型。通过将经验函数与实验岩心数据或基于
测井的数据集拟合，可以生成此类孔隙度损失的统计模型。这些关系式是严格的经验关系
式，因此，必须局部校准常数。

常用的孔隙度—深度关系形式包括线性、指数和幂律形式。孔隙度 ϕ 和深度 z 之间最
简单的关系是线性关系：

$$\phi = \phi_0 - cz \qquad (11-13)$$

式中，c 为一个正常数。

这个公式可以预测一定深度以下的负孔隙度，但无法充分描述在碎屑沉积物中观察到
的孔隙度最初的快速下降（Giles，1997）。在较大的深度范围内，孔隙度—深度关系的形
式最好用 Athy（1930）首次针对泥岩提出的指数公式来描述：

$$\phi = \phi_0 e^{-cz} \qquad (11-14)$$

Baldwin 和 Butler（1985）提出了孔隙度减少的幂律形式。

$$\phi = 1 - (z/z_{max})^c \qquad (11-15)$$

其中常数 c 对于不同的公式自然是不同的。

图 11-7 显示了利用区域数据和当地数据为 OA 建立的砂岩孔隙度与测井曲线，其中
$\phi_0 = 0.40$，$c = 0.0003 \text{m}^{-1}$。

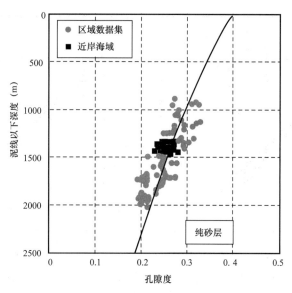

图 11-7 区域数据（灰色）和根据式 11-14 得到的曲线，以及附加的 OA 当地数据（黑色方块）

关于其他模型类型的说明。面向过程的模型，如地球化学反应路径法，提供了成岩过程的关键信息，但由于需要太多未知的输入参数，因此不太适合实际应用。相比之下，经验校准模型的商业版本（如 Touchstone）很受欢迎，因为它们利用现有的地质输入数据，如盆地模拟得到的有效应力和温度历史，以及模拟薄片的计点法分析所得到的成分和结构等，为石英砂岩提供了准确的预测（Lander 和 Walderhaug，1999）。

储层岩石建模主要有三个步骤：岩石物理诊断；模型生成；岩性和流体扰动。岩石物理诊断（第 3 章）是一种确定性过程。笔者倾向于采用岩石物理诊断，而不是纯经验的局部速度—孔隙度拟合。尽管如此，岩石物理模型既可以是经验模型，也可以是基于有效介质的理论模型。模型的关键要求是具有预测性和地质相关性。

示例如图 11-8（左图）所示，图中针对分选良好的水湿纯（黏土含量低于 10%）砂岩层段的粗化测井数据的总的数据集作出了 v_p 与孔隙度的关系图。叠加在数据上的模型曲线来自（1）Wyllie 的时间平均（Mavko 等，2009）：$v_p^{-1} = (1-\phi)v_{ps}^{-1} + \phi v_{pf}^{-1}$，其中固相速度 v_{ps} 固定为 6050m/s，液相速度 v_{pf} 固定为 1500m/s；（2）Raymer-Hunt-Gardner（RHG）模型，其中 v_{ps}=5484m/s 和 v_{pf}=1500m/s；（3）硬砂岩模型（孔隙度大于 0.25）。在图 11-8（右图）中，只显示了硬砂岩模型曲线，计算的是含有 90% 石英和 10% 黏土的岩石，其临界孔隙度为 0.40。本例中石英的体积模量和剪切模量分别为 37 和 45 GPa；黏土的体积模量和剪切模量分别为 24GPa 和 8GPa。石英的密度为 2.65g/cm³，黏土的密度为 2.71g/cm³，以考虑到各种重矿物的存在。该图表明使用这些输入数据生成的硬砂模型曲线与全局数据相匹配。

为了进一步简化实际应用，采用多项式拟合数据：

$$v_p = 5669.2 - 11171\phi + 14664\phi^2 - 29828\phi^3 \qquad (11\text{-}16)$$

式中，速度再次以 m/s 为单位。

该曲线叠加在图 11-9 中的数据上。该曲线与硬砂岩模型完全吻合，数据描述准确。

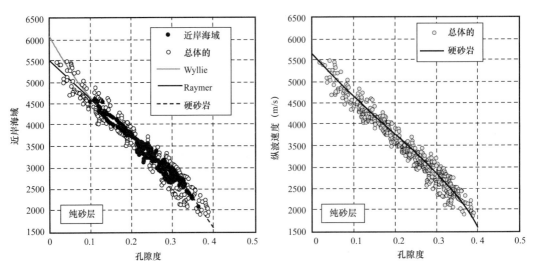

图 11-8 总的湿砂岩数据（灰色）和 OA 数据（黑色）（模型曲线在图例中列出，
并在正文中进行了说明）

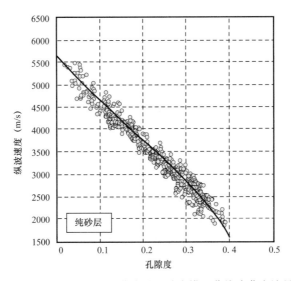

图 11-9 与图 11-8 相同，但具有式 11-16 曲线（硬砂岩模型曲线隐藏在该最佳拟合曲线的后面）

按照前述泥岩（泥岩）预测方案，对砂岩的 v_s 进行预测。首先，利用下述公式求出泊松比：

$$v=0.5-a\left(v_p-1606.9\right)^b \tag{11-17}$$

式中，$a=1.0034\times10^{-4}$，$b=1.0152$。

最后，根据式（11-11）计算 v_s。

照例，砂岩的体积密度来自质量平衡公式：

$$\rho_{Sand}=\phi\rho_f+\left(1-\phi\right)\rho_s \tag{11-18}$$

式中，ρ_f 和 ρ_s 分别为流体和矿物的密度。

需要强调的是，图 11-8 和图 11-9 所示的数据集适用于分选良好的砂岩。因此，这是成岩或"胶结"趋势。基于这种趋势，可以使用例如恒定胶结模型对分选不良的砂岩的弹性特性进行模拟。

11.10　使用远景区的趋势数据

在识别出地震数据中的主要振幅异常和相关 DHI 之后，将岩石性质的一般变化与地震响应联系起来是很重要的。如果通过地质论证来减少地球模型中变量的数量，那么可以缓解解释岩石属性的地震数据所固有的非唯一性。这可以通过扰动岩石基本特性来实现，例如孔隙度、矿物组成和流体；计算得到的弹性特性；最后，使用这些弹性特性生成合成地震记录。这种基于地质学的方法有助于通过与当地地质条件相关的相对狭窄的领域中选择孔隙度和岩性来限制地质模型的范围（Dvorkin 和 Gutierrez，2001）。然后，对多个地质场景的地震响应进行建模，并生成潜在勘探成功和失败场景的地震响应目录。

根据每种岩石类型和流体性质的模型公式，采用流体替换法生成含盐水和含油气储层的校准的纵波速度、横波速度和密度—深度趋势（图 11–10）。

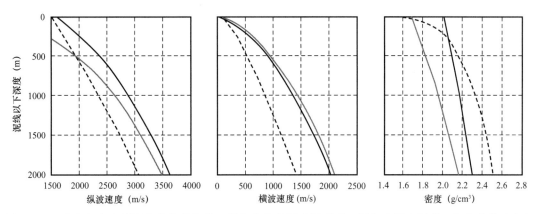

图 11–10　速度和密度随深度变化的趋势。黑色实线曲线为湿砂岩，黑色虚线为泥岩，灰色曲线为含气砂岩

然后使用这些测井曲线，对所研究 OA 中不同深度的三个砂体生成半空间合成地震响应（图 11–11）。在一定深度下，湿砂岩和含气砂岩的垂直入射响应非常接近，使得基于地震资料进行流体识别变得困难甚至不可能。这个深度称为 DHI 下限。在许多盆地，达到 DHI 下限时，砂岩的孔隙度为 0.15。在这个远景区，DHI 下限深度约为 1700 m（当然，只有在地震数据质量较高的情况下，才能识别出该深度）。

如果最近的井控质量合理且地震波阻抗反演是可行的，则可以使用岩石物理学量板（Avseth 等，2005）。图 11–12 在阻抗与泊松比关系图中显示了这样的量板，其中使用了三种基本岩石类型：泥岩，水湿砂岩和含气砂岩。

补充结论是，与储层砂岩相比，碳酸盐岩的弹性特性与深度或地质年代几乎没有相关性。它们受到强烈的成岩作用驱动。孔隙度和孔隙类型是控制速度的主要因素，孔隙类型的变化是固定孔隙度条件下速度变化的主要原因。初始岩性加上成岩蚀变共同控制了从沉积时开始整个埋藏阶段的孔隙度和速度演化。甚至纯矿物成分的碳酸盐岩也表现出大范围的速度变化（Eberli 等，2003；Vanorio 等，2008；Fabricius 等，2010）。

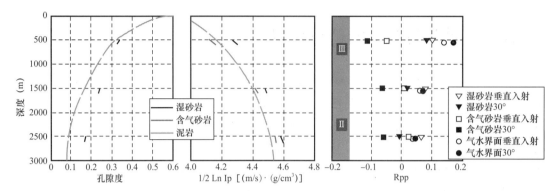

图 11-11　左图：泥岩（灰色）和纯砂岩（黑色）的孔隙度与深度的关系。中图：各自的阻抗，用阻抗自然对数的一半来表示（见式 4-1）。对于饱和岩石情况，泥岩曲线为灰色；对于饱和岩石情况，砂岩曲线为黑色，对于含气情况，则为深灰色（后者位于前者的左侧）。右图：泥岩/砂界面和气水界面（GWC）在三种不同深度、垂直反射和 30° 入射角下所计算的反射振幅。这些响应的间隔随着深度而减小。此示例仅适用于正在研究的 OA

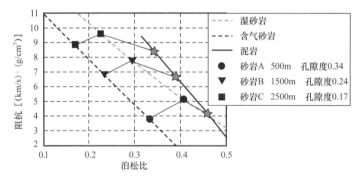

图 11-12　泥岩、水湿砂岩和含气砂岩的阻抗与孔隙度交会图

符号表示深度处泥岩、湿砂岩和含气砂岩样本的阻抗和泊松比值。砂岩 A、B 和 C 是图 11-11 中所示的砂岩。星号分别代表 A、B 和 C 砂岩所选泥岩的弹性特性

12 DHI 验证和远景区风险

12.1 引言

基于振幅的勘探远景区的钻探决策必须基于对地震异常的严格验证以及对勘探风险和潜在油气体积的评估。有时有强烈的地震证据表明有油气存在。即使在这种情况下，对基于振幅的远景区进行仔细的 DHI 解释和风险判断，也可以降低勘探的不确定性和风险，从而支持预探井的钻探。

直接烃类指示（DHI）解释包括两个阶段：地震异常的识别和选定异常的验证。验证需要根据地震数据对岩石属性进行定量校准（第 18 章）。对于地震数据中包含明显异常（表明可能存在油气）的勘探远景区，仍必须进行基于岩石物理的仔细研究，以确保这些异常不是虚假指标。

在没有明显振幅异常的远景勘探区也采用同样的工作流程进行研究，以估计潜在含油气储层的地震响应。如果此类研究表明预测存在直接烃类指示，则该勘探的风险很大，必须考虑地震重新采集和处理。另一方面，如果研究表明不存在明显的烃类指示，也不能排除在这一特定远景区存在含油气储层的可能性。这种方法已成功地用于定量评估许多基于振幅的勘探远景区的勘探风险（Roden 等，2005；Fahmy，2006；Forrest 等，2010；Roden 等，2012；De Jager，2012）。

12.2 可行性研究

定量解释技术已成功应用于预测岩性和流体（如 Avseth 等，2005）。地球物理学家面临的一个关键挑战是从一系列复杂的选项中选择最合适的地震技术，以获得最大的商业价值。定量地震解释的复杂程度和方法的复杂性（例如地震波阻抗反演）与工作量和成本高度相关。因此，建议在着手进行一项耗时且成本高昂的定量解释项目之前，进行可行性研究，以充分了解该项目取得预期成果的可能性。本书末尾的附录中提供了一个清单，可用于确定可行性研究的范围和收集油气存在的技术证据。

一般来说，可行性研究必须围绕的三个主要方面是：

（1）地震资料品质综合评价。

（2）储层岩石物理分析及围岩性质。

（3）井震标定和子波推导。

12.3 地震异常识别

首先检查地震数据体是否存在任何地震异常。地震异常被定义为地震特征的突变，可以指示孔隙流体类型（烃类的存在）、岩性和孔隙度的变化。一些明显的异常可能是由于不适当的地震处理造成的，它们被认为是地震假象（Yilmaz，2001）。通过使用平面图和垂直剖面图，可以对地震体进行二维筛选。考虑到三维地震体的可获得性，这种筛选技术必须通过对潜在油气和岩性指标的多种大量地震体进行有效调查和研究加以补充（或替换）。在项目生命周期的每个阶段使用地震体可视化和解释方法，有助于优化解释时间，提高解释的一致性和质量，并对地下的空间结构有清晰的认识。

直接烃类指示（DHI）包括亮点、平点、暗点、预测流体界面（例如油水界面或气水界面）的特征和相变，以及 AVO 响应（振幅随炮检距的变化）（Ostrander，1984；Shuey，1985；Hilterman，2001）。其他 DHI 可能包括极性翻转、振幅阴影、低频阴影、涉及时间延迟的速度异常（例如，速度下降）和气烟囱（Brown，2011）。地震异常不一定是由具有商业开采价值的油气聚集引起的，因为地震异常也可由低饱和度含气砂岩、块状水湿纯砂岩和低速泥岩引起。对烃类指示的可靠识别必然需要在解释的每个阶段积累各种证据，特别是地质证据。

为了确定哪些地震特征与具体的成藏地质条件有关，有必要根据其地质环境对油气产生的振幅异常进行分类。通过对含气砂岩顶部的四类 AVO（振幅随炮检距的变化）分析进行分类来解释碎屑岩环境中的大多数成藏地质条件（Rutherford 和 Williams，1989；Castagna 等，1998）。Ⅰ 类 AVO 或"暗点"响应的地质条件：高度固结的砂岩（孔隙度＜0.15）具有比边界泥岩更高的阻抗，其密度对比对 AVO 响应有很大的影响。Ⅱ 类 AVO 或"相变"响应的地质条件：中等压实的砂岩（孔隙度为 0.15～0.25），其中含气砂岩和边界泥岩的阻抗近似相等。Ⅲ 类 AVO 或"亮点"响应的地质条件：包裹在高阻抗泥岩中的疏松砂岩（孔隙度＞0.25）。Ⅳ 类 AVO 响应的地质条件：类似于 Ⅲ 类的疏松砂岩，但以高速硬泥岩、粉砂岩或碳酸盐岩为界。

各类 AVO 之间的边界是渐变的，并且强烈取决于储层孔隙度和边界岩性的类型。在解释过程中，将 AVO 分类描述与特定的岩石类型和孔隙流体联系起来是至关重要的。例如，理论上，Ⅱ 类异常可能与油气的存在有关，可以解释为低孔隙度含气砂岩或高孔隙度含油砂岩。因此，术语"Ⅱ 类含油纯砂岩"比模棱两可的"Ⅱ 类砂岩"标识能更清楚地描述声阻抗近似等于边界岩石的含油纯砂岩。

区域性的 AVO 异常筛选需要使用叠加的 AVO 乘积，如包络差乘积（EDP）。该乘积也称为增强的受限梯度，是振幅随炮检距变化的一种可靠的测量方法，它对扫描 Ⅱ 和 Ⅲ 类异常非常有效。包络差乘积的计算方法是：近偏移距叠加地震道与远偏移距叠加地震道的包络振幅之差乘以远偏移距叠加地震道的包络振幅。包络振幅是一种地震属性，也被称为反射强度（Taner 等，1979）。对潜在流体界面的有效探测通常需要使用平点增强技术，通过添加三维地震数据的平行主测线或联络测线（称为光学叠加）来更清晰地识别地震特征。流体界面的证据包括波形特征的变化、振幅切断、同相轴倾角的变化以及由于倾斜储层顶部和油气水界面所产生的楔形处调谐所导致的结构一致性振幅异常。重要的是要识别和评估可能导致假平点的假象（如不规则的入射、吸收、多次波以及成岩作用和地层效应）。

频谱分解技术能够从地震数据中提取频谱和振幅，当这些技术与直接油气指示分析中的 AVO 乘积适当结合时，还可用于对油气识别进行轻微调整（如 Chen 等，2008）。分频 AVO 属性已成功用于扩大油气探测范围（Fahmy 等，2008）。

12.4 DHI 验证和远景区风险

在决定钻探勘探远景区时，必须对远景区的风险和潜在油气量进行严格的评价（Rose，2001；De Jager，2012）。一口井发现油气的可能性有多大？如果有，有多少？地质评估的目的是回答以下有关远景区主要要素的问题，并估计其可能性：

（1）是否确实存在地质圈闭？

（2）是否有储层？

（3）是否存在有效的油气盖层？

（4）是否有成熟的烃源岩产生了这些油气并向储层进行了充注？

在勘探中，成功概率（POS）或一口井发现油气概率被定义为下列四个因素的各个概率的乘积：

$$POS = P_{圈闭} \times P_{储层} \times P_{盖层} \times P_{充注} \qquad (12\text{--}1)$$

在对振幅异常进行初步区域筛选之后，再对已识别出的油气和岩性指标进行评估。这一过程需要系统、客观和一致的努力，以缩小勘探成功的概率范围和资源估算的范围。Roden 等（2005）和 Forrest 等（2010）提出的解释工作流程有助于评估油气存在的可能性。这种基于直接油气指示（DHI）质量和稳健性分级的评估技术应用于识别阶段以及识别阶段之后的异常验证过程中。关键步骤是确定 AVO 异常等级，了解地质风险因素，评价地震和岩石物理数据质量，以及彻底分析众多地震异常特征。根据地震数据，采用以下通用方法分析每个潜在的基于振幅的勘探机会。

12.4.1 勘探远景区的确定

本阶段利用区域和局部石油地质的关键要素，如圈闭、储集岩、盖层、油气充注等。此类知识应在振幅"探寻"和验证之前进行汇总。

有必要记录远景区的位置、油气圈闭类型、地形、目标深度、水深以及预期的储层范围和厚度。区域地质对比和地质发现是对特定地点知识的有价值补充。然而，为避免代价高昂的错误，在没有将类似物纳入特定地点的背景下，不应依赖类比。地震资料解释通过提供外部储层几何结构及其空间组合的主要地质线性构造的有价值图像来解决圈闭描述。但是，除非潜在的油气圈闭伴有直接油气指示（DHI），否则机会通常会被排除。如果存在直接油气指示（DHI），则进行综合制图（构造加振幅异常）。

12.4.2 DHI 验证

附录 A 中提供的清单有助于收集支持 DHI 及其与潜在远景区有关系的证据。如果验证结果是肯定的，则进行快速确定性油气体积估算。否则排除。体积（V）的计算需要下列公式右侧列出的七个参数的实际值：

$$V = A \times T \times \frac{N}{G} \times \phi \times S_h \times FVF \times RF \qquad (12\text{-}2)$$

式中，A 为油气圈闭面积；T 为储层厚度；$\frac{N}{G}$ 为有效厚度与总厚度比值；ϕ 为孔隙度；FVF 为地层体积系数（大气条件下的油气体积与储层条件下的油气体积之比）；RF 为采收率（Rose，2001）。

评分法（Roden 等，2005；Forrest 等，2010）用于识别阶段和异常的后验验证。这本质上是一种定性评估，在此评估过程中对与结构相关的振幅变化进行识别、分类和评估。确定潜在的 DHI 质量的关键特征包括：

（1）深度构造图上的下倾一致性（可能的气 / 油 / 水界面）。

（2）目标区域振幅的一致性（相对于斑块性）（在全叠加或远偏移距叠加数据上）。

（3）水湿砂岩与含油气砂岩地震响应的定量分析。

（4）特征匹配（地震数据相位的极性和可信度）。

（5）已在附近地区得到证实的 DHI（在同一地区取得类似成功）。

（6）AVO 研究（远景区与构造外围的考察与对比）。

（7）平点特征（可能的油气—水界面）。

（8）异常体边缘的相 / 振幅变化（可能的流体界面）。

定量分析常见的 DHI 错误（误报）也是至关重要的，包括（1）软泥岩、火山灰、煤或泥灰岩；（2）高孔隙度水湿纯砂岩；（3）低残余气饱和度的水湿砂岩；（4）两种水湿砂岩上方或之间的硬质薄夹层；（5）急剧的超压引起的振幅；（6）存在盐岩或岩性转换为其他岩性，如，碳酸盐岩（也包括极性或相问题）；（7）二氧化碳或氮气的存在；（8）调谐效应；以及（9）侧向的岩性或厚度变化以及其相关的地震成像问题。

振幅异常是指振幅相对较高或相对较低，两者都可能与油气有关。例如，典型的Ⅲ类异常表现为构造上的亮化，而Ⅱ类和Ⅰ类异常通常在近偏移距数据上表现为构造上的暗化。

图 12-1 和图 12-2 显示了含有经偏移道集检查和分析验证的模拟地震响应的数据体 AVO 观测结果之间的比较。在本例中，已识别的Ⅲ类 AVO 异常位于约 500m DBML（泥线以下深度）处，对应于模拟的顶部纯含气砂岩情况（图 11-12）。根据当地地质情况，相对较浅的气藏可视为潜在的经济目标或钻井作业的一种隐患（Dutta 等，2010）。对于远景区评估和浅层隐患情况评估，振幅分析的方式都是类似的。

12.4.3　振幅标定

至此，已经确定了地质圈闭中可能存在油气。然而，目前还不清楚什么样的烃类（石油或天然气）与 DHI 有关。在与探井有一定距离的勘探区，采用地震振幅和岩石物理深度趋势（第 11 章）来定量预测孔隙—流体类型。由于地震数据具有任意的标度因子，因此无法直接在实际地震振幅和合成振幅之间进行标定。这就是必须处理振幅比的原因。具体来说，需要确保：

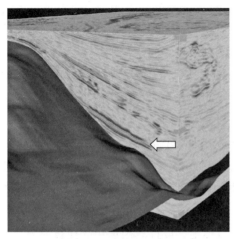 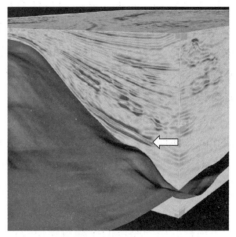

SAIL(地震近似阻抗测井)—近叠加数据体　　　　　SAIL(地震近似阻抗测井)—远叠加数据体

图 12-1　近、远叠加的 AVO 数据体

SAIL（地震近似阻抗测井）叠加是通过将与传播时间有关的适当地震道进行整合而实现的（Waters，1992），红色表示负振幅，蓝色表示正振幅，有关颜色版本，请参阅图版部分

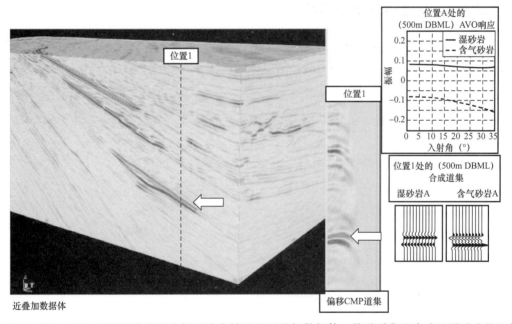

图 12-2　500m DBML 处湿砂岩和含气纯砂岩情况的近叠加数据体、偏移道集和合成地震响应的比较

（Gutierrez 和 Dvorkin，2010）

有关颜色版本，请参阅图版部分

$$\left.\frac{A}{B}\right|_{\text{Seismic}} \approx \left.\frac{A}{B}\right|_{\text{Synthetic}} \tag{12-3}$$

式中，A 为地震异常处的振幅；B 为背景振幅。

这种技术称为 *A/B* 归一化。*B* 通常是通过在一个大的时窗内计算许多地震道的均方根振幅来估算的。有时，*B* 是通过估算位于异常振幅位置下倾的潜在盐水饱和储层的平均振幅来确定的（Hilterman，2001）。这种方法也可与带限的反演方法一起配合使用（Connolly，1999；Lancaster 和 Whitcombe，2000）。

如果最近的井控可靠并且地震反演是可行的，那么采用岩石物理量板（图 11-12）来解释岩石弹性属性（如声波阻抗和弹性阻抗）之间的关系是很有用的，概率标定技术同样如此（Avseth 等，2005）。

就孔隙流体而言，叠加振幅的概率振幅分析分为三个步骤：

（1）对地震响应的不同影响（岩性、孔隙度、孔隙压力和流体）进行随机正演模拟（基于蒙特卡洛法的预测）。通过岩石物理模型将定量地震参数与岩石和流体属性联系起来。

（2）用目的层中测得的振幅对建模数据进行标定，以计算出适当的换算系数。

（3）绘制不同孔隙流体情况的概率图。如果只有液态烃具有商业价值，并且石油的可能性较高，则生成静态和动态地下模型。否则（例如，气体存在的可能性较高），机会将被排除。

12.4.4　商业油气体积门限

通常根据商业因素在当地估算出最小商业可行的储层规模。如果预期体积小于此值，则机会将被排除。最后，如果储层动态模拟结果较好，则制定并提出一个钻井方案。

第五部分
高级岩石物理学

13　岩石物理案例研究

在本章中，将介绍基于实验数据和井数据分析的研究成果，这些认识揭示了岩石物理分析和数据分析的潜在有用的推广。

13.1　成岩趋势的普遍性

遵守地层约束条件可确保岩石物理趋势是特定于某种沉积作用和某个特定地点的。通过有效介质建模进行合理化，使趋势具有普遍性，确定趋势的适用领域，从而降低在初始数据范围外使用趋势的风险。作为一个合理化的例子，可以考虑 Avseth 等（2000）的工作，其中经验数据趋势由代表不同分选性和胶结度的有效介质曲线所支持。这种数据和理论的融合是现代岩石物理学的一个标志，它的目标不仅是观察和联系，而且是解释和概括。合理的岩石物理趋势普遍性有多高？它们能否适用于不同的沉积地层和不同的地理区域？这些是下面要解决的问题（Dvorkin 和 Gutierrez，2002）。

首先来看北海的一口直井，其自然伽马（GR）、孔隙度以及体积模量（M）和剪切模量（G）的测井曲线如图 13-1 所示。这些弹性属性是基于现场数据通过流体替换重新计算出来的。

产层为埋深约 1.8km 的平直自然伽马值层段。储层的弹性模量均比围岩大得多。观察到的相对较高的储层刚度是由于少量的无定形石英将颗粒胶结在它们的接触界面上（Avseth，2000）。这种胶结作用在保持高孔隙度的同时极大地提高了地震波速度。砂岩和泥岩之间强烈的弹性对比转化为图 13-2 所示的两种不同的模量—孔隙度趋势。这些图的下部分支称为未胶结或易碎趋势，上部分支称为接触胶结趋势。

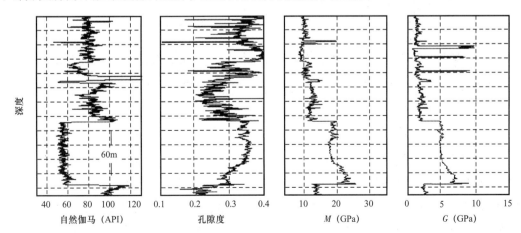

图 13-1　北海油井的测井曲线

根据原始数据重新计算全含水饱和度的弹性模量

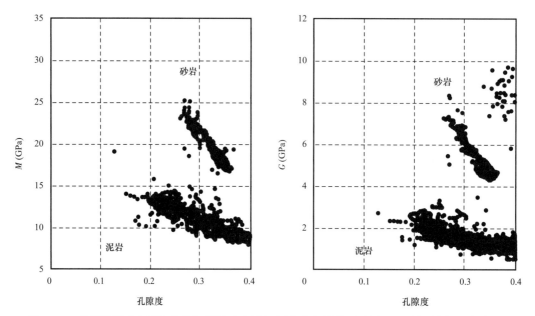

图 13-2　体积模量（左图）和剪切模量（右图）与孔隙度的关系（图 13-1 所示数据的交会图）
在以下分析中，未考虑剪切模量图右上部分明显的异常值

接下来研究一口位于美国墨西哥湾海岸的油井，距离北海油井几千英里（测井曲线如图 13-3 所示）。与北海油井一样，理论上重新计算 100% 含水饱和度的弹性模量。产层为低自然伽马层段，深度约 3.5km，约比北海层段深 1.7km。墨西哥湾海岸油井（图 13-4）的弹性模量—孔隙度交会图（图 13-4）与北海油井相似，在储层和油井的剩余泥质部分之间显示出明显的分离。

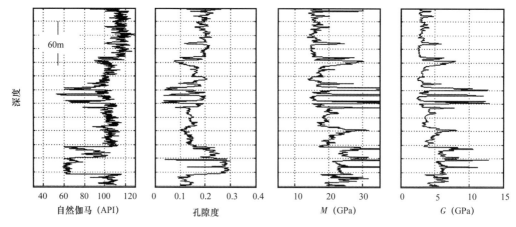

图 13-3　与图 13-1 相同，但针对的是墨西哥湾海岸油井

现在考虑将两口井的交会图叠加（图 13-5，上图）。尽管油井之间地质条件和深度存在较大的差异，但墨西哥湾海岸油井的弹性模量与孔隙度趋势几乎无缝衔接地延续了北海油井的趋势。产层的恒定胶结模型和泥质层段的软砂岩（泥岩）大致支持了这些趋势（图 13-5，下图）。墨西哥湾海岸油井中与埋藏有关的压实和胶结过程延续了北海油井中开始的那些成岩过程。

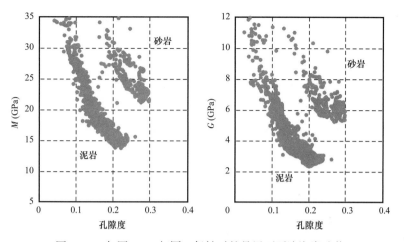

图 13-4　与图 13-1 相同，但针对的是墨西哥湾海岸油井

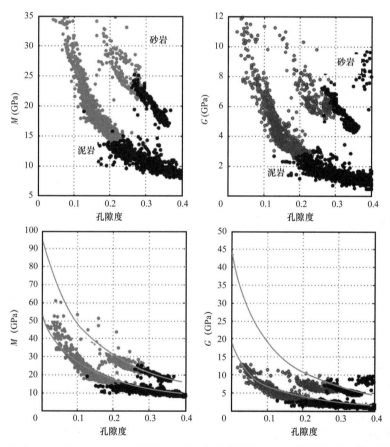

图 13-5　上图为图 13-2 和图 13-4 叠加（北海井的数据点是黑色的，而墨西哥湾海岸井的数据点是灰色的）；下图为相同的交会图，但弹性模量范围更大，灰色曲线来自恒定胶结模型（砂岩）和软砂岩（泥岩）模型

对于恒定胶结模型，使用配位数为 15 的软砂岩函数形式；临界孔隙度为 0.40；剪切模量校正因子为 1；有效压力为 30MPa。水的体积模量和密度分别为 3.0GPa 和 1.0g/cm³。矿物成分为纯石英。除配位数 6 和矿物成分（在本例中为 50% 石英和 50% 黏土）外，软砂岩模型的其他输入数据相同。为了获得连续的模型曲线，没有改变北海和墨西哥湾海岸油井之间的这些输入数据

接下来研究图 1-8 所示的 Han（1986）数据集。这些数据包括来自美国大陆和墨西哥湾沿岸的 60 多个固结砂岩样品。图 13-6（左图）显示了速度与孔隙度的关系图。所显示的数据是在 40MPa 差压下的室温干燥样品上收集的。通过 Gassmann 流体替换，根据室温干燥样品数据，从理论上计算出饱含水条件下所显示的速度。图 13-6（左图）中的交会图不能直接用于将速度与孔隙度相关联，因为它包含多个独立的速度—孔隙度趋势。图 13-6（右图）显示了由岩石中黏土含量确定的这些趋势。一旦黏土含量受到限制，就会出现明显的速度—孔隙度趋势。

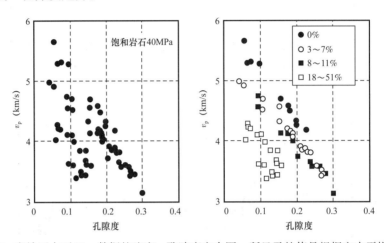

图 13-6　40MPa 有效压力下 Han 数据的速度—孔隙度交会图，所显示的值是根据室内干燥数据计算的含水饱和岩石的值

左图：黏土含量变化范围大的数据；右图：黏土含量范围窄的趋势，如图例所示

图 13-7 和图 13-8 显示了哥伦比亚 Acae 油田的两口井 AC5 和 AC6 的测井数据。两口井的储层均为位于 3.2km 深度以下的 Caballos 组，该层上覆地层为自然伽马值较高的 Villeta 组海相泥岩。在深度图旁边的图中显示了基于井径测井选择的合格数据质量层段的 AC5 和 AC6 的速度—孔隙度交会图。这些数据形成了两个明确的趋势。上部趋势为低黏土含量的 Caballos 砂岩，而下部趋势为 Villeta 泥岩。Han 的数据在 Acae 交会图上的叠加表明，

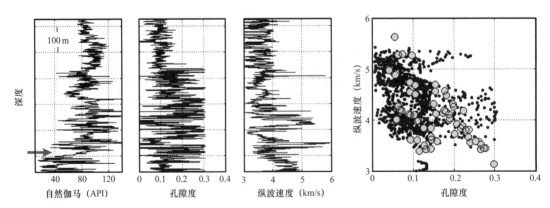

图 13-7　前三图是 Acae AC5 井自然伽马、孔隙度和纵波速度与深度的关系图，第四幅图是质量合格的 AC5 数据（黑色符号）的速度—孔隙度图，其中叠加了 Han 的数据（灰色圆圈，在整个黏土含量范围内都相同），自然伽马轨迹中的箭头指向 Caballos 地层的顶部

Caballos 数据模拟了低黏土含量的 Han 趋势，Villeta 数据位于高黏土含量的 Han 数据之上。尽管地理上相隔遥远，但哥伦比亚砂岩（泥岩）系统的岩石物理特性与北美岩石相似。

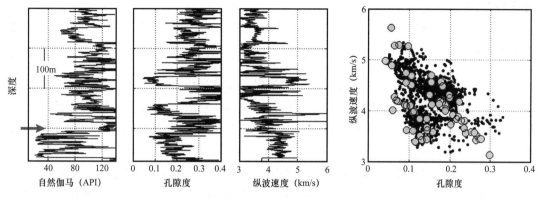

图 13-8　与图 13-7 相同，但针对的是 AC6 井

通过分析世界各地钻井的岩石物理，可以发现它们之间存在惊人的相似性。这种相似性证实了这样一个事实：形成岩石的自然力只有重力、水和空气的搬运、温度和压力这几种，而且这些自然力在不同盆地之间非常相似。实际的经验是，来自不靠近勘探远景区的地理位置的数据也可用作类比，并可以用于新获得数据的质量控制。

13.2　岩石物理学中的自相似性

力学中的自相似性是指一个以上参数的函数完全由这些参数的组合决定。Gal 等（1999）提出了固结砂岩中此类特性的一个例子，其中纵波阻抗 I_p 和横波阻抗 I_s（以及纵波速度 v_p 和横波速度 v_s）都唯一地取决于总孔隙度和黏土含量 $\phi+aC$（承重骨架的孔隙度）的线性组合。这种依赖性仅意味着不可能共同解析 ϕ 和 C 的 I_p 和 I_s 数据。相反，只能找到 $\phi+aC$ 的组合。图 13-9 和图 13-10 显示了这一效应，其中 Han（1986）的速度—孔隙度趋势由于 C 的变化而具有分散性，如果将 v_p 和 v_s 与 $\phi+0.3C$ 绘制成图，则会形成紧密的趋势。这可能意味着这些样品的孔隙空间中的黏土不是承重的，因此它会占据该空间，但对岩石刚度的贡献很小。

流体动力学中一个著名的自相似性例子是黏性流，其中特征由雷诺数（Re）决定，$Re=\rho v L/\mu$，式中 ρ 和 μ 分别是流体的密度和动态黏度；v 是流体流动的速度；L 是流动的线性尺度（例如导管的直径）。自相似性（或称量纲分析）在力学中常用来评估问题而不实际解决问题。除了认识到绝对渗透率取决于孔隙度和粒度的组合 $d: \phi/d^2$（Mavko 等，2009）这一事实外，在岩石物理学中并没有给予它任何重要的考虑，这仅仅是因为现场测量的变量数通常很少。

图 13-10 中给出的例子表明，自相似性是解决储层物性现场数据的一个障碍：只能根据孔隙度和黏土含量的线性组合来解释阻抗，但不能分别解析这两个变量。然而，这也可以看作是一种优势。事实上，它有助于确立对数据精度的要求（例如，无论地震 I_s 的精度

有多高，它仍然可能无助于储层质量的判别）。自相似性一旦建立，还可以帮助设计一个可能解决当前问题的现场实验，或者至少可以明确岩石性质之间必须建立哪些联系以及必须做出哪些假设来解决问题。

二维速度—孔隙度图（由黏土含量 C 进行颜色编码）本质上是三维图，其中第三维为颜色。图 13–11 显示了图 13–9 中的数据在两个不同视角下 $I_p = \rho_b v_p^2$ 和 $I_s = \rho_b v_s^2$ 与 ϕ 和 C 的关系图。这并不奇怪，通过旋转这个三维图，可以找到消除由于黏土含量变化而引起的分散的投影，从而使所有数据点都趋于紧密。值得注意的是，相同的旋转共同将 I_p 和 I_s 置于紧密的趋势上。这是一个自相似性的例证，其中岩石的纵波和横波特性取决于总孔隙度和黏土含量的相同线性组合。

岩石物理变换也表现出自相似性。考虑图 13–12，其中水饱和岩石的 Raymer–Dvorkin（第 2 章）曲线叠加在图 13–9 所示的数据上。在图 13–13 中，绘制了这些模型曲线与 $\phi+0.3C$ 的关系图。因此，这些速度—孔隙度—黏土转换曲线同时转变为纵波和横波速度的紧密趋势。

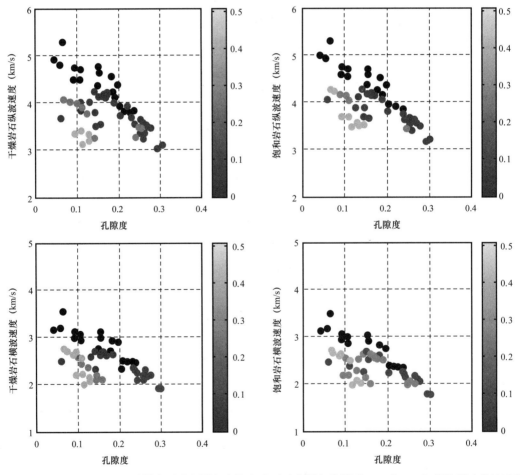

图 13–9　在 40MPa 围压和干燥岩石（左图）和饱和岩石（右图）条件下 Han（1986）的数据（纵波速度在上排，横波速度在下排，颜色是黏土含量）

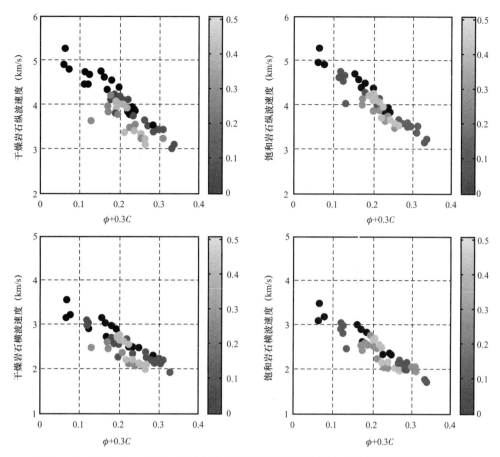

图 13-10　与图 13-9 相同，但针对的是速度与孔隙度和黏土含量的线性组合的关系图

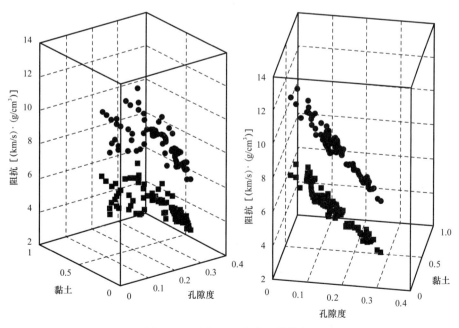

图 13-11　图 13-9 中的三维数据

旋转有助于将数据置于紧密的趋势上（右图）

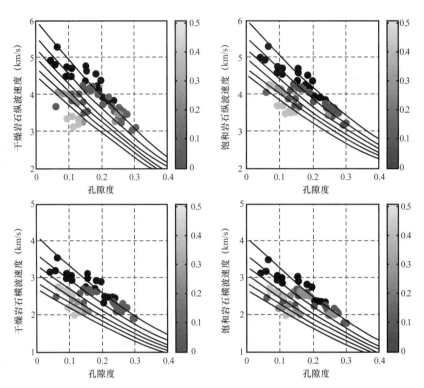

图 13-12　图 13-9 中叠加了 Raymer-Dvorkin 模型曲线的数据

每条曲线均为固定黏土含量，顶部曲线为零，底部曲线为 50%

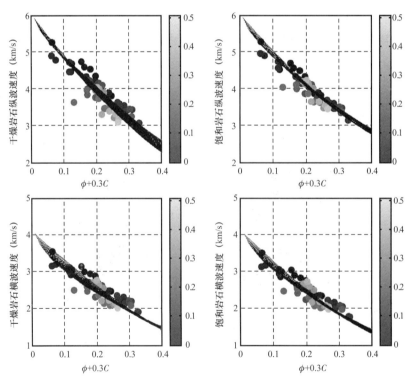

图 13-13　图 13-9 中叠加了 Raymer-Dvorkin 模型曲线的数据

每条曲线均为固定黏土含量，顶部曲线为零，底部曲线为 50%

相同的自相似特性也经常出现在井数据中。来看一口井的测井数据，该井钻穿了几个水湿砂岩层段和含气饱和砂岩层段以及泥岩（图 13-14）。在波阻抗—孔隙度交会图中，含气层段和水湿砂岩层段都形成了紧密且独立的波阻抗—孔隙度趋势（图 13-15）。在使用 Gassmann 流体替换法计算全水饱和条件下整个层段的弹性性质后，发现（现在孔隙空间中的流体相同）含气砂岩和水湿砂岩在阻抗—孔隙度图版中形成了一个几乎单一的紧密趋势（图 13-15）。

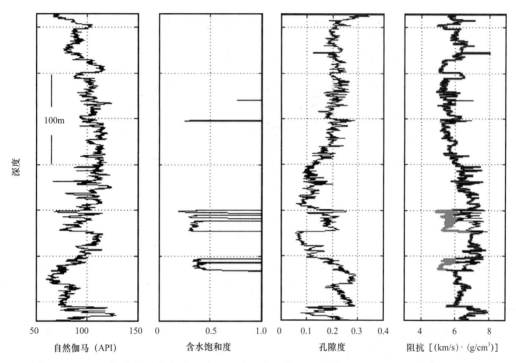

图 13-14　一口气井的测井曲线（从左至右：自然伽马；含水饱和度；孔隙度和纵波阻抗）

阻抗框中的黑色曲线是在饱和岩石条件下计算出来的，而粗灰色曲线则是现场记录的

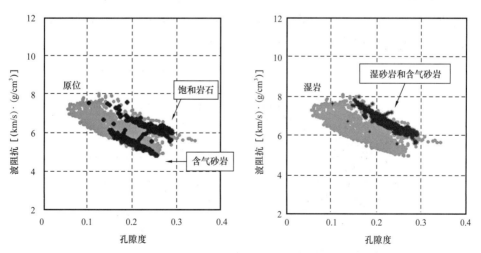

图 13-15　使用图 13-14 的数据绘制的阻抗—孔隙度交会图

左图：原位条件；右图：水湿条件。砂岩（含气砂岩和湿砂岩）突出显示为黑色

图 13-16 显示了这种趋势可以用软砂岩模型来模拟。图 13-16（左图）中的模型曲线是在水湿条件下绘制的。每条曲线都是针对固定的黏土含量，从零开始（上部曲线），以纯黏土结束（下部曲线），中间曲线按黏土含量增量 0.2 来绘制。与之前使用 Han 的实验数据的示例一样，如果绘制饱和岩石阻抗与 $\phi+0.15C$ 的关系曲线，则这些井数据会转变为单个紧密的波阻抗—孔隙度趋势，其中通过线性缩放自然伽马曲线来计算黏土含量。软砂岩模型曲线也是如此。

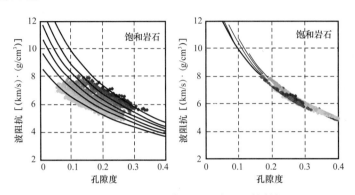

图 13-16　图 13-15 中的饱和岩石阻抗数据

左图：根据黏土含量与孔隙度对阻抗进行颜色编码；右图：同样的数据与加上 0.15 倍孔隙度的黏土含量的关系图。曲线来自文中描述的软砂岩模型

这项研究的主要经验是，纵波和横波数据的可用性并不一定意味着能够共同解析两个储层参数，例如孔隙度和黏土含量。原因就是自相似性，即两种测量都依赖于相同的孔隙度和黏土含量组合。这一说法并不意味着横波数据是多余的，在地震表征中是不需要的。实际上，由纵波阻抗和横波阻抗联合反演得到的相对或绝对地震属性（如泊松比、v_p/v_s 比和流体因子）在流体和岩性预测和圈定中具有重要的价值。在这样圈定的一个地质体内，自相似性可能是解析沉积物两个整体特性（ϕ 和 C）的两个地震属性（I_p 和 I_s）的一个障碍。一种解决方案是建立、了解和利用所讨论的储层参数之间的地质和沉积方面的联系，即，超越地震属性计算，进入沉积学领域，在沉积学领域中可以找到与孔隙度、黏土含量、饱和度甚至渗透率相关联的公式（见下一节）。

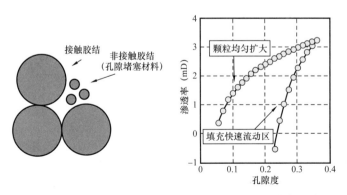

图 13-17　左图：大颗粒周围有接触胶结边缘，小颗粒（非接触胶结）堵塞孔隙空间；右图：使用两种孔隙度减少方案在 Finney 包上计算出的渗透率—孔隙度趋势

均匀扩大每个颗粒，这相当于在它们周围发育接触胶结；将小颗粒放在远离大颗粒的孔隙内

13.3　岩石的弹性特性和渗透率

图 13-17（右图）显示了在岩石三维模型上计算的渗透率—孔隙度趋势的示例，该模型由相同颗粒的密集随机包形成，其中，附加材料置于孔隙空间中。该结果由 Bosl 等（1998）提供。用于此目的的一种有效的计算工具是网格—玻尔兹曼方法，该方法模拟了具有无滑移边界条件的牛顿流体流动的 Navier—Stokes 公式。在那项研究中，用于模拟的原始组成部件是 Finney 包，一种含有相同球体的随机密集包，孔隙度约为 0.36。采用两种不同的方法从此起始点降低孔隙度：（1）将每个球形颗粒均匀膨胀，使球体重叠；（2）将小固体颗粒置于流速最高的位置（也采用逐步方式）。因为在第二种情况下，最快的流动远离大颗粒，因此这种孔隙度降低模型基本上是将小颗粒置于孔隙空间的中间，从而堵塞了主流道。

巧合的是，在相同的孔隙度下，接触胶结模型的岩石弹性模量比颗粒放置在孔隙空间内（非接触胶结）的弹性模量大得多（见第 2 章）。这意味着，原则上，弹性模量可以用于评估渗透率。图 13-18 对此原理进行了说明，图中显示了两个北海数据集的渗透率与孔隙度的关系图，其中 Oseberg 油田的颗粒是接触胶结，而 Troll 油田则是小颗粒堵塞了孔隙空间（Strandenes，1991；Blangy，1992）。

Grude 等（2013）采用了相同的原理研究了巴伦支海一口钻穿水湿砂岩储层的油井的数据（图 13-19），其中从岩心材料中提取的样品上测量了孔隙度和渗透率。

对该井数据进行的岩石物理诊断表明，不同接触胶结程度的恒定胶结模型曲线能够准确地描述这组数据：在相同孔隙度下，接触胶结物量越高的样品，孔隙空间中的细颗粒含量越少，岩石硬度越高；反之在相同孔隙度下，越硬的岩石样品，孔隙空间中的细颗粒含量越少，因而具有越高的渗透率（图 13-19）。

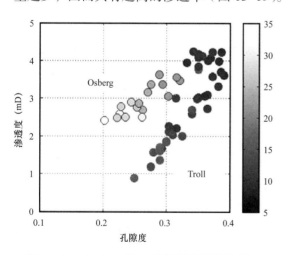

图 13-18　Oseberg 和 Troll 数据集的渗透率与
孔隙度关系图，用干燥岩石体积模量（GPa）
进行了颜色编码

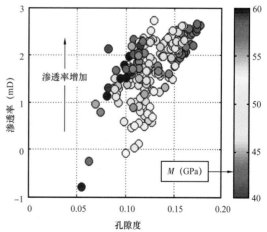

图 13-19　渗透率与孔隙度的关系图，用体积模量
进行了颜色编码

数据根据 Grude 等（2013），有关颜色版本，
请参阅图版部分

该实例研究的一个启示是基于模型的测井和实验数据的深入岩石物理分析可以产生"额外收获"，并有助于对所研究岩石的渗透率进行分类。此外，Dvorkin 和 Brevik（1999）指出，理论推断的接触胶结物含量与岩石强度相关，因为案例研究的观察结果表明，接触胶结物含量越低，井筒越容易出砂。

13.4 地层约束的岩石物理模拟

13.4.1 地层中的旋回

成层性是沉积岩的共同特征。旋回性和阶段性的过程和事件，以及生物作用和成岩作用的叠加都是造成地层成层性的原因。地层通常表现出韵律性（旋回性），这是由有规律的交替岩层以及重复出现的一系列特殊岩性体所形成，称为沉积旋回（Einsele 等，1991）。

在成因上，沉积旋回受自生（盆地内）与他生（盆地外）两组沉积机制控制。例如，河流系统中的自生沉积例子是河流系统的迁移和叠加。相比之下，他生层序是由盆地外部变化引起的，如气候变化和构造运动（Miall，1997）。

在不同的地质时间和空间尺度上研究沉积过程，包括旋回性和由此产生的沉积特征。Miall（1996）建议根据沉积时间尺度将储层构型单元及其相关沉积过程分为 10 个等级，其范围至少涵盖 12 个数量级（从极端的薄层到极端的盆地充填复合体）。空间尺度的等级至少涵盖 14 个数量级（从几厘米的纹层到几十千米的主要沉积盆地）。

元素沉积旋回可受多种成岩作用的影响，包括埋藏过程中的机械和化学作用：机械压实、胶结作用、不稳定矿物的交代作用、白云石化和溶蚀作用（Blatt 等，1980；Boggs，1995）。

13.4.2 硅质碎屑岩储层：河流沉积实例

Gutierrez（2001）研究了哥伦比亚成熟的超大型 La Cira–Infantas（LCI）油田古近—新近纪河流相砂岩中高度非均质储层的油井数据。其中一个关键的经验是，如果所研究的测井数据和岩心数据子集受到层序地层格架的约束，则岩石物理趋势将变得更加紧密和更有意义。

LCI 中的硅质碎屑岩储层属于科罗拉多组（A 区）和穆格罗萨组（B 和 C 区）。石油产量来自疏松的古近—新近系砂岩。储集岩石为细—中粒、亚长石砂岩质、纯砂岩—泥质砂岩。B 区的平均孔隙度为 20%，C 区的平均孔隙度为 23%。渗透率可能达到 1500mD。储层在横向和纵向上都有很大变化（Dickey，1992）。

这里主要讨论 Mugrosa 组储层。B 区由一系列互层分布的厚层（550m）细粒砂岩和泥岩组成。层序下部由暗蓝色和棕色块状杂色泥岩和细砂岩和浅绿色砂质泥岩的夹层组成。上部岩性为灰色、细粒到粗粒、偶见卵石质的砂岩，夹有少量绿色和杂色泥岩（Morales 等，1958）。C 区是 LCI 中产量最高的油藏。该储层带的岩性为灰—灰绿色，细—中粒砂岩，极少粗砂岩与含砾砂岩，夹有灰色、蓝色和红色泥岩（Morales 等，1958）。层序地层表明，LCI古近—新近系岩石的沉积相与河道体系有关。B区代表混合载荷河道或曲流河体系，而C区则沉积为底载荷河道或辫状河体系（Laverde，1996）。

图13-20显示了其中一口井的垂直自然伽马剖面，深度比例尺逐渐减小，跨越了较广空间尺度，从古近—新近系盆地充填复合体到其主要沉积子系统、主要作业区（LCI中的C区）、其较大的向上变细的旋回、两个单独的向上变细的旋回、最后到这两个旋回中的一个（旋回1）。

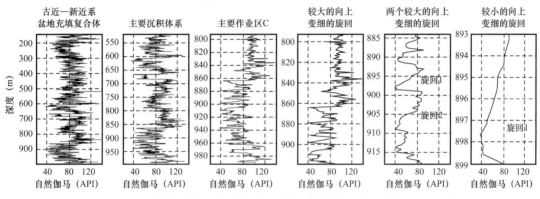

图13-20　LCI油井的垂直自然伽马剖面（研究范围从左到右递减，如文中所述）

图13-21显示了图13-20所示的6个深度区间的速度—孔隙度交会图，按所研究区间的垂直范围和该区间所含旋回数递减的顺序排列。在沉积环境条件和成岩性质越来越均匀的情况下，相关系数随旋回的减小而增大。图13-21（右下角）中的最终交会图显示了893.21m和898.48m深度之间一个发育良好的向上变细旋回的高相关性趋势。

13.4.3　岩石物理模拟

为了拟合和解释沉积旋回的速度—孔隙度特性，使用了Dvorkin和Nur的软砂岩模型（Mavko等，2009）。这种选择是基于这样一个事实，即在相同孔隙度范围内，所研究的砂岩似乎是疏松砂岩，比典型的固结砂岩软得多。图13-22显示了图13-21中旋回1和2的速度—孔隙度交会图。

在旋回1的速度—孔隙度和阻抗—孔隙度交会图（图13-22）中，上部曲线是纯砂岩的软砂岩模型，其矿物成分为80%石英和20%长石。它们是在100%水饱和岩石条件和12MPa有效压力下计算的。同一图中的下部曲线是泥岩，其矿物成分为55%石英、20%长石和25%黏土。现在很明显，在这些数据中观察到的速度—孔隙度趋势不是简单的线性趋势。随着孔隙度的降低和泥质含量的增加，数据点从纯砂岩模型曲线移动到泥质砂岩曲线。图13-23显示了旋回2中相同的的交会图。在旋回1建模中使用的纯砂岩模型曲线与旋回2的纯砂岩数据相匹配。然而，为了匹配这个旋回中的泥岩数据，需要改变泥岩矿物成分，现在假设它含有20%的石英、20%的长石和60%的黏土。这种看似随意的矿物成分选择与所选层段内矿床的粒度和分类一致。在旋回1中，岩性从纯砂岩变为粉砂岩，而在旋回2中，岩性从纯砂岩变为黏土岩。

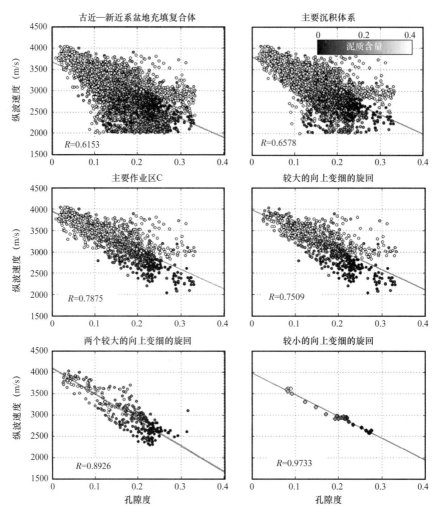

图 13-21　图 13-20 中所示六个沉积层段的速度与源自密度的孔隙度的关系图

数据点按泥质含量（源自自然伽马）进行颜色编码，每个子图中的直线是所显示数据的最佳线性拟合，在每个子图中列出了相应的相关系数

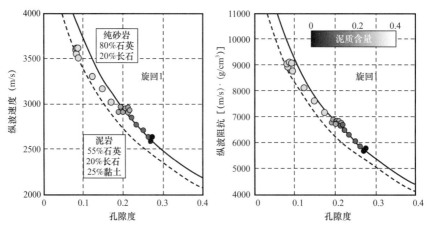

图 13-22　图 13-20 中旋回 1 的速度（左图）和阻抗（右图）与源自密度的孔隙度的关系图

模型曲线来自文中描述的软砂岩模型，所采用的矿物成分在左侧的图中列出

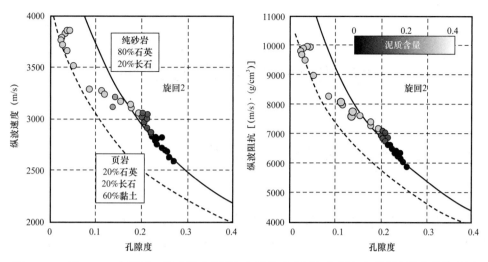

图 13-23　图 13-20 中旋回 2 的速度（左图）和阻抗（右图）与源自密度的孔隙度的关系图

13.4.4　经验和教训

从模拟中可以明显看出，高泥质含量岩石的阻抗高于低泥质含量岩石的阻抗。这一观察结果似乎与一个既定的概念相矛盾，即增加黏土含量会降低岩石的速度（见图 1-8）。为了解释在 LCI 油田数据中观察到的影响，需要回顾一下首先该泥岩的孔隙度小于砂岩的孔隙度，并且该泥岩的黏土含量可能低至 20% 至 30%。

实际上，LCI 油田中的泥岩含有很大一部分粉砂，其矿物成分与纯砂岩相近。在这种情况下，泥岩和砂岩之间的主要区别是颗粒分选性，这种分选性在泥质地层中会变差。泥岩中这种差的分选性会降低总孔隙度（与纯砂岩相比），因此会提高速度。

这项研究强调了了解当地沉积条件并据此调整岩石物理模型的重要性。尽管这一结论被认为可能与本章讨论成岩趋势普遍性的内容相矛盾，但正是因为不是完全相同的而是经过局部调整的岩石物理模型，才可以在不同的地理位置条件下有效地应用。

14 泊松比和地震反射

14.1 含气砂岩中高泊松比的原因

Dvorkin（2008）讨论了在气井和实验室中用含气砂岩测得的泊松比（v）值的差异。由颗粒介质和包裹体理论得出的实验数据表明，气饱和砂土中的泊松比为 0～0.25，通常约为 0.15。然而，一些测井数据中，特别是在含气的低速层中，常常出现有些地方泊松比高达 0.3 的情况。本章讨论的问题包括：（1）在气砂中测得的高泊松比的真实性和物理基础；（2）泊松比对地震响应的影响。当然，目前的讨论是基于高质量的测井数据的。

泊松比（v）可由任意一对独立的弹性常数计算，如体积模量（K）和剪切模量（G）模量或两个拉梅常数（分别为 λ 和 $\mu \equiv G$）。通常也可以由纵横波速度（v_p、v_s）计算得到，它们通常可以在实验室和测井中得到。使用 v 而不是其定性单量，即速度比（v_p/v_s），具有实用性，因为 v 在 0～0.5 之间，而在这一范围内，v_p/v_s 可能为 $\sqrt{2}$（当 $v=0.5$）～$+\infty$（当 $v=0.5$）。

泊松比在地震解释中很重要，因为它对储层的 AVO 响应有显著的影响（第 4 章）：Hilterman（1989）对 Zoeppritz 反射公式的近似表明，在一个角度的 P—P 波反射率 R_{pp}，与上下弹性介质之间的速度差成正比：

$$R_{pp}(\theta) \approx R_{pp}(0)\cos^2\theta + 2.25(v_2 - v_1)\sin^2\theta \qquad (14\text{--}1)$$

式中，v_1 为上半个空间的速度，v_2 为下半个空间的速度。

为了说明 v 对 AVO 响应的影响，考虑在假设泥岩和含气砂岩层界面处的反射振幅，其中泥岩中的孔隙度为 30%，砂岩中的孔隙度为 25%。泥岩中黏土含量为 90%，砂岩中黏土含量为 10%。泥岩中充满水，水的体积模量和密度分别为 2.75GPa 和 1.02g/cm³。砂岩中含水饱和度为 30%，其余孔隙充满气，气的体积模量和密度分别为 0.07GPa 和 0.21g/cm³。

第 2 章中有一软砂模型，泥岩的纵波、横波速度和密度分别为 2.14km/s、0.83km/s、2.12g/cm³，相应的砂岩中纵波、横波速度和体密度分别为 2.15km/s、1.42km/s、2.10g/cm³。页岩和砂岩的泊松比分别为 0.412 和 0.109。根据精确的 Zoeppritz（1919）公式计算的 P—P 波反射振幅与入射角的关系如图 14-1 所示。

接下来假设测量得到的砂岩横波速度是错误的，仅为其原始值的 90%，即 1.28km/s，而不是 1.42km/s，相应的泊松比为 0.224 而不是 0.109。相应的 AVO 曲线与原来的弹性参数计算的 AVO 曲线有所差异（截距相同，但是负梯度的绝对值要小），但是具有相同的特征。如果砂岩中（错误的）横波速度 v_s 仅为原始值的 80%，即 1.14km/s，则相应的泊松比

ν 变为 0.305，且相应的 AVO 曲线进一步偏离原始值。这个例子说明测井记录得到的泊松比会改变合成反射梯度，不会改变响应的类型。梯度从第一个例子的 −0.42 变为第二个例子的 −0.32 以及第三个例子的 −0.22。

图 14-2 和图 14-3 所示为实验室测得的 150 个室内烘干的砂岩样品的速度和泊松比。这个样品的孔隙度、矿物组分和速度分布在很宽的范围内。然而，尽管存在这种很大的差异，在室内干燥（空气饱和）砂样上测得的泊松比很少超过 0.2。对于压差在 0～40MPa 之间的干燥的玻璃珠组成的物体，情况也是如此，测量的泊松比基本上在 0.1～0.2 之间（图 14-4）。

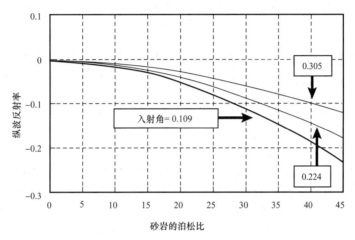

图 14-1 在泥岩和含气砂岩界面处的纵波反射率与入射角图，粗线为原始泊松比为 0.109 时的曲线，最上面是泊松比为 0.305 的曲线，中间的曲线为泊松比为 0.224 时的曲线

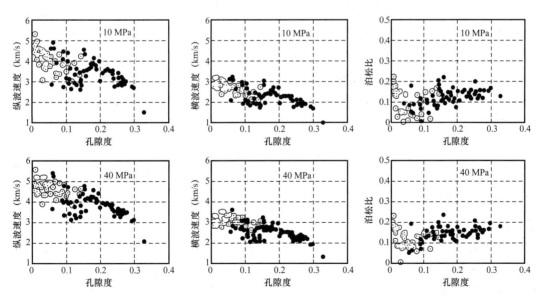

图 14-2 实验室在 10MPa 和 40MPa 时测得的速度—孔隙度、泊松比—孔隙度交会图

样品为室内烘干的样品，这些不同的符号对应不同的数据来源——实心圆数据来自 Han（1986），空心圆数据来自 Jizba（1991）；这些样品中黏土含量为 0～50%；高孔隙度、低速度的样点数据与其他来自干净的 Ottawa 的样点区分明显。据 Dvorkin（2008）

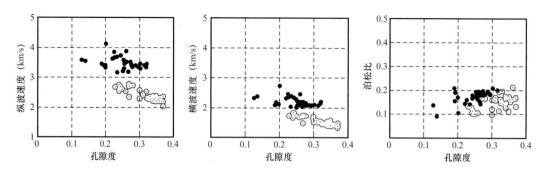

图 14-3　在 30MPa 压差下，实验室测得的干燥松散砂样的速度—孔隙度、泊松比—孔隙度的关系
这些不同的符号对应于不同的数据源——实心圆数据来自 Strandenes（1991），空心圆数据来自 Blangy（1992）。据 Dvorkin（2008c）

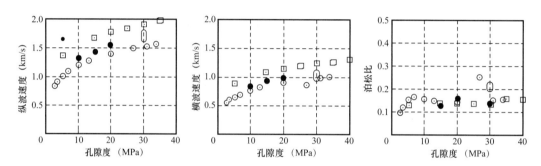

图 14-4　实验室测得的干燥玻璃球模型的速度—孔隙度、泊松比—孔隙度图
不同的符号对应不同的数据源——实心圆数据来自 Yin（1992），空心圆数据来自 Winkler（1979），空心正方形数据来自 Tutuncu（1995），细长的空心图案数据（压差为 30MPa）来自 Estes（1994）。据 Dvorkin（2008c）

这些例子证明了早先 Spencer 等的一个发现：松散的干砂岩泊松比为 0.115～0.237，平均为 0.187。这个结论是基于在实验室测量的数量庞大样本的数据集，其中样品包括自然沉积物和人工制作的各种颗粒材料。对于不同颗粒材料（如纯石英、含黏土的石英、刚玉、石榴石、钻石、方解石或磁铁矿），测量得到的泊松比仍然很小。

有效介质理论还表明，干燥孔隙介质中的泊松比很小。例如，对于相同弹性球体的不规则干燥模型，其有效弹性体积（K_{Dry}）和剪切模量（G_{Dry}）为（Mavko 等，2009；详见第 2 章）：

$$K_{Dry} = \frac{n(1-\phi)}{12\pi R} S_N, \quad G_{Dry} = \frac{n(1-\phi)}{12\pi R}\left(S_N + \frac{3}{2}S_T\right) \tag{14-2}$$

式中，n 为配位数，ϕ 为孔隙度，R 为单个球体的半径，S_N 和 S_T 分别为一对球体的正向和法向刚度。

在本书第二章中介绍过，刚度随着颗粒间接触性质而变化，也就是说，这些接触是否只能由外部施加的应力实现，或者相反地，由在任何应力变化之前存在于晶粒接触处的水泥实现。Dvorkin 和 Nur（1996）分析了这两种极端情况及其对集合体弹性性能的影响。

然而，无论 S_N 和 S_T 是什么，干燥岩石的泊松比都可以由下面的公式得到：

$$v_{Dry} = \frac{1 - S_T / S_N}{4 + S_T / S_N} \quad\quad (14-3)$$

由式 14-3 可见，泊松比 v_{Dry} 不会超过 0.25（图 14-5）

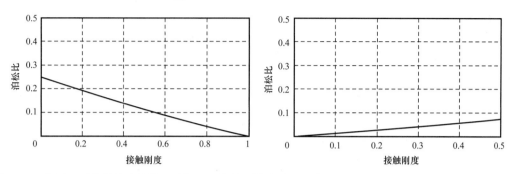

图 14-5　左图：干燥弹性球体模型泊松比和接触刚度交会图；右图：Hertz–Mindlin 干燥弹性球体模型与颗粒材料的泊松比交会图，据 Dvorkin（2008c）

当颗粒之间不存在摩擦时，$S_T = 0$ 时，泊松比达到最大值。在频谱的另一端是粒子在 Hertz–Mindlin 模型描述的接触点处不滑动的情况（Mavko 等，2009），其公式为：

$$v_{Dry} = \frac{v_s}{2(5 - 3v_s)} \quad\quad (14-4)$$

式中，v_s 为颗粒材料的泊松比。

由图 14.5 可见，v_{Dry} 在 v_s 变化过程中一直非常小，与 Spencer 等（1994）的研究结论一致。

需要指出的是，这里使用的有效介质公式是基于平均场近似的，它假设每个颗粒都有相同数量颗粒与之接触，并受到相同的平均应力。Sain（2010）使用颗粒尺度数值模拟表明，这一假设可能会被打破，从而导致干燥颗粒组成固体中的泊松比大于图 14-5（右图）所示的值，但仍然达不到极端值 0.25 或 0.30。Bachrach 和 Avseth（2008）试图通过引入与第 2 章讨论的剪切模量校正因子类似的校正因子来补偿平均场近似理论和一些泊松比测量之间的明显不符。

另一个应用等效介质理论的例子是，孔隙是空腔的或者充气的固体。如图 14-6 所示，根据微分等效介质理论（Berryman，1992；Mavko 等，2009），在这样的多孔材料的包含物为薄的裂缝时，在一个很大的孔隙度范围内其泊松比 v_{Dry} 也是非常小的。

基于这些实验和理论结果，可以得出测井得到的含气砂岩的泊松比较小，但同时也不难发现，声波测井和偶极声波测井中计算得到的含气砂岩的泊松比最小能达到 0.1，通常不超过 0.2。而由其他方法测量到的含气砂岩的泊松比最大可以达到 0.3。

基于实验和理论计算结果，可以预测测井计算得到的含气砂岩的泊松比理应较小。但问题是，根据含气砂岩层段的声波和偶极子速度数据解释得到的泊松比 v 明显不一致：一些结果表明，此类地层中的 v 可以最小能达到 0.1，且不会超过 0.20（图 14-7），其他方法测量结果（图 14-8）在含气砂岩中泊松比 v 值高达 0.30。

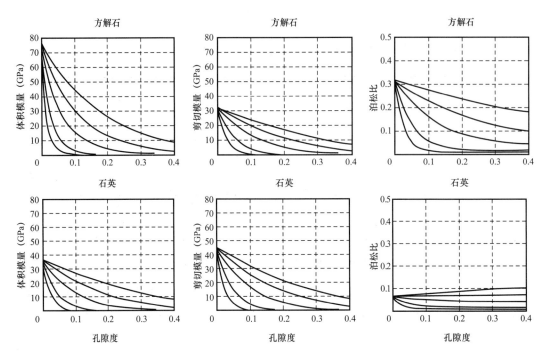

图 14-6　从左至右为：通过微分等效介质理论计算的含有空腔的固体体积模量、剪切模量和泊松比

最上面的曲线为孔隙的长宽比等于 0.20，最下面的曲线为孔隙的长宽比等于 0.01，中间的曲线为孔隙的长宽比分别等于 0.1、0.05 和 0.02；前 3 幅图的基质材料为纯方解石，后 3 幅图的基质材料为纯石英；据 Dvorkin（2008）

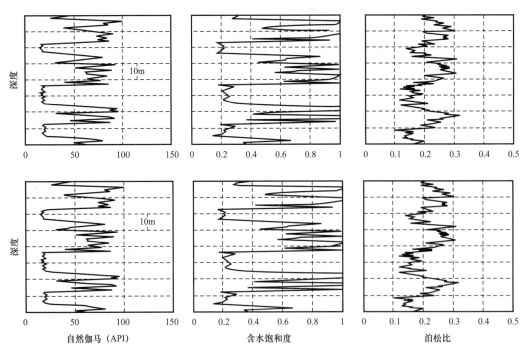

图 14-7　上下两排分别为两口不同井的测井数据，第一列和第二列分别为放射性伽马（GR）和含水饱和度，第三列显示了含气砂岩中的泊松比（小于 0.2），据 Dvorkin（2008c）

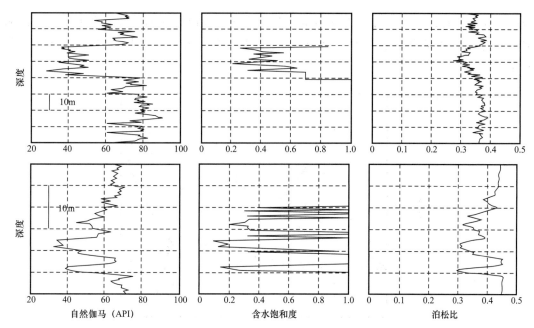

图 14-8　两口不同井的含气砂岩中显示了较大的泊松比（大于 0.3），横纵坐标物理量及单位同图 14-7，
据 Dvorkin（2008c）

14.2　物理解释

现在的问题是，在地震波场正演时，上述实验数据是否应该作为错误结果被摈弃，还是考虑进去呢？也就是说，含气砂岩所表现的高泊松比是否有实验可以验证。下面用三个实例对测得的高泊松比的可能原因进行解释。

14.2.1　斑状饱和

在充满气的没有固结的砂岩中，砂岩的孔隙度为 0.30，黏土含量为 5%，气的体积模量为 0.07GPa，密度为 0.21g/cm^3，地层水的体积模量为 2.75GPa，密度为 1.02g/cm^3。首先根据软砂岩模型计算干骨架的弹性常数，当含水饱和度介于 0~1 之间时，可以在干燥岩石骨架中通过 Gassmann 流体替代理论来计算弹性参数。在这个模型中的气水两相流体的体积模量可以通过调和平均数计算得到：

$$K_f = \left(\frac{S_w}{K_w} + \frac{1-S_w}{1-K_g} \right)^{-1} \qquad (14-5)$$

式中，K_w 和 K_g 分别为水和气的体积模量。

其密度（ρ_f）为水和气体的密度（ρ_w 和 ρ_g）的算术平均：

$$\rho_f = S_w \rho_w + (1-S_w) \rho_g \qquad (14-6)$$

图 14-9 为计算得到的泊松比随含水饱和度的变化曲线。在两个端点值，即含水饱

和度为 0 和 1 时，泊松比分别为 0.09 和 0.35。这两个极值之间的转换非常突然：当含水饱和度为 0～0.95 时泊松比变化非常小，当含水饱和度为 0.95～1 时，泊松比变化达到了0.25。

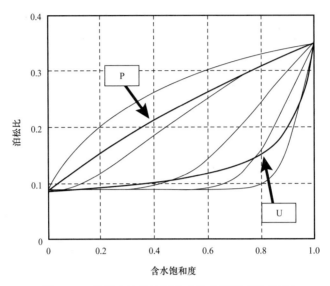

图 14-9　砂岩中泊松比随含水饱和度的变化曲线

下部标记为"U"的粗线气水是均匀分布的，气和水的体积模量由式 14-5 得出。上部标记为"P"的粗线为根据式14-9 计算的斑片状饱和度。细线由式 14-8 得出，从上至下 e 依次为 1、2、5、10、20。根据式 14-8，e 越大，曲线位置越低。据 Dvorkin（2008c）

当孔隙中同时存在两相流体，并且在孔隙空间中分布不均匀时，式（14-5）可以用来计算该混合流体的体积模量，Domenico（1977）第一次发现了实验室测量得到的速度与由式（14-5）计算得到的体积模量后利用流体替代预测的速度之间存在的差距。为了使得实验室测量得到的数据和通过流体替代计算得到的数据保持一致，他提出了新的公式以替代式（14-5）：

$$K_{\mathrm{f}} = S_{\mathrm{w}} K_{\mathrm{w}} + \left(1 - S_{\mathrm{w}}\right) K_{\mathrm{g}} \tag{14-7}$$

随后，Brie（1995）等在测井中发现了同样的问题，并将式（14-7）修改为：

$$K_{\mathrm{f}} = S_{\mathrm{w}}^{e} \left(K_{\mathrm{w}} - K_{\mathrm{g}}\right) + K_{\mathrm{g}} \tag{14-8}$$

式中，e 为自由参数，当 $e=1$ 时，式 14-8 即为式 14-7。

Cadoret（1993）发现了由于流体的斑状分布，实验室测量得到的数据和理论计算得到的数据存在差异，这就意味着尽管在整个岩石样品中含水饱和度小于 1，孔隙空间中流体的不均匀分布，在部分饱和区域附近形成了完全水饱和的斑块。对于斑状饱和的极端例子，如完全含气饱和或含水饱和，有以下公式：

$$\left(K_{\mathrm{p}} + \frac{4}{3} G\right)^{-1} = S_{\mathrm{w}} \left(K_{S_{\mathrm{w}}=1} + \frac{4}{3} G\right)^{-1} + \left(1 - S_{\mathrm{w}}\right) \left(K_{S_{\mathrm{w}}=0} + \frac{4}{3} G\right)^{-1} \tag{14-9}$$

式中，K_{p} 为孔隙岩石中部分水饱和时的体积模量，G 为岩石的剪切模量（与水的饱和度无关）；$K_{S_w=1}$ 为完全水饱和时的体积模量，$K_{S_w=0}$ 为完全气饱和时的体积模量（即 $S_w=0$）。

用公式 $v=0.5(K_p/G-2/3)/(K_p/G+1/3)$ 计算得到的泊松比如图 14-9 所示。在含水饱和度的整个范围内，泊松比和含水饱和度的变化十分稳定。当含水饱和度大于 0.5 时，斑状饱和的泊松比达到了 0.25。因此，斑状饱和可以解释测井得到的高泊松比，尤其是在泥浆侵入区。斑状饱和一般发生在波长非常短以至于在两种流体间产生压力均衡机制时。这将在部分饱和岩石中产生非常大的体积模量和较高的纵波速度。同时，对横波速度不产生影响，从而导致较高的纵横波速度比。

值得阐述的是，在实际中是否真实存在这种现象及其存在的机理。Knight 等（1998）对存在这种现象的可能性进行了讨论。他认为存在一个短暂的排水或渗吸过程，其中毛管压力的空间非均质性导致局部饱和时斑块的发育。钻井过程中泥浆滤液的侵入可能是造成井内这种瞬变过程的原因。笔者认为，未受滤液侵入干扰的原始地层中可能不存在饱和斑块。因此，在用于预测远离井控的原始地层地震响应的合成地震建模中，必须校正由于部分泥浆滤液侵入而在井中测得的高泊松比。

然而，饱和流体是均匀的或是不均匀的，本身都是一种简化的假设。天然气和地层水是不混溶的流体，都是各自形成团簇（水滴或气泡）。应用斑状饱和模型还是均匀饱和模型取决于这些簇的特征尺寸。尺寸的大小应与流体扩散长度相比较，后者又取决于波的频率、岩石的渗透性和两种流体的黏度。斑状饱和与均匀饱和是两个极端，分别适用于团簇尺寸远小于扩散长度的情况，反之亦然。声波测井甚至地表地震响应可能处于不均匀或均匀的饱和状态，也可能位于两者之间，具体取决于各个参数。White（1983）、Johnson（2001）和 Toms（2006）等讨论了控制其影响因素。Batzle 等（2006）讨论了如何在地震频率下（对于低渗透率岩石，如致密砂）应用斑状极限。

14.2.2 薄地层

现假设一个含 12 个相同的薄气砂层夹层，夹在水饱和泥岩中（图 14-10）。泥岩中黏土含量为 70%，砂岩中黏土含量为 5%。泥岩中的总孔隙度为 0.30，而砂中的总孔隙度为 0.25。最后假设砂岩中含水饱和度为 0.30。各含气砂层和泥岩层厚度为 0.3cm。

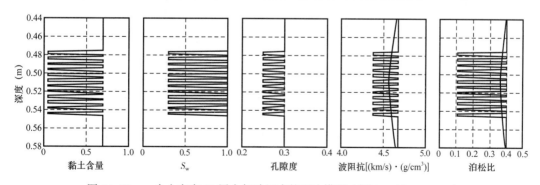

图 14-10　一个由夹有 12 层含气砂组成的理论模型（据 Dvorkin，2008c）

深度为虚拟的，在纵波阻抗和泊松比的图框中，细线为精细分辨率尺度下的值，粗线为 Backus 平均结果

使用与上例相同的水和气体性质，同样地，根据软砂模型计算该层状模型的弹性常数。砂岩中的纵波阻抗（I_p）略小于泥岩中的纵波阻抗，而砂中的泊松比 v 明显小于泥岩中的泊松比（图 14-10）。

这些含气砂层很薄，低于常规声波测井和偶极子声波测井的分辨率。因此，记录的弹性常数是这些砂岩和泥岩的平均值。为了充分确定这种厚度小、低于声波测井分辨率的地层的影响，必须开展全波形模拟。Backus（1962）平均值（放大）就是一种简单的、能定量描述这种效应的方法。在这里选择的统计窗口为 10cm。

由此得到的含气砂岩地层中的 Backus 平均泊松比 v 可能高达 0.36，这与砂体中局部（亚分辨率）的泊松比约为 0.11 显著不同。尽管砂岩地层中的波阻抗和泊松比都比周围泥岩中的小，但其放大的效果特别显著。这种放大的变化可以解释气井中有时能检测到异常高泊松比。

需要注意的是，在地震勘探方面，这种情况与局部饱和所造成的情形不同。如果地层厚度小于测井分辨率尺度，那么它必定小于地震勘探的分辨率。因此，在合成地震记录中，由于薄层效应在井上测得的高泊松比不应予以校正。

导致这种现象的原因很简单，即泥岩越多，泊松比越高。如果这种（层状）构造发生，不难看出泊松比随着有效厚度/总厚度的增加而降低（特别是对自然伽马、中子孔隙度和核磁共振测井所估计的不同的有效厚度/总厚度值），并因此可与斑块状饱和度区分开来。

此外，在这个模型中，假设泥岩是各向同性的。由于单一泊松比的概念不适用于各向异性固体，其可能的强各向异性将使情况复杂化。

14.2.3　各向异性

斑状饱和与薄地层导致含气砂岩中异常高泊松比都是假定沉积物是各向同性的。各向异性也可能导致视泊松比偏离预期的低值。考虑三轴荷载作用下在 Ottawa 干砂岩中获得的超声波速度数据（Yin，1992，图 14-11）。拟横波速度取决于横波极化，而横波极化又是应力诱导各向异性的结果（表 14-1）。换句话说，这个数据集为一个纵波速度 v_p 提供两个横波速度 v_s。

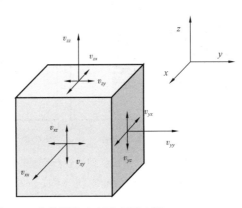

图 14-11　表 14-1 中纵横波速度示意图（据 Yin，1992；Dvorkin，2008c）

表中 P_{xx} 和 P_{yy} 为常压力，为 0.172MPa；P_{zz} 为变压力；v_{xx}，v_{yy} 和 v_{zz} 分别为 x，y 和 z 方向的纵波速度。横波速度按照波的传播方向和极化方向测量得到，例如 v_{xy} 和 v_{xz}，x 为波的传播方向，y 和 z 为横波的极化方向（图 14.11）。压力单位为 MPa，速度单位为 km/s。

这种情况自然会导致出现两个泊松比（图 14-2）。其中 $v_{yz} = 0.5(v_{yy}^2/v_{yz}^2 - 2)/(v_{yy}^2/v_{yz}^2 - 1)$ 仍然非常小，当用另外一个横波速度来计算泊松比 $v_{yz} = 0.5(v_{yy}^2/v_{yz}^2 - 2)/(v_{yy}^2/v_{yz}^2 - 1)$，$v > 0.25$，甚至达到 0.30。Sayers（2002）讨论了另外一个由压力诱发的各向异性的案例。

表 14-1　三轴加压下干燥 Ottawa 砂岩中测得的速度（据 Yin，1992）

P_{zz} (km/s)	v_{zz} (km/s)	v_{zx} (km/s)	v_{zy} (km/s)	v_{yy} (km/s)	v_{yx} (km/s)	v_{yz} (km/s)	v_{xx} (km/s)	v_{xy} (km/s)	v_{xz} (km/s)
1.03	0.76	0.43	0.42	0.74	0.40	0.43	0.76	0.40	0.42
1.38	0.82	0.44	0.44	0.77	0.42	0.44	0.76	0.43	0.44
1.72	0.87	0.46	0.46	0.79	0.44	0.47	0.79	0.44	0.46
2.07	0.90	0.48	0.48	0.80	0.46	0.47	0.79	0.46	0.49
2.76	0.95	0.52	0.52	0.85	0.48	0.52	0.85	0.48	0.51
3.45	1.01	0.54	0.54	0.87	0.50	0.54	0.87	0.50	0.53

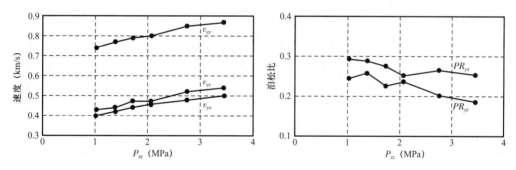

图 14-12　左图：三轴加压下干燥 Ottawa 砂岩中 Z 方向测量得到的速度随压力变化曲线；
右图：相应的泊松比
在实验中 x 和 y 方向的压力为 0.172MPa，据 Dvorkin（2008c）

方位各向异性，无论是应力引起的还是固有的，都可能导致饱和含气砂岩中计算出的泊松比出现明显的波动。这就意味着泊松比的概念不适用于各向异性岩石。这种情况可以用现代测井工具，如偶极子声波成像仪（在交叉偶极子区）或声波扫描仪来检测。这种影响在合成地震记录中不应予以纠正。相反，各向异性应在建模过程中有所考虑。

14.3　泊松比的重要性

由图 14-1 可见，泊松比可能会对 P—P 波反射率随入射角的变化有明显的影响。接下来讨论泊松比对含气砂岩地震勘探的影响。首先用一个块状的、含有与第 8 章同性质的流体的砂岩进行正演模拟。图 14-13 上图为计算得到的软砂岩的弹性性质，然后将该砂岩层的横波速度分别降低 90% 和 80%（图 14-13 中图和下图）。

这些合成道集在图 14-14 中并排放置。观察到 AVO 梯度仅在从小到中等泊松比情况下略有变化，但随着泊松比接近 0.30（底部），其绝对值变小。在实际地震资料中，其细微变化可能难以区分。这意味着，不必过分在意 v_{xz} 预测的准确度，而是通过岩石物理建模和合成地震记录来研究其对响应的影响程度，并得出"精确"的预测。当然，"精确"的预测取决于泊松比的应用。在勘探阶段（如区域 AVO 检测）显然适用，然而在用声波阻抗和弹性阻抗进行地震阻抗反演时，效果不尽人意。

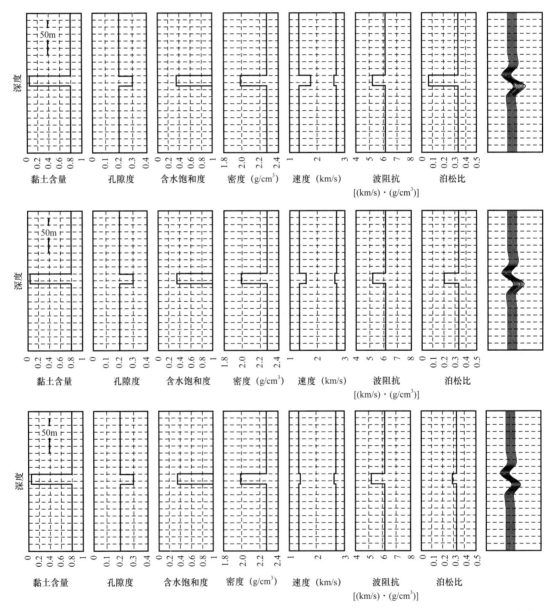

图 14-13　上图：初始软砂岩模型；中图：砂岩中横波速度降低 90%，导致泊松比增加；下图：同样的模型，砂岩的横波速度降低 80%（在合成地震道集中，最大入射角为 45°）

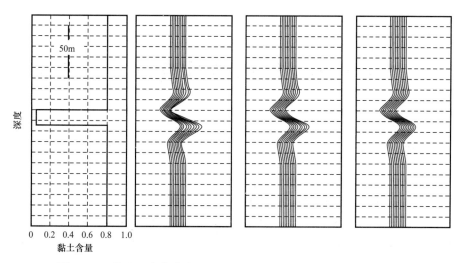

图 14-14　从左至右依次为图 14-13 中从上到下模型的合成地震道集

15 地震波的衰减

15.1 背景及定义

在地下传播过程中，地震波能量是逐渐衰减的。当振幅减少十倍时，需要传播的距离为波长的 $0.733Q$ 倍，其中 Q 为品质因子（其定义见 Mavko 等，2009）。当地震波的纵波速度 v_p=3km/s，频率为 30Hz 时，波长 $\lambda = v_p/f = 0.1$km。假设 Q=10，则振幅衰减十倍时，地震波所需要传播的距离为 $0.733Q\lambda = 0.733$km。

在井点处或者远离井的位置进行地震波正演模拟时，需要考虑地震波衰减的影响。这种从标准井数据中估算 Q 值的实用方法，与岩石性质、地质条件及其空间和时间非均质性密不可分。实际中估算品质因子都是从标准井数据中通过一个基本参数将它和岩石的性质、地质条件以及岩石在空间和时间的各向异性连接起来的。最终的目的是将衰减添加到物理驱动的地震属性中，例如阻抗和纵横波速度比，用于描述和刻画油气藏，监控油气田开发。

谐波指数衰减系数定义为 α（Mavko 等，2009），有：

$$A(x,t) = A_0 \exp\left[-\alpha(\omega)x\right] \exp\left[i(\omega t - kx)\right] \tag{15-1}$$

其中，$\omega = 2\pi f$

式中，A 为信号的振幅；A_0 为输入信号的振幅；t 为时间；x 为空间坐标；ω 为角频率；f 为线性频率（通常称为频率）；k 为波数。

衰减系数与品质因子的倒数 Q^{-1} 相关：

$$\alpha = Q^{-1}\pi f / V = \pi / (QTV) = \pi / (Q\lambda) \tag{15-2}$$

式中，V 为相速度；T 为周期；λ 为波长。将式 15-2 代入式 15-1 就可以得到：

$$\frac{A(x,t)}{A_0} = \exp\left[-\frac{\pi}{Q}\frac{x}{\lambda}\right] \exp\left[i(\omega t - kx)\right] \tag{15-3}$$

为了更好地理解品质因子 Q 的实际意义，来计算下当振幅衰减 10^n 所需的波数个数。通过式（15-3）可以得到：

$$\exp\left[-\frac{\pi}{Q}\frac{x}{\lambda}\right] = 10^{-n} \Rightarrow \frac{x}{\lambda} = n\frac{2.3}{\pi}Q = 0.733nQ \tag{15-4}$$

由式（15-4）可见，所需的波数为 $0.733nQ$。

相似地，当振幅衰减 2^n 所需的波数为 $0.221nQ$。当 Q=5（即 Q^{-1}=0.2）时，振幅减的比例为 2 时仅需要传播 1.1 个波长，衰减比例为 10 时，仅需要传播 3.7 个波长。当

$Q=10$（即 $Q^{-1}=0.1$），振幅衰减比例为 2 时仅需要传播为 2.2 个波长，衰减比例为 10 时，仅需传播 7.3 个波长。

有时衰减因子用 dB/L 来描述，转换系数为 8.686：

$$\alpha_{[\mathrm{dB}/L]} = 8.686 Q^{-1} \pi f / v \tag{15-5}$$

为了将地震波的衰减和储层的性质和条件联系起来，需要考虑将衰减机制分为不同的数学模型。例如：在干燥的砂岩骨架中，骨架中黏弹性的黏土使弹性波发生衰减。当砂岩为部分饱和时，由于地震波诱发的黏滞液体流导致地震波产生另外的一种衰减。问题的关键是在评价整个衰减性质时如何将这两种不同的衰减机制分别考虑进去。

假定第一种衰减机制将输入信号的振幅 A_0 降低了一个比例因子为 α，当波传播距离为 x 时，有 $A_1 = A_0 \exp(-\alpha_1 x)$，在第二种衰减机制单独衰减的振幅比例因子为 m，传播距离同样为 x，输入振幅为 A_0 的输入信号，它使得入射信号振幅从 A_0 变化到 $A_2 = \exp(-\alpha_2 x)$。假定这两种衰减机制同时产生作用，地震波传播距离为 x 时，这两种衰减作用对初始振幅的衰减因子为 nm，最终的振幅为：

$$A_{\mathrm{Sum}} = nm A_0 = \frac{A_1}{A_0}\frac{A_2}{A_0}A_0 = A_0 e^{-\alpha_1 x} e^{-\alpha_2 x} = A_0 e^{-(\alpha_1 + \alpha_2)x} \tag{15-6}$$

式（15-6）表明在计算衰减系数可以将独立的衰减作用简单地叠加起来。当进一步假设不同的衰减作用相速度和主频相同时，就可以将从由式 15-2 计算的 Q^{-1} 算数相加，而 Q 则调和相加。

那么，如何扩展在其他空间呢？当输入信号的振幅 A_0，波在一个衰减系数为 α_1 的介质中传播的距离为 x_1，其振幅将会减小到 $A_1 = A_0 \exp(-\alpha_1 x_1)$，如果波进一步在另外一种衰减系数为 α_2 的介质中传播的距离为 x_2，其振幅将继续衰减至 $A_2 = A_1 \exp(-\alpha_2 x_2)$。因此：

$$A_2 = A_0 e^{-(\alpha_1 x_1 + \alpha_2 x_2)} \equiv A_0 e^{-\alpha(x_1 + x_2)} \tag{15-7}$$

式中，α 为波传播过 $x_1 + x_2$ 距离中时的平均衰减系数，可以写作：

$$\alpha = \alpha_1 \frac{x_1}{x_1 + x_2} + \alpha_2 \frac{x_2}{x_1 + x_2} \tag{15-8}$$

式（15-8）表明，衰减系数可以算术相加（作为 $<\alpha>$）。

严格来说，品质因子的倒数不能简单地进行算术相加，因为 $Q^{-1} = \alpha v/\pi f$，由于每一层相速度和主频都不同。在一个厚层中其正确的表达式应为：

$$\overline{Q^{-1}\frac{\pi f}{v}} = \left\langle Q^{-1}\frac{\pi f}{v} \right\rangle \tag{15-9}$$

品质因子的倒数的平均可以通过平均速度和平均衰减因子来定义，即：

$$\overline{Q^{-1}} = \overline{\alpha}\,\overline{v}/\pi f \tag{15-10}$$

式中，$\overline{\alpha}$ 为衰减系数算数平均；$\overline{v}$ 为平均速度，通常用弹性模量 $M = \rho v^2$ 的 Backus（调和）

平均来计算；ρ 为体密度，且有：

$$\overline{v} = \sqrt{\overline{M} / \overline{\rho}}, \overline{M} = \left\langle M^{-1} \right\rangle^{-1}, \overline{\rho} = \left\langle \rho \right\rangle \tag{15-11}$$

15.2 衰减和模量（速度）频散

如果物理材料对荷载的变形响应不仅取决于荷载的大小，而且还取决于荷载的变化率，则该材料称为黏弹性材料。而在弹性材料中，应力张量为 σ_{ij}，可通过胡克定律与应变张量 ε_{ij} 联系起来：

$$\sigma_{ij} = \lambda \delta_{ij} \varepsilon_{kk} + 2\mu \varepsilon_{ij} \tag{15-12}$$

式中，λ 和 μ 为拉梅系数。这种关系在黏弹性材料中更为复杂（Mavko 等，2009）。表示这些关系的本构公式的例子有不少，对于 Maxwell 固体有：

$$2\dot{\varepsilon}_{ij} = \dot{\sigma}_{ij} / \mu + \sigma_{ij} / \eta \tag{15-13}$$

对于 Voigt 固体有：

$$\sigma_{ij} = 2\eta \dot{\varepsilon}_{ij} + 2\mu \varepsilon_{ij} \tag{15-14}$$

对于标准线性固体有：

$$\eta \dot{\sigma}_{ij} + \left(E_1 + E_2 \right) \sigma_{ij} = E_2 \left(\eta \dot{\varepsilon}_{ij} + E_1 \varepsilon_{ij} \right) \tag{15-15}$$

式中，E_1、E_2 为附加弹性模量；η 为类似于黏滞度的材料常数。

如果用胡克定律来计算黏弹性介质的弹性模量，这些模量由于应变和应力之间的相移而变得非常复杂。当然，在这些模量的表达式中出现虚部只是为了数学上计算方便。

从物理上讲，这仅仅表明黏弹性材料对应力的形变响应不是瞬时的，而是随时间的变化而变化的。实际上，需考虑一下由弹簧和阻尼器组合的 SLS 物理表现（图 15-1）。由于黏性阻尼元件的存在，系统对快速激励的反应会更加剧烈，对缓慢激励的反应会更柔缓。

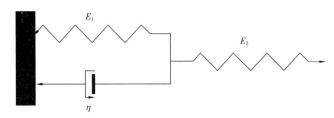

图 15-1　由标准线性固体本构公式（式 15-15）描述弹簧 / 阻尼器系统及其响应

换句话说，系统在高频激励下的视等效模量要大于低频激励下的视等效模量。这种效应会转化为高频波的速度高于低频波的速度。通常称之为速度频散或模量的频散。

在黏弹性介质中，模量的频散和 Q^{-1} 可由 Kramers-Kronig 关系确定（Mavko 等，2009）：

$$Q^{-1}(\omega) = \frac{|\omega|}{\pi M_R(\omega)} \int_{-\infty}^{\infty} \frac{M_R(\alpha) - M_R(0)}{\alpha} \frac{d\alpha}{\alpha - \omega}$$

$$M_R(\omega) - M_R(0) = \frac{-\omega}{\pi} \int_{-\infty}^{\infty} \frac{Q(\alpha) M_R(\alpha)}{|\alpha|} \frac{d\alpha}{\alpha - \omega} \tag{15-16}$$

式中，ω 为角频率，$M_R(\omega)$ 的是用复数表示的模量 $M(\omega)$ 的实部。

两个简单的黏弹性模型给出了将衰减与模量的频散联系起来的例子（Mavko 等，2009）。根据 SLS，弹性模量 M 与线性频率 f 有关：

$$M(f) = \frac{M_0 M_\infty \left[1 + (f/f_{CR})^2 \right]}{M_\infty + M_0 (f/f_{CR})^2} \tag{15-17}$$

式中，M_0 为低频极限；M_∞ 为高频极限；f_{CR} 为从低频极限过渡到高频极限的临界频率。

相应的 Q^{-1} 可写为：

$$Q^{-1}(f) = \frac{(M_\infty - M_0)(f/f_{CR})}{\sqrt{M_0 M_\infty} \left[1 + (f/f_{CR})^2 \right]} \tag{15-18}$$

在频率 $f = f_{CR}$ 时，Q^{-1} 达到最大：

$$Q^{-1}_{max} = \frac{M_\infty - M_0}{2\sqrt{M_0 - M_\infty}} \tag{15-19}$$

常数（或者近似于常数）的 Q（CQ）模型假设品质因子在一个频率范围内是常数。Q^{-1}_{max} 近似等于：

$$Q^{-1}_{max} \approx \frac{\pi}{\lg(f_1/f_0)} \frac{M_1 - M_0}{2M_0} \tag{15-20}$$

式中，M_0 为频率为 f_0 时的模量，M_1 为频率为 f_1 时的模量，这两个频率（f_1 和 f_2）都处于固定 Q 值时的频率范围之内。由式（15-21）可以得到模量变化与频率变化的对数成正比，即：

$$M = M_0 \left(\frac{2}{\pi Q} \lg \frac{f}{f_0} + 1 \right) \tag{15-21}$$

15.3 品质因子

连续准确的 Q 场是非常稀少的，因为在实际中很难从反射地震、跨孔地震、VSP 以及全波列测井数据中提取到衰减系数。

从地震同相轴中获取的 Q 往往偏高。Hamilton（1972）认为在海洋沉积物中湿砂岩的 Q 大概为 30，最高可达到 100，在黏土和粉砂岩中高达 400。Kvamme 和 Havskov（1989）测得在 10Hz 时 Q 约为 950，但 Lilwall（1988）测得地壳上部 3km 地层中 Q 为 100～200。

Learly 等（1988）用 VSP 测得在地下 1.8km 处基岩中 Q 值可达 300。Quan 和 Harris（1997）在 Devine 测试点用跨孔层析估算了频带范围从 200～2000Hz 之间衰减系数。在软砂岩或者泥岩（纵波速度为 2.6～3.0km/s）地层中 Q 介于 30～50，在白垩岩和石灰岩中 Q 可达 100。Hackert 和 Parra（2004）认为，在佛罗里达碳酸盐高孔隙蓄水层中纵波速度为 2～3km/s，密度为 $2g/cm^3$，通过高分辨率二维地震测得的 Q 为 33。

Klimentos（1995）所做的研究有一些与油气勘探相关。在他发表的文章中提出，基于波形分析，孔隙度为 12% 的含气砂岩的 Q 低至 5～10（即 Q^{-1} 为 0.1～0.2），但是在油饱和或者水饱和时，Q 很容易就能超过 100（即 $Q^{-1}<0.01$）。地震波在部分气饱和的岩石中衰减很快，而在充满液体的岩石中衰减比较慢。

在实验室测得的衰减值往往要比现场测得衰减值要大。尽管如此，确定的是岩石中部分气饱和可以导致非常大的衰减值。另外，在比较小的气饱和时衰减量达到一个峰值（图 15-2），因而它具有用来监控地下气藏开采的潜力。另外在非常干燥的砂岩中没有观测到衰减的存在（图 15-3）。

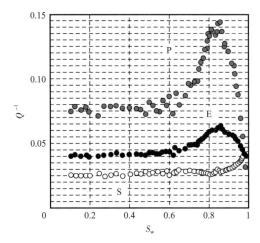

图 15-2　Massillon 砂岩 Q^{-1} 随水饱和度的变化（Murphy，1982）

频率为 300～600Hz。图中黑色和浅灰色的数据分别为实测的延伸波和横波数据（分别为黑色和浅灰色）。

纵波 Q^{-1}（深灰色）由这些数据计算得到（计算公式见 Mavko 等，2009）

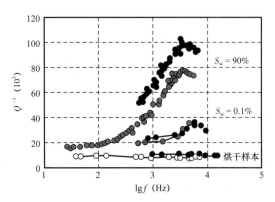

图 15-3　含水饱和度为 90%、0.1% 及微波烘干的 Massillon 砂岩岩石样本的

Q^{-1} 随频率的变化（据 Murphy，1982）

延伸波数据为黑色，横波数据为浅灰色

图 15-2 和图 15-3 所示的延伸波数据来自在侧面没有应力时岩石的谐振棒实验。因此，波的传播受杨氏模量 E 的控制，而不受纵波模量 M 的控制，因此波的粒子沿传播方向运动（也有一个粒子运动分量与之垂直）速度称为扩展波速度，且 $v_e : v_e = \sqrt{E/\rho}$。在第 2 章中讨论了杨氏模量 E 与其他弹性常数的关系（式 2-2）。

15.4 部分饱和时模量的频散和衰减

15.4.1 松弛和不松弛的斑块

实际应用中使用的地震波频率范围跨越四个数量级，从 10Hz（地震）到 10^4Hz（声波测井）。孔隙尺度的 Biot 和喷射流衰减机制（Mavko 等，2009）不适用于这些频率。在部分饱和岩石中，全饱和斑块与部分含气饱和围岩之间的液体振荡流动可能会产生粘弹性效应和衰减。这些斑块的长度往往比孔隙尺度大几个数量级。

为了明确斑片状饱和存在的物理原因，建立一个相对大的岩石模型，其中包含几个较小的砂体，它们的黏土含量或颗粒大小均不同。这种差异通常会在一定程度上显著影响渗透率和孔隙度（Yin，1992），同时也会影响毛管压力曲线和束缚水饱和度。

在毛细管平衡状态下，束缚水饱和度不同的相邻斑块毛细管压力相同。因此，在部分饱和时，一些斑块（具有较大的束缚水饱和度）可能是完全水饱和，而其他斑块（具有较小的束缚水饱和度）可能含有气体（Knight 等，1998）。整个岩石模型的流体分布是斑状的。

Chatenever 和 Calhoun（1952）、Cadoret（1993）发现了在实验室的油 / 水和空气 / 水系统中可能形成斑块的直接证据。Brie（1995）和 Dvorkin 等（1999）提出了证明斑块饱和存在的间接证据。

弹性波传播引起的斑状饱和岩石对载荷的反应取决于波的频率。如果频率较低，即加入载荷速度较慢，则完全液体饱和斑块和其周边部分饱和区域的孔隙压力趋于平衡状态。这时这个斑块是"松弛"的。相反，如果频率高，即岩石的加载载荷速度快，孔隙压力的振荡变化在完全饱和斑块和外部区域之间就无法很快达到平衡。这个斑块是"不松弛的"。未松弛斑块的反应不受其附近气体的影响。

松弛斑状饱和的临界尺寸 L 可以由下式来估计（见第 2 章）：

$$L = \sqrt{\frac{1}{f}\frac{kK_w}{\phi\mu}} \qquad (15-22)$$

式中，k 为渗透率；K_w 为液体的体积模量；ϕ 为孔隙度；μ 为斑状饱和中液体的动态黏度。

图 15-4 显示了临界尺寸的计算示例。在频率 100Hz 和渗透率 1D 时，这个尺寸约为 0.3m，这意味着较大块的斑状饱和将不松弛，较小的斑状饱和将会松弛。对于渗透率 1mD，临界尺寸约为 0.01m，这意味着任何较大尺寸的斑状饱和在 100Hz 时都不会松弛。

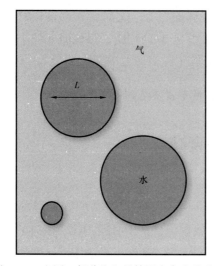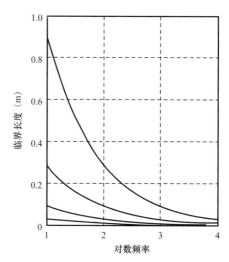

图15-4 左图：部分饱和的储层中完全饱和斑块宏观示意图；右图：由式15-23计算得到的
体积模量为2.5GPa，黏度为1cPs的斑状水饱和时临界长度随频率的变化

斑状物的孔隙率为0.3，最下方曲线的渗透率为1mD，最上面曲线的渗透率为1D，两者之间有数量级的增量

1. 松弛斑块——低频弹性模量

如果部分饱和岩石中的所有斑块都是松弛的（这种情况发生的概率非常低），则对于整个范围内的液体和气体使用等效孔隙流体的概念是有效的。该混合物的等效体积模量（K_f）为水的体积模量（K_w）和气的体积模量（K_g）的调和平均值：

$$\frac{1}{K_f} = \frac{S_w}{K_w} + \frac{1-S_w}{K_g} \tag{15-23}$$

式中，S_w为含水饱和度。这种类型的孔隙流体平均代表流体是均匀饱和的。

对于部分饱和区域的体积模量K_{Sat0}，可以通过Gassmann公式确定（见第2章）：

$$K_{Sat0} = K_s \frac{\phi K_{Dry} - (1+\phi) K_f K_{Dry} / K_s + K_f}{(1+\phi) K_f + \phi K_s - K_f K_{Dry} / K_s} \tag{15-24}$$

式中，K_{Dry}为岩石干骨架的体积模量；K_s为矿物成分的体积模量；ϕ为总孔隙度。部分饱和区域的剪切模量G_{Sat}与干岩骨架的剪切模量G_{Dry}相同。在低频时纵波模量（M_{Sat0}）为：

$$M_{Sat0} = K_{Sat0} + \frac{4}{3} G_{Dry} \tag{15-25}$$

因为纵波速度只有通过纵波速度流体替换才能得到（Mavko等，1995；见第二章），可以通过干岩石骨架的纵波模量（M_{Dry}）直接计算饱和岩石的纵波模量：

$$M_{Sat0} = M_s \frac{\phi M_{Dry} - (1+\phi) K_f M_{Dry} / M_s + K_f}{(1-\phi) K_f + \phi M_s - K_f M_{Dry} / M_s} \tag{15-26}$$

式中，M_s为组成骨架的矿物的纵波模量。

2. 非松弛斑状饱和——高频弹性模量

在高频时可能会发生部分饱和岩石中的斑块是不松弛的，那么等效孔隙流体的概念就不再适用。完全饱和斑块的体积模量（K_p）将是完全液体饱和时岩石的体积模量：

$$K_p = K_s \frac{\phi K_{Dry} + (1+\phi) K_w K_{Dry} / K_s + K_w}{(1-\phi) K_w + \phi K_s - K_w K_{Dry} / K_s}$$ （15-27）

式中，K_p 为完全液体饱和斑块的体积模量。

假设部分饱和岩石中的所有液体都集中在完全饱和斑块中，而岩石的其余部分充满气体，则模型中完全饱和斑块的所占的区域的体积为 S_w。如果再假设对于液体饱和与气体饱和部分的剪切模量完全一样，斑状饱和部分的等效纵波模量 $M_{Sat\infty}$ 为完全饱和时的纵波模量（M_p）和干骨架纵波模量的调和平均（Mavko 等，2009；见第二章），即：

$$1 / M_{Sat\infty} = S_w / M_p + (1-S_w) / M_{S_w=0}$$ （15-28）

或者用体积模量和剪切模量表示为：

$$\frac{1}{K_{Sat\infty} + (4/3) G_{Dry}} = \frac{S_w}{K_p + (4/3) G_{Dry}} + \frac{1-S_w}{K_{S_w=0} + (4/3) G_{Dry}}$$ （15-29）

式中，$K_{S_w=0}$ 为气充填斑块的体积模量。其中：

$$K_{S_w=0} = K_s \frac{\phi K_{Dry} - (1+\phi) K_g K_{Dry} / K_s + K_g}{(1-\phi) K_g + \phi K_s - K_g K_{Dry} / K_s}$$ （15-30）

完全饱和时的纵波模量（M_p）和干骨架纵波模量分别可以通过 Mavko 等提出的纵波速度流体替换公式得到：

$$M_p = M_s \frac{\phi M_{Dry} - (1+\phi) K_w M_{Dry} / M_s + K_w}{(1-\phi) K_w + \phi M_s - K_w M_{Dry} / M_s}$$ （15-31）

和

$$M_{S_w=0} = M_s \frac{\phi M_{Dry} - (1+\phi) K_g M_{Dry} / M_s + K_g}{(1-\phi) K_g + \phi M_s - K_g M_{Dry} / M_s}$$ （15-32）

15.4.2 模量的频散衰减

流体均匀饱和和流体斑状饱和的纵波模量之间的差异本质上是部分饱和岩石的模量的频散。为了计算衰减，必须假设岩石是粘弹性的，并选择一个模型来描述。一种简单的方法（但不一定是唯一的方法）是使用式（15-20）计算某个特定模量频散的 Q^{-1}_{max}。

以孔隙度为 0.30 的软砂岩为例，黏土含量为 5%，干骨架体积和剪切模量分别为 2.60GPa 和 3.20GPa。水和气体的体积模量分别为 2.64GPa 和 0.04GPa。图 15-5 显示了该公式计算的不同水饱和度时该砂体的低频和高频纵波模量。在干燥和完全水饱和时，计算得到岩石低频和高频纵波模量差异为零，差异的最大值出现在水饱和度为 0.9 时。

还要注意 Gassmann 流体替代结果与纵波速度流体替代的结果差异非常小（图 15-5），因此后者可以作为前者的精确近似。

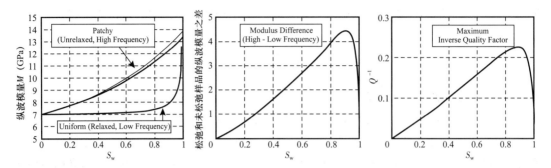

图 15-5 左图：未松弛的纵波模量随含水饱和度的变化曲线。粗的曲线为流体替代，黑色的曲线纵波只有流体替代。中图：松弛和未松弛的样品的纵波模量之差随含水饱和度的变化曲线。右图：根据式 15-34 计算得到的 Q^{-1}_{max}

假设高频的纵波模量 $M_{Sat\infty}$，可以通过式 15-28 计算得到，而低频的纵波模量即 M_{Sat0}，可以通过式（15-26）计算得到，最终可以通过高频和低频模量的标准线性固体关系以及 Q^{-1}［式（15-19）］来计算最大可能的 Q^{-1}_{max} 作为饱和度的函数，即：

$$Q^{-1}_{Pmax} = \frac{M_{Sat\infty} - M_{Sat0}}{2\sqrt{M_{Sat\infty} M_{Sat0}}} \qquad （15-33）$$

在式 15-34 中用到了纵波模量，因此得到的 Q^{-1} 与纵波的传播有关。图 15-5 为计算得到的品质因子随饱和度的变化曲线，在水饱和度为 0.9 时，Q^{-1} 达到最大值，对于未松弛和松弛的斑状饱和的纵波模量之差也是如此。

Cadoret（1993）使用了同样方法通过实测的碳酸盐岩样品部分饱和时的速度来估计衰减，其中一个样品是均匀饱和的，另外一个样品是斑状饱和的。这个理论估算的衰减与实测的衰减非常相近（图 15-6）。

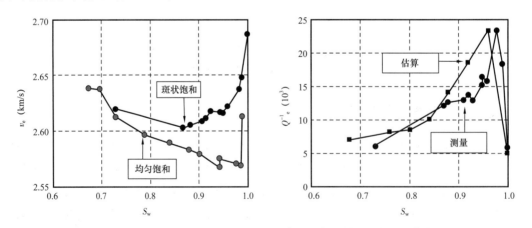

图 15-6 Cadoret（1993）用谐振棒技术在石灰岩样品上获得的数据

左图：在同一岩石样品中斑状饱和（黑色）和均匀饱和（灰色）的速度随含水饱和度变化曲线；右图：在斑状饱和状态下测量的品质因子倒数（黑色圆点）与常数 Q 模型时由式 15-2 基于斑状饱和均匀饱和模量之差估算的品质因子的倒数（黑色方块）

需要强调的是，尽管 Q^{-1}_{Pmax} 是随饱和度变化的，它是根据式（15-18）计算的固定饱和度下最大品质因子的倒数，只在临界频率 f_{CR} 下发生。在其他任何频率下，它都小于根据式（15-33）计算得到的品质因子的倒数。通常天然岩石的临界频率是未知的，因此这个 Q_{Pmax}^{-1} 是一个估计值，而不是一个精确值。它提供了纵波穿过岩石时振幅衰减的最极端情况。

许多学者试图从理论上将衰减与频率联系起来（Mavko 等，2009）。然而，所有这些理论都需要输入一些参数（如饱和斑块的大小），而这些需要输入的参数在实际情况中是无法得到的。因此引入估计上限是必要的，在通过合成地震记录来评估振幅衰减时非常有用。但需要注意的是，在岩石中波传播引起的流体位移而导致的能量损失只是振幅降低的一个因素。其他因素，包括几何扩散和散射，在地球物理学和材料科学中也得到了广泛的研究（Mavko 等，2009）。

由于水合物的存在，岩石显著硬化，Dvorkin 和 Uden（2004）从理论上计算了在一气井中由于部分井段存在天然气水合物引起强弹性非均质性而导致的地震波衰减。他们估计，散射衰减能量约为孔隙流体中波传播导致流体振荡能量损失的30%（见第16章）。

15.4.3　束缚水饱和度的作用

在真实气藏中，具有束缚水饱和度 S_{wi}。假设当 $S_w < S_{wi}$，孔隙流体在岩石内分布均匀。这种情况在第2章中用均匀分布和斑状分布的结果进行了验证，如图2-5所示。束缚水饱和度很大程度上取决于岩石中的毛细管压力，而毛细管压力又取决于孔隙几何形状、孔隙度和孔隙空间的表面积。后两个参数又影响着渗透率。这就是几个经验公式都将渗透率（k）与束缚水饱和度和孔隙度（ϕ）联系起来的原因。Timur（1968）曾提出如下公式：

$$S_{wi} = 11.59\left(\phi^{1.26} / k^{0.35}\right) - 0.01 \tag{15-34}$$

式中，渗透率 k 的单位为 mD，孔隙度 ϕ 为分数而不是百分数。

接下来使用图15-5所示的例子来研究 Q^{-1}_{max} 与束缚水饱和度 S_{wi} 的变化关系。图15-7为计算的结果，从中可以看出，斑状饱和模量和均匀饱和模量之间的差异随着束缚水饱和度 S_{wi} 的增大而减小。Q^{-1}_{max} 变化规律也是如此。这一结果对于利用衰减来计算烃类的饱和度具有重要意义。如果储层中的束缚水饱和度较小，而在生产过程中含水饱和度逐渐增加，则图15-7所示的曲线是相关的，因此，可以看出随着储层中烃类的枯竭，模量的衰减会增加。另一方面，如果储层中的束缚水饱和度很大，原始储量是非经济性的（通常称为"非经济可采天然气"情况），那么衰减就不一定能作为原始水饱和度指标。

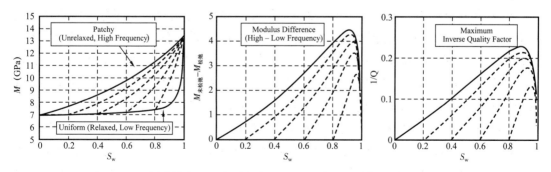

图15-7　不同束缚水饱和度（虚线）下纵波模量和品质因子倒数变化曲线

（未展示仅用纵波速度流体替代的结果）

这一结果强调了使用地震衰减作为油气饱和度指标的不确定性。笔者认为，任何地震属性，包括从地震数据中提取的衰减，都不应独立地应用于对地下地质体的精细分析，这些分析可能为地震数据背后的真实情况提供重要证据。文献中对"非商业天然气"情况的分析很少。O'Brien（2004）曾做了这样一个分析：这种特殊情况就是气藏上方的盖层破裂（泥岩盖层被几条可渗透的断层穿透）是造成气藏没有商业油气开采价值的原因。由于较高的束缚水饱和度，这是一种气体动态泄漏，而不是静态的。因此，从O'Brien（2004）分析的情况中，可以预想到会存在异常大的衰减。

15.5　湿岩石的模量频散与衰减

通过试验证明，地震波穿过部分水饱和的岩石时，能量必定会有所损失。尽管如此，地下大部分地质体是完全润湿的，地震波在穿过这种岩石时能量也会衰减。尽管这种能量损失通常比在油气藏中能量的损失要小，但是地震波穿过地下润湿的地质体的路径通常比穿过油气藏的路径要长得多，它也能对地震波振幅产生非常大的影响，那么如何估计这种损失呢？

15.5.1　弹性非均匀性和宏观喷射流

假设含流体的多孔岩石中的地震能量是由于波传播引发的流体来回振荡而耗散的。黏性流动不可逆地将部分能量转化为热能。由于黏性流体相（水）在气饱和孔隙空间中进出，这种流动在部分饱和岩石中尤其明显。这种粘弹性摩擦损失也可能发生在具有弹性非均质性的湿岩石中。由应力波引起的形变在较软的岩石中表现得比较明显，而在较硬的岩石中则不太明显。固体骨架变形时的空间非均质性迫使流体在岩石较软和较硬的部分之间来回流动。这种来回流动在所有空间尺度上都有可能发生。

微观"喷射流"是在亚毫米孔隙尺度上发生的，因为一个单独的孔隙可能由柔软的裂缝和横纵比相差不大的坚硬部分组成（Mavko 和 Jizba，1991）。岩石骨架弹性模量中的弹性非均质性可能导致宏观的"喷射流"现象，而这现象与地震勘探尺度更为相关。Pride 等（2003）提出的"双孔"模型对这一机制进行了严格的数学描述。然而，有一种更简单的方法来量化宏观"喷射流"对地震波衰减的影响。

在一个完全水饱和（润湿）的岩石模型中，由两部分组成：一部分（岩石体积的80%）是非常软的泥质，孔隙度为0.4，黏土含量为0.8（其余部分为石英），纵波速度为1.9km/s；剩余部分（岩石体积的20%）为干净的高孔隙度微胶结砂体，孔隙度为0.3，纵波速度为3.4km/s。泥岩中的纵波模量为7GPa，砂岩中的纵波模量为25GPa。由于砂体和页岩的硬度不同，波在传播过引发的形变也不尽相同，这就导致了宏观的"喷射流"现象。

在高频情况下，砂质和泥岩之间基本上没有流体的来回振荡，因为流体在短周期振荡中不能及时发生流动。整个模型的等效弹性模量为两部分的模量（Mavko 等，2009）的调和平均，即 $M_\infty = 16\text{GPa}$。在低频时，流体的来回振荡更容易发生。在这种情况下，砂岩和泥岩组成的骨架发生变形，联合起来对流体产生作用。泥岩组成干骨架纵波模量为

2GPa，而砂岩组成的干骨架的纵波模量为20GPa。由两者组成的干骨架的纵波模量为两者纵波模量的调和平均，为7GPa。岩石模型的平均孔隙度为0.32。为了估算含水的干骨架的等效纵波模量，在理论上通过流体替换将水引入这个模型骨架中。计算得到等效纵波模量$M_0=13$GPa。那么根据式（15-20）计算得到的Q_{max}^{-1}比较大，约为0.1（即$Q=10$），在频率为50Hz时，这将转变为一个显著的衰减系数，即0.05dB/m。

15.5.2 垂向地层中的应用

上述用于计算湿岩平均衰减系数的方法可以通过移动平均窗口应用到测井曲线中（Dvorkin 和 Mavko，2006）。具体来说，在非均质层中，利用每个部分的孔隙度的算数平均数来计算ϕ_{Eff}：

$$\phi_{Eff} = \langle \phi \rangle \tag{15-35}$$

然而干骨架的等效纵波模量M_{DryEff}，为各部分纵波模量的Bucks平均，即：

$$M_{DryEff} = \langle M_{Dry}^{-1} \rangle^{-1} \tag{15-36}$$

频率非常低时，饱和岩石的等效纵波模量可以用纵波速度流体替代（Mavko 等，1995）计算得到：

$$M_o = M_s \frac{\phi_{Eff} M_{DryEff} - (1+\phi_{Eff}) K_w M_{DryEff} / M_s + K_w}{(1-\phi_{Eff}) K_w + \phi_{Eff} M_s - K_w M_{DryEff} / M_s} \tag{15-37}$$

式中，M_s为矿物平均纵波模量。假设岩石的所有部分纵波模量都相同。M_s可以通过地层中的所有组成矿物的纵波模量平均估算，例如 Hill（1952）的平均值（见第2章）。

频率高时，该区间的各个部分表现为不松弛或不排水，这意味着由于振荡周期较小且孔隙流体具有黏性，因此根本无法产生振荡流。在这种情况下，各部分的饱和岩石纵波模量可用纵波速度流体替代单独计算。整个模型的等效饱和岩石纵波模量为所有组成部分饱和岩石纵波模量的Backus平均值：

$$M_\infty = \left\langle \left(M_s \frac{\phi M_{Dry} - (1+\phi) K_f M_{Dry} / M_s + K_f}{(1-\phi) K_f + \phi M_s - K_f M_{Dry} / M_s} \right)^{-1} \right\rangle^{-1} \tag{15-38}$$

最后，地层中滑动窗口中间位置的Q_{max}^{-1}可由式15-19，即$0.5(M_\infty - M_0)/\sqrt{M_0 M_\infty}$计算得到。

15.5.3 来回振荡流动的长度和频率

通常用来计算衰减理论方法是假设在一个实际频率范围内，波引发的振荡流可以在两个弹性不同的相邻部分之间产生。产生弹性非均质性的尺度由式（15-23）得出，与渗透率的平方根成正比。泥岩的渗透率通常很低，为$1 \times 10^{-4} \sim 1 \times 10^{-2}$mD，甚至更小。因此，估算得到渗透率为$1 \times 10^{-3}$mD、孔隙$\phi$为0.2、$K_w$为2.7GPa，$\mu$为1cPs的泥岩，其振荡流的尺度大约为1mm。这种尺度上的弹性非均质性是无法从测井数据中得到的。因此，为了使理论更加有效，需要假设在测井尺度上可见的非均质性反映了更微观的非均质性（或者延伸到更细微的尺度）。

如果弹性非均质性的最小尺度是已知的，式（15–22）也可用来估计振荡流可能发生的频率，如果该尺度为 0.5ft（典型的测井尺度），则该频率（f_{CR}）大约为 0.001Hz，这表明如果泥岩在 0.5ft 以内是弹性均匀的，那么在任何实际频率下泥岩都表现为"不松弛"。

尽管假设岩石中弹性非均质性的尺度比测井尺度小得多，可以通过岩石在空间上重复分布来证明本书理论的正确性，从下面的例子中可以清楚地看到，这里提出的理论可以估算出比较真实的衰减值，可以用来评估对地震振幅的影响。

15.6 实例

图 15–8 为由本章提出的理论计算得到的一口位于海上气井的品质因子倒数。在整个 1.5km 长的层段内计算窗口的长度为 15m。用相同的窗口长度对含气段的品质因子进行算术平均。润湿段的衰减属性值小，只有在弹性非均质可分辨的地方才有峰值出现（图 15–8 中 Q_p^{-1} 最大的两个峰值）。当品质因子的倒数接近 0.10 时，含气层的衰减相对较大。这似乎是一个比较真实的数字，与实验室所得到的数字相近（图 15–2）。

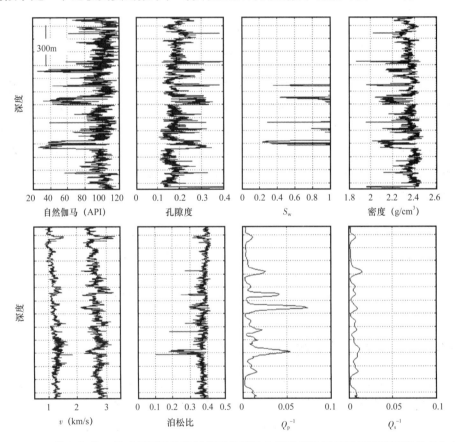

图 15–8 一口海上气井，最后两幅图为计算得到的纵波和横波品质因子的倒数随深度的变化曲线，品质因子的倒数由运行的一个算术平均滤波器平滑

绘制纵波和横波的品质因子的倒数（参见下面的横波衰减理论）之比与纵横波速度比是非常具有指导意义的（图 15-9）。这两种属性都指示天然气存在，但是其值都很小。图中 15-9 中值得关注的特征是，在含气相段内，含水饱和度越大，Q_p^{-1}/Q_s^{-1} 越大。根据这一结果，在这个实例中衰减是基于模型估算得到的，所以将 Q_p^{-1}/Q_s^{-1} 应用于定量描述含气饱和度时需要谨慎。

接下来再看一个油井的实例（图 15-10）。上个例子中天然气的体积模量平均值为 0.13GPa，本例井中的烃类是石油，而石油的体积模量平均值为 0.45GPa，所以它比天然气更难以压缩。由于弹性介质的非均质性引起的衰减上升似乎与由于烃存在引起的衰减一样；另外，本例中品质因子的倒数 Q_p^{-1} 都不超过 0.02，而在气井中含气段的品质因子的倒数则高达 0.075。

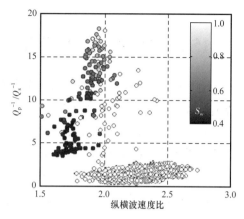

图 15-9 纵横波品质因子倒数之比与
速度比的关系，色条为含水饱和度
（数据来自图 15-8 中的示例）

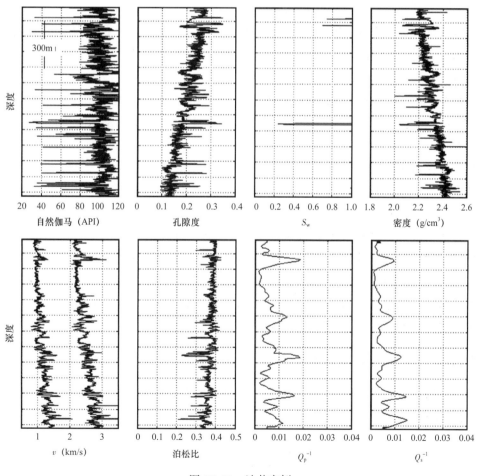

图 15-10 油井实例

15.7 地震记录中衰减的影响

为了展示衰减是如何影响地震数据的，采用与之前相同的射线示踪算法方法来模拟合成地震数据，根据式 15-1 来计算振幅降低。

图 15-11 显示了在井点处不考虑衰减和使用品质因子的倒数来合成地震道集。在此合成地震道集中同样采用了三个频率为 30Hz、45Hz 和 60Hz 的 Ricker 子波。随着频率增加，含气层段内反射减弱。这是因为频率越大，波长就越短，振幅衰减距离也就越短。

图 15-12 为图 15-1 所示的油井的测井解释结果和地震道（考虑衰减和未考虑衰减）。

15.8 横波衰减的近似理论

虽然横波衰减在合成 P—P 波地震反射时没有发挥作用，本节中仍然介绍计算横波品质因子倒数的方法（Dvorkin 和 Mavko，2006）。

15.8.1 数据

实验室对小岩样的超声频带范围内和比较大的岩样在较低频率范围内使用谐振棒技术进行的测量表明，横波品质因子倒数（Q_s^{-1}）对含水饱和度的依赖性较弱，与全饱和时纵波品质因子倒数（Q_p^{-1}）大致相同（即 $Q_s^{-1} \approx Q_p^{-1}$）。

这里的数据包括来自 Murphy（1982）的 Massillon 砂岩谐振棒数据（图 15-2）和 Vycor 玻璃体的超声波数据（图 15-13）。Vycor 玻璃体的数据与 Winkler（1979）展示的数据非常相近。Prasad（2002）揭示了在超声频率下松散、高孔隙度砂样的纵波和横波衰减系数比较接近（图 15-13）。Lucet（1989）表明，在超声频带中，灰岩样品的纵波衰减与横波的衰减非常接近。然而，在低（谐振棒）频率时，Lucet 进行的实验中，Q_p^{-1} 略大于 Q_s^{-1}。

可靠的现场纵波和横波的衰减系数比实验室数据更加稀少。Klimentos（1995）从测井资料中得到了一些有用的结果，在液体饱和砂岩中，横波衰减系数与纵波衰减系数大致相同，而在气饱和砂岩中，纵波衰减系数要比横波衰减系数大得多。Sun 等（2000）通过单极声波数据计算了纵波和横波的衰减，纵波衰减系数 Q_p^{-1} 和横波衰减系数 Q_s^{-1} 在低泥岩含量地层中基本一致，但在泥岩中则不尽相同。

15.8.2 模量的衰减和频散

第一个假设是品质因子的倒数与模量的频散之间存在因果关系，例如，对于标准线性固体（Mavko，2009），有：

$$2Q_p^{-1} = \frac{M_\infty - M_0}{\sqrt{M_0 M_\infty}}, \ 2Q_s^{-1} = \frac{G_\infty - G_0}{\sqrt{G_0 G_\infty}} \tag{15-39}$$

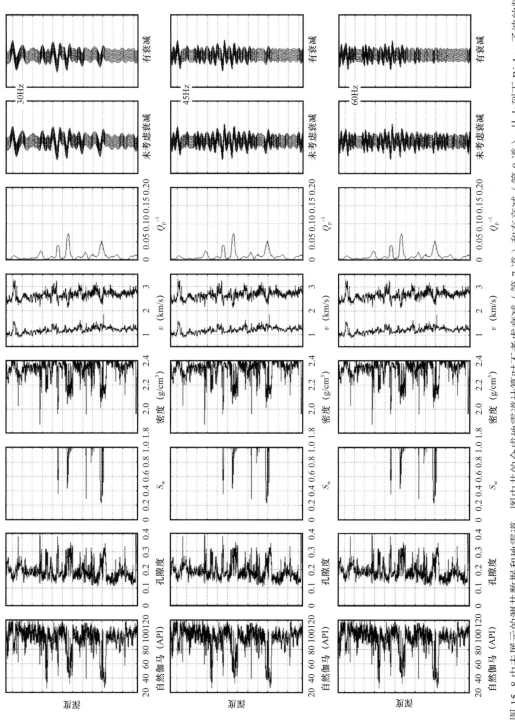

图 15-11　图 15-8 中未展示的测井数据和地震道，图中井的合成地震道计算时不考虑衰减（第 7 道）和有衰减（第 8 道），从上到下 Ricker 子波的频率依次为 30Hz、45Hz 和 60Hz

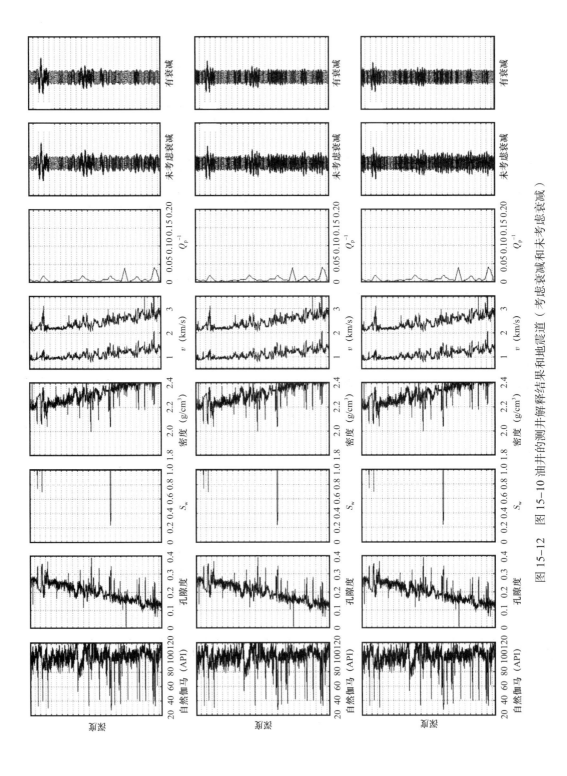

图 15-12　图 15-10 油井的测井解释结果和地震道（考虑衰减和未考虑衰减）

式中，M 和 G 分别为纵波模量和剪切模量，下标"∞"和"0"分别为高频极限和低频极限。同时假设横波的衰减与孔隙中流体是无关的，然后继续在完全水饱和多孔沉积岩中进行分析。

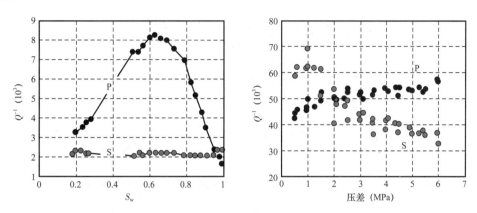

图 15-13　左图：Vycor 玻璃体超声衰减数据 Q^{-1}—S_w 交会图（据 Murphy，1982）；右图：水饱和松散砂体的超声衰减数据 Q^{-1}—压差交会图（据 Prasad，2002）

将纵波模量频散与剪切模量频散联系起来的物理基础是，剪应变形（纯剪应变，图 15-14）中存在的压缩变形。因此，如果一种材料包括黏弹性成分，其在压缩变形—体变形模式下起加强频散的作用，在纯剪切—变形模式下同样起加强作用。Mavko 和 Jizba（1991）利用这一原理估算了在超声频带的孔隙尺度中含液体的软的缝状孔隙对剪切模量频散的作用（微观的喷射流）。结果表明，剪切模量倒数的频散约为体积模量倒数的频散的 4/15。

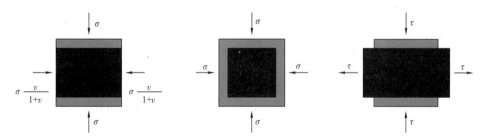

图 15-14　压缩变形（左图）体变形（中图）纯剪切变形（右图）
灰色区域表示未变形，黑色区域表示变形；箭头表示作用在物体上的应力

这里采用相同的原理，也就是，假设湿岩石的纵波模量在高频端和低频端之间的降低是由于在材料中引入了一个假想的平行裂缝，然后依据关于裂缝的 Hudsons 理论（Mavko 等，2009）对这些裂缝进行定量描述。具体来说，在垂直于裂缝组方向上纵波模量的变化量为：

$$M_\infty - M_0 = \Delta c_{11}^{\text{Hudson}} \approx \varepsilon \frac{\lambda^2}{\mu} \frac{4(\lambda+2\mu)}{3(\lambda+\mu)} \equiv \varepsilon \frac{4}{3} \frac{(M-2G)^2}{G} \frac{M}{M-G} \quad （15-40）$$

$$\varepsilon = 3\phi/(4\pi\alpha)$$

其中，$\Delta c_{11}{}^{\text{Hudson}}$ 为各向异性刚度分量的变化量；λ 和 μ 为背景介质的拉梅常数（$\mu \equiv G$）；ε 为裂缝密度；ϕ 为孔隙度；α 为横纵比。

假设 $M = \sqrt{M_0 M_\infty}$，从式（15-40）和式（15-41）中可以得到：

$$2Q_p^{-1} = \frac{M_\infty - M_0}{\sqrt{M_0 M_\infty}} = \varepsilon \frac{4}{3} \frac{(M - 2G)^2}{G(M - G)} = \varepsilon \frac{4}{3} \frac{(M/G - 2)^2}{(M/G - 1)} \qquad (15\text{-}41)$$

由于同一组平行裂缝引起的剪切模量的相应变化由刚度分量 c_{44} 得到。由于裂缝变化引起该分量（$\Delta c_{44}{}^{\text{Hudson}}$）的变化可表示为：

$$G_\infty - G_0 = \Delta c_{44}^{\text{Hudson}} \approx \varepsilon \mu \frac{16(\lambda + 2\mu)}{3(3\lambda + 4\mu)} \equiv \varepsilon G \frac{16}{3} \frac{M}{3M - 2G} \qquad (15\text{-}42)$$

进一步假设 $G = \sqrt{G_0 G_\infty}$，则由式（15-39）和式（15-40）可以得到：

$$2Q_s^{-1} = \frac{G_\infty - G_0}{\sqrt{G_0 G_\infty}} = \varepsilon \frac{16}{3} \frac{M}{3M - 2G} = \varepsilon \frac{16}{3} \frac{M/G}{3M/G - 2} \qquad (15\text{-}43)$$

结合式（15-41）和式（15-43），可以发现：

$$\frac{Q_p^{-1}}{Q_s^{-1}} = \frac{1}{4} \frac{(M/G - 2)^2 (3M/G - 2)}{(M/G - 1)(M/G)} \qquad (15\text{-}44)$$

其中

$$\frac{M}{G} = \frac{2 - 2\nu}{1 - 2\nu} = \frac{V_p^2}{V_s^2} \qquad (15\text{-}45)$$

式中，ν 为泊松比。

利用同一种方法，假设同一组裂缝在材料中具有随机方向，因此不会出现各向异性。在这种情况下，各向同性剪切模量的变化（减小）量 $\Delta \mu^{\text{Hudson}}$ 为：

$$G_\infty - G_0 = \Delta \mu^{\text{Hudson}} \approx \varepsilon \frac{2}{15} \mu \left[\frac{16(\lambda + 2\mu)}{(3\lambda + 4\mu)} + \frac{8(\lambda + 2\mu)}{3(\lambda + \mu)} \right] \qquad (15\text{-}46)$$

因而：

$$2Q_s^{-1} = \frac{G_\infty + G_0}{\sqrt{G_0 G_\infty}} = \varepsilon \frac{16}{15} \left[\frac{2M/G}{(3M/G - 2)} + \frac{M/G}{3(M/G - 1)} \right] \qquad (15\text{-}47)$$

式（15-44）和式（15-48）展示了两种从 Q_p^{-1} 求取 Q_s^{-1} 的方法。需要重点强调的是，在这些计算中，必须使用润湿岩石的 Q_p^{-1}，也就是说，在烃饱和的地层中，必须要用水替代原始流体以计算 Q_p^{-1}。

图 15-15 为由式（15-44）和式（15-48）计算得到的 Q_p^{-1}/Q_s^{-1} 随泊松比的变化曲线。这两条曲线互不相同，但是泊松比在 0.3～0.35 之间时（这是典型的润湿沉积物，与实验室观测结果一致）计算得到的 Q_p^{-1}/Q_s^{-1} 为 1～3。

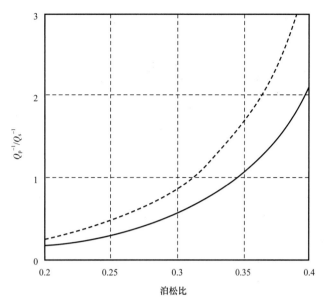

图 15-15　纵横波品质因子倒数随泊松比的变化曲线

实线和虚线分别为由式（15-45）和式（15-49）计算的结果

从一口海上气井的湿岩石 Q_{p}^{-1} 计算得到的 Q_{s}^{-1} 随深度的变化关系如图 15-7 所示。

这个近似求解 Q_{s}^{-1} 理论（各向异性情况）需要注意的一点是，它假设地震波垂直于地层传播，更准确地说，地震波在垂直于引起模量频散的假想的裂缝方向上传播。为了使研究结果更加严谨，需要考虑地震波传播的方向，至少要考虑其对计算误差的影响。

16 天然气水合物

16.1 背景

天然气水合物是一种由天然气和水形成的冰状白色固态晶体，水分子一般通过氢键合成为多面体笼，笼中包含天然气分子。水合物的物理性质非常接近纯冰的物理性质。根据 Helgerud（2001）研究结果表明，天然气水合物的纵横波速度分别为 3.60km/s 和 1.90km/s，但其密度达到了 $0.910g/cm^3$。冰的纵横波速度和密度分别为 3.89km/s、1.97km/s 和 $0.917g/cm^3$。因此，当沉积物空间中含有天然气水合物后，与冻土类似，要远比单纯充满水的沉积物坚硬。

与冰不同，天然气水合物可以燃烧，1 个单位体积的水合物可以释放出 160 个单位体积的甲烷（在正常条件下），且在非室内条件下天然气水合物在零度以上也能存在，它需要在非常高的孔隙压力下才能生成和保存。

深海大陆架极易满足这样的条件：由巨厚的水层提供压力，温度极低（基本上处于零度以上）。在水下几百英尺的范围内，温度随深度的变化比较小，一般在海底仅为几度。天然气水合物也存在于永久冻土层中温度极低、静水压力足够大的一定深度范围内。适宜的压力和温度是产生天然气水合物的必要条件，但并非充分条件，在相同的位置和时刻还需要体系中水和气体的摩尔组成适当。

当这些条件满足后，天然气水合物的形成使沉积物的硬度增加，从而使它在地震反射数据中能够被识别出来。相对较高的纵波阻抗使其与周围的浅层未固结的低阻抗背景围岩有较大的差异。因为在海底，温度几乎相同，在某些特定的稳定区域，水合物在海底相同深度处生成。这个稳定区的顶部与海底平行，因此其地震响应表现为一个大致与海底平行的反射面，称之为似海底反射（BSR）。游离气体有时被困在充满气的宿主沉积物之下，增强了这种反射，往往改变了其特性，并增加了振幅随偏移距变化（AVO）效应。孔隙空间中存在的气体水合物（一种介电介质）通常也会导致电阻率的增加，因而可以通过电磁法远距离探测。

在海洋中大量存在似海底反射（BSR），如图 16-1 所示。通过研究数十口井的测量结果，直接证实了这些反射物是由甲烷水合物造成的。加拿大、阿拉斯加和西伯利亚的陆上钻探也揭示了在北极地区广泛分布甲烷水合物。在墨西哥湾底部和其他近海处，人们已经发现了季节性天然气水合物沉积物。这些发现表明，天然气水合物可能构成了一个巨大的甲烷气库：据估计在世界范围内储存的天然气水合物中有 $7 \times 10^{17} ft^3$ 的甲烷（Kvenvolden，1993）。

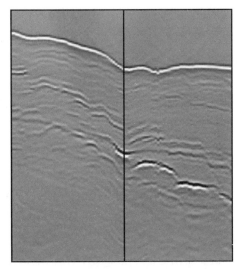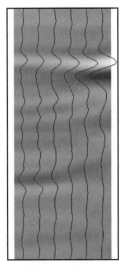

图 16-1 天然气水合物储层地震剖面

左图：俄勒冈近海水合物脊处的全偏移叠加反射，顶部是尖锐的海底，下面是天然气水合物反射；右图：另一个近海
　　水合物储层的一个单独的集合（single gather）；浅色表示正振幅（峰值），深色表示负振幅（波谷）

天然气水合物对社会的影响至少有三方面：（1）天然水合物可以作为燃料；（2）海平面和地球温度的时间变化可能会导致不稳定的天然气水合物释放出甲烷，并将其排入海洋和大气，反过来又可能影响大气的气体平衡；（3）含有天然气水合物的沉积物，类似于永久冻土层，如果受到工程活动的扰动，可能会成为地质灾害。这些影响因素推动了科学界和工业界对地球上的天然气水合物的认识和定量描述，后者主要是通过地球物理探测手段实现。

天然气水合物定量分析在原则上与传统的油气藏特征分析没有什么不同。可以使用类似的、已高度发展的遥测技术，其中地震反射剖面分析占主导地位。

因此，天然气水合物储层和周围沉积物的何种性质和条件能够产生所能观测到的地震反射，这一问题被越来越多的人关注。

16.2　天然气水合物沉积物的岩石物理模型

尽管天然气水合物的存在使岩石显著硬化，但其宿主沉积物通常是位于海底或海岸永久冻土浅沉积物中高孔隙度未固结的松散砂体中。因此，松软砂模型可能将弹性性质与储层孔隙度和孔隙空间的天然气水合物饱和度联系起来。需要注意的是，天然气水合物也可能存在于深水环境的泥岩中，以裂缝或结核的形式存在。这里仅讨论砂岩中的天然气水合物。

在气体水合物表征的各种文献中（Pearson 等，1986；Miller 等，1991；Bangs 等，1993；Scholl 和 Hart，1993；Minshull 等，1994；Wood 等，1994；Holbrook 等，1996；Lee，2002），应用较为广泛的是 Wyllie 时间平均公式（Wyllie 等，1956），以及与 Wood 公式（Wood，1955）加权叠加的改进的 Wyllie 时间平均公式。通过微调输入参数和权重，这些公式可以适合某个特定的数据集。这种拟合存在的问题是，Wyllie 时间平均公式是一个经验公式，而不是基于第一物理原理，因此，它无法适用于任何类型的沉积物。更重要的是，将该模型与其他模型相结合具有不可预测性，因为在勘探过程中很难建立一种使自由模型参数适应特定地点和条件的合理模型。

Hyndman 和 Spence（1992）首次在天然气水合物的岩石物理研究方面取得突破。他们建立了没有气体水合物的沉积物孔隙度和流速之间的经验关系，有效地假设了水合物成为骨架的一部分从而不改变骨架的弹性性质，通过降低孔隙度近似地计算了天然气水合物的存在对沉积物流速的影响。

Helgerud 等（1999）进一步发展了这一观点，他们使用基于物理学的有效介质模型，利用在大西洋外布雷克海上一大型海上天然气水合物储层钻出的一口井中的声波和校正数据来量化描述天然气水合物的饱和度。Sakai（1999）利用该模型，从加拿大 Mackenzie 三角洲的一口陆上天然气水合物井的纵波和横波测井数据以及 VSP 数据中，准确地预测了天然气水合物的饱和度。Ecker 等（2000）使用相同的模型也成功地描述出天然气水合物分布状态，并根据地震层速度绘制了外布雷克脊中天然气水合物饱和度的平面图。

如前所述，大部分已发现的天然气水合物位于碎屑岩和高度松散的储层中，无论是海上还是陆上。因此，将集中研究与这种沉积物的性质和结构有关的有效介质模型。

该模型为软砂模型，研究了水合物分布的两种变化：（1）将水合物机械地作为矿物基质的一部分；（2）作为孔隙流体的一部分（图 16-2）。

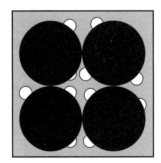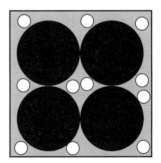

图 16-2　孔隙空间中天然气水合物的两种分布形式

左图：天然气水合物为矿物骨架的一部分；右图：天然气水合物为孔隙流体的一部分；

图中，黑色为矿物颗粒，灰色为水，白色为天然气水合物

假设沉积物的总孔隙度为 ϕ_t，水合物在孔隙中的饱和度为 S_h。剩余的孔隙空间充满了水。水可利用的孔隙度为 $\phi_t(1-S_h)$。单位体积的岩石中水合物的饱和度 C_h 为 $\phi_t S_h$。当水合物被认为是矿物相的一部分时，含水合物的沉积物的总孔隙度为：

$$\bar{\phi}=\phi_t-C_h=\phi_t\left(1-S_h\right) \tag{16-1}$$

当 $S_h=0$ 时，$\bar{\phi}=\phi_t$；当 $S_h=1$ 时，$\bar{\phi}=0$。

水合物在固相中的体积份数包括水合物和原始固体，$C_h/(1-\bar{\phi})=\phi_t S_h/[1-\phi_t(1-S_h)]$，而这一新的固相中的第 i 种矿物组分的体积分数为 $f_i(1-\phi_t)/(1-\bar{\phi})=f_i(1-\phi_t)/[1-\phi_t(1-S_h)]$，$f_i$ 为宿主沉积物原始矿物框中第 i 种矿物的体积分数。包括水合物在内的新型固相材料的有效弹性模量和密度可以根据 Hill 平均值公式（详见第 2 章）计算得到，但使用加入天然

气水合物后新的体积分数代替原始的体积分数的 f_i。目前，利用气体水合物修正后的固体框架的有效弹性特性可以在软砂模型中计算含气体水合物沉积物的弹性模量和速度。

另一种模拟含水合物沉积物弹性特性的方法是假设水合物悬浮在地层水中，从而在不改变矿物骨架弹性模量的情况下改变孔隙流体的体积模量。在这种情况下，矿物框架的总孔隙度没有变化，仍然是常数 ϕ_t。地层水和水合物混合物的孔隙流体的体积模量（K_f）为水合物（K_h）和盐水（K_f）体积模量的调和平均：

$$\bar{K}_f = \left[S_h / K_h + \left(1 - S_h\right) / K_f \right]^{-1} \tag{16-2}$$

混合物的密度为水合物密度（ρ_h）和地层水密度（ρ_f）的算数平均：

$$\bar{\rho}_f = S_h \rho_h + \left(1 - S_h\right) \rho_f \tag{16-3}$$

在这种情况下，含天然气水合物的沉积物剪切模量与未含水合物的湿态沉积物相同，保持不变。体积模量由 Gassman 公式计算得到，但用 $\bar{K}_f$ 代替 K_f。体密度 ρ_b 为 $\rho_s \left(1 - \phi_t\right) + \rho_f \phi_t$。

虽然模型（b）可能是有效的，但是根据现有的井数据，在存在水合物的情况下，纵波和横波速度都显著增加（如果水合物是孔隙流体的一部分，岩石的剪切模量不会受到水合物存在的影响），可以排除模型（b）。相比之下，模型（a）中水合物是矿物骨架的非胶结组分，与数据最为匹配（图 16-3）。从本质上讲，之前所有利用这些有效介质模型模拟野外测井和地震数据的水合物相关研究（Helgerud 等，1999；Sakai，1999；Ecker 等，2000；Dvorkin 等，2003；Dai 等，2004）都得出了同样的结论。

Dvorkin 和 Uden（2004）、Cordon 等（2006）将模型（a）应用位于 Mallik 气田陆上勘探天然气水合物的井数据（图 16-3）。该模型从水饱和砂岩和泥岩中准确地划分了含水合物砂层。Mallik 另一个建模结果如图 16-4 所示，将速度与矿物骨架的孔隙度（不含甲烷水合物）进行了交会，并根据孔隙空间的水合物饱和度赋予了不同的颜色。计算了在一定孔隙度范围内不含天然气水合物的湿砂岩和天然气水合物饱和度分别为 0.4 和 0.8 时的模型曲线。计算得到的模型曲线与实测速度比较吻合。

下一个实例来自外布雷克海脊的 ODP995 井（Helgerud 等，1999；Ecker 等，2000）。此处的沉积物与 Mallik 地区的沉积物有很大的不同，其成分主要是黏土，大量的方解石和少量的石英。为了方便建模，Helgerud 等（1999）假设了模型由 5% 石英、35% 方解石和 60% 黏土等矿物均匀组成。矿物骨架（不含气体水合物）的孔隙度是由岩性测量得到的，通过电阻率计算水合物含量。

将声波速度与模型（a）的预测结果进行比较，如图 16-5 所示。后者重现了测量结果，但电阻率证明了由于水合物的存在，声速保持在较低水平，这表明存在与井筒数据不一致的可能性。在这个例子中，为砂岩建立的模型实际上在泥质沉积物中发挥了作用。

最后一个现场实例来自日本近海南开海槽，天然气水合物赋存于低自然伽马值的含沙段，具有纵横波速度升高、正反射增强的特征。图 16-6 为速度数据与矿物骨架（不含水合物）的孔隙度交会图，色条表示水合物的饱和度。曲线是由模型（a）计算得到的数据而成的。在这个具体的例子中，假设含水合物的砂岩中含有 10% 的黏土，其余的矿物是石英。模型曲线与数据吻合较好。

随着来自天然气水合物储层越来越多的井数据的出现，这里所提到的岩石物理模型可能需要微调、更新甚至改变。这对于大多数岩石物理"速度—孔隙度"模型是有效的，但不应盲目地使用。像物理学的其他分支一样，数据模型反馈的过程可能永远不会停止。

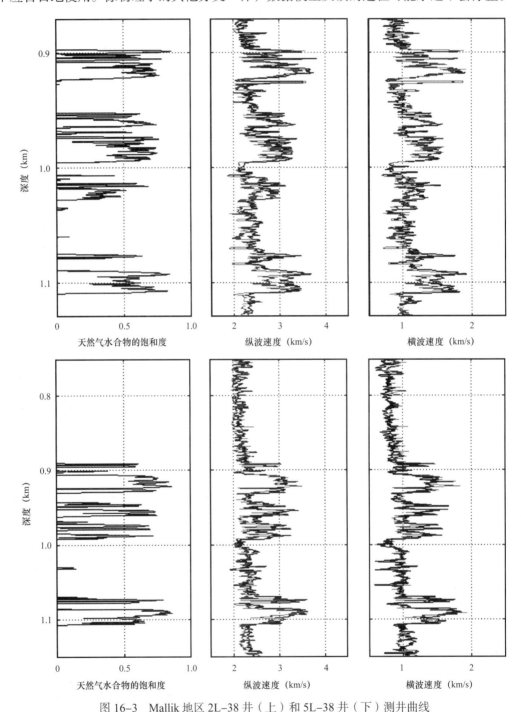

图 16–3　Mallik 地区 2L–38 井（上）和 5L–38 井（下）测井曲线

从左到右分别为：从电阻率中计算得到的天然气水合物的饱和度（Cordon 等，2006）；实测的纵波速度（黑色）和用模型（a）计算的纵波速度（灰色）；实测的横波速度（黑色）和通过模型（a）计算的横波速度（灰色）

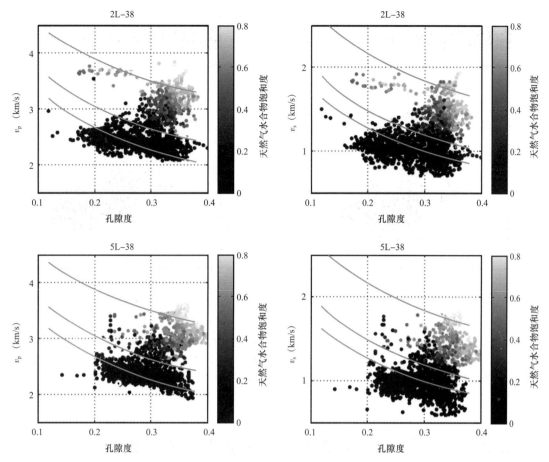

图 16-4 Mallik 地区天然气水合物纵波、横波速度与岩石骨架孔隙度交会图（骨架中不含天然气水合物）
从上往下的曲线分别为不含黏土的干净的砂岩储层中天然气水合物饱和度分别为 0.8、0.4 和 0 时的模型曲线，落到天
然气水合物饱和度为 0 的曲线以下的数据为含黏土的夹层中的数据

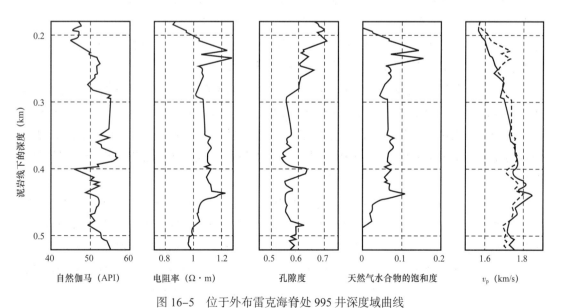

图 16-5 位于外布雷克海脊处 995 井深度域曲线
黑线—实测的纵波速度；灰色虚线—用水合物作为矿物骨架的软砂模型计算的曲线

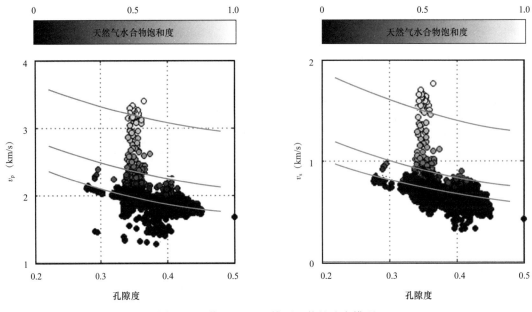

图 16-6　位于 Nankai 槽两口井的速度模型

左图：纵波速度与矿物骨架（不包括天然气水合物）孔隙度的交会图；右图：横波速度与矿物骨架（不包括天然气水合物）孔隙度的交会图，色条表示天然气水合物饱和度；从上往下的曲线分别为不含黏土的干净的砂岩储层中天然气水合物饱和度分别为 0.8、0.4 和 0 时利用模型（a）计算得到的曲线，天然气水合物饱和度为 0 的曲线以下的点代表含黏土的夹层

16.3　含天然气水合物的沉积物中弹性波的衰减

正如本章前几节所讨论的，由收集到的世界各地含天然气水合物沉积物的弹性波数据表明，由于孔隙中水合物的存在，地震波速度显著增加。如果天然气体水合物是一种固体而不是卤水或气体，这种效应就很容易理解。通过填充孔隙空间，天然气水合物的作用是降低孔隙流体的可用孔隙度，从而增加固体骨架的弹性模量。但是弹性波的衰减随着天然气水合物浓度的增加而加剧，这很难与观测结果相一致。

实际上，可以直观地认为，岩石越坚硬，每个周期的相对弹性能量损失就越小，因此，弹性波衰减也就越小。许多沉积物中的测量结果印证了这一观点。例如，Klimentos 和 McCann（1990）表明，衰减随孔隙度和黏土含量的增加而增大，而速度表现相反。Koesoemadinata 和 McMechan（2001）从统计学上概括了许多实验数据，也指出了同样的事实。

近年来，在不同的地理位置、不同的沉积环境和不同地震波频率下，天然气水合物的沉积物中观测到了意想不到的"强衰减"。Guerin 等（1999）提出了外布雷克海脊含水沉积物中偶极子波形衰减的定性证据。Sakai（1999）指出，在 Mallik 地区含有天然气水合物的地层中，剪切波 VSP 信号可能出现强衰减。Wood 等（2000）在同一位置观测到地震波衰减增加的现象。Guerin 和 Goldberg（2002）使用单极子和偶极子波形来定量描述压缩波和剪切波的衰减。他们指出，随着天然气水合物饱和度增加，地震波的衰减单调地增加。Pratt 等（2003）认为，在地震波为 150～500Hz 范围内的跨井实验中，Mallik 地区天然气水合物储层的地震波衰减增大。

为了解释这一效应，Dvorkin 和 Uden（2004）指出，传播的地震波在含水岩石中激发产生的宏观振荡流，可能是在沉积物天然气水合物中观测到强衰减的原因。其背后的机理在第 15 章 15.5 节中已经进行了讨论。

为了计算衰减，因天然气水合物的沉积物层不包含自由气体，往往被认为是润湿的。根据天然气水合物模型，天然气水合物必须被视为沉积物的框架的一部分。当然，在天然气水合物存在的地方，修改后骨架的孔隙度小于由石英和黏土组成的骨架的原始孔隙度减去天然气水合物饱和度［式（16-1）］。此外，如前一节所讨论的，修改后骨架的等效固相模量必须包括天然气水合物的部分。修改后的骨架中孔隙流体是水。

在第 15 章给出的湿岩石的例子中，虽然品质因子的倒数（Q^{-1}_p）很小，而当含有天然气水合物时，岩石中品质因子的倒数（Q^{-1}_p）可能显著增加。由于天然气水合物的存在增加了岩石的硬度，从而导致了较强弹性特征的非均匀性。Dvorkin 和 Uden（2004）以及 Cordon 等（2006）表明，在含有大量的天然气水合物地层中，Q^{-1}_p 可高达 0.1 左右（图 16-7）。可通过 Guerin 和 Goldberg（2002）的经验公式将 Q^{-1}_p 和 S_h 联系起来，从而求得品质因子的逆为：

$$Q^1_p = 0.029 + 0.12S_h \tag{16-4}$$

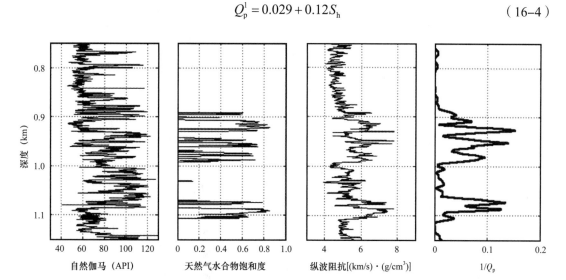

图 16-7　Mallik 地区 5L-38 井计算的衰减系数

图 16-8 为该井的合成地震道集，在计算过程中考虑到了品质因子的倒数（图 16-7）。计算过程中使用的子波为三个不同频率的 Ricker 子波，频率分别为 50Hz、30Hz 和 20Hz。和以前一样，考虑了衰减的地震道与未考虑衰减的地震到进行比较。由于衰减而引起的振幅降低在 50Hz 时很强，在 20Hz 时几乎觉察不到。在地球物理学中，这种现象被称为"低频阴影"（Castagna 等，2003；Ebrom，2004），意思是相比于低频成分，高频成分在短距离内衰减得更快，因此在高衰减区域中只能探测到低频成分。

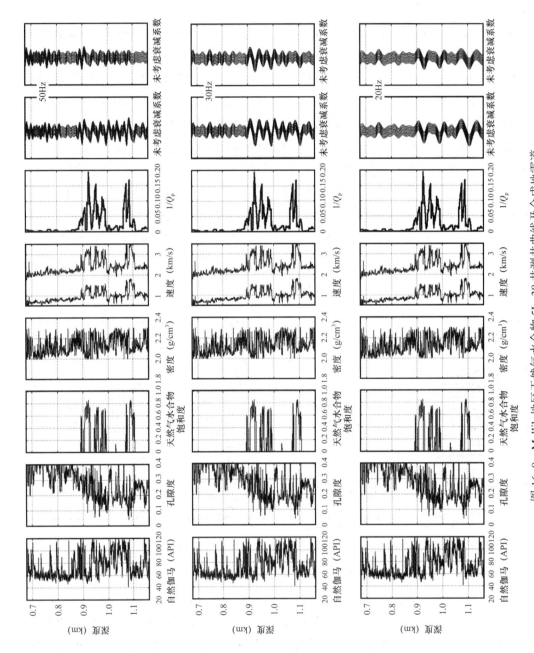

图 16-8　Mallik 地区天然气水合物 5L-38 井测井曲线及合成地震道

第 7 和第 8 列分别为未考虑和考虑了衰减因素的合成地震道集，从上到下 Riker 子波的频率分别为 50Hz、30Hz 和 20Hz

16.4 天然气水合物中的伪井和合成地震

如图 16-9 所示，一块状砂岩层上部夹有一天然气水合物沉积物的夹层，天然气水合物的饱和度从 0 增加到 0.6。

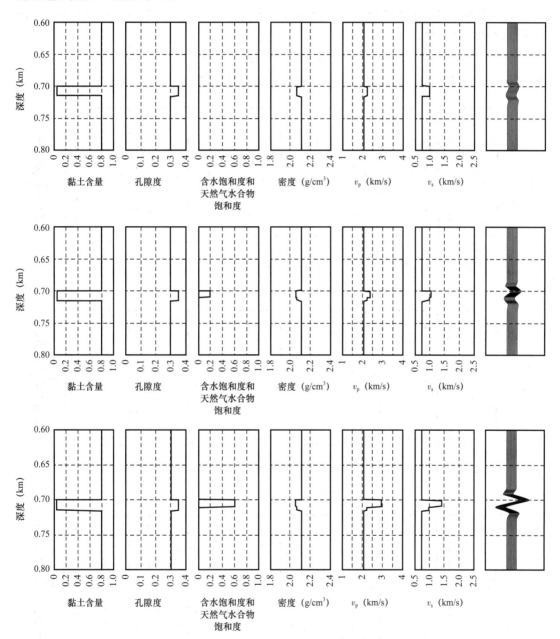

图 16-9 湿砂岩层上部天然气水合物夹层伪井模型

第 3 列为天然气水合物的饱和度，也是含水饱和度，由粗的灰色曲线表示；
合成地震道集由 50Hz Ricker 子波产生；砂岩中不含天然气

砂岩的主要成分为石英和黏土。该模型中正演所应用的矿物性质见表 2-1。纯水合物的体积模量和剪切模量分别为 7.7GPa 和 3.2GPa，相应的密度为 0.91g/cm³。水的体积模量为 2.65GPa，密度为 1.0g/cm³。在下面的例子中，砂岩的底部孔隙将被天然气所充填，天然气的体积模量为 0.04GPa，密度为 0.16g/cm³。

在本例中，没有天然气水合物夹层时，地震波振幅非常小，随着水合物的饱和度增加，振幅逐渐增大。在这种情况下，AVO 效应很小，因为页岩中的泊松比约为 0.42，而在水合物砂岩中仅为 0.35。

接下来，将少量的天然气放到气体水合物下面的砂层中。这种情况在海上水合物沉积物中很常见，因为它们通常是由深层地下渗出的甲烷提供的。在图 16-10 中，考察了含

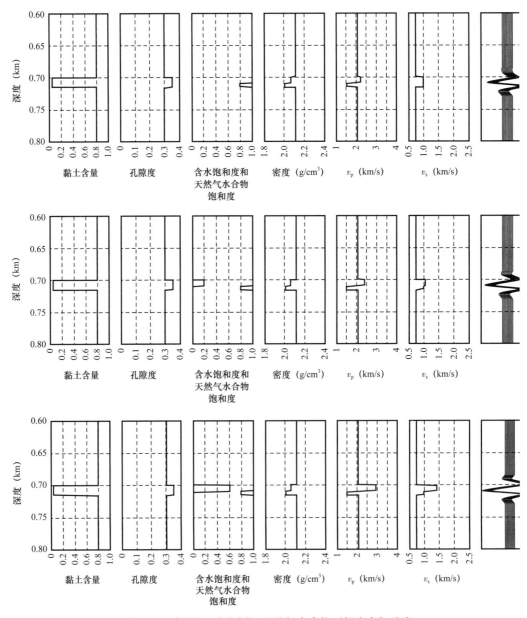

图 16-10　与图 16-8 相同，天然气水合物下部为含气砂岩

气饱和度为 0.2 并在上述地层中逐渐增加天然气水合物饱和度的三种情况。在第一种情况下，天然气水合物饱和度为零，因此含气砂岩位于湿砂层段之下。这种情况不太可能出现在所研究的环境中，这里做一个假设的例子进行讨论。

通过将天然气引入湿砂层，既增大了振幅，又提高了 AVO 效应，因为在这种情况下，气体层的泊松比减小到了 0.12。含气砂岩的振幅随着天然气水合物饱和度的增大而增大。

第六部分
岩石物理在地震解释中的应用

17 地震振幅的流体替代

17.1 背景

所有的岩石物理模型都需要输入参数，包括孔隙度和矿物成分，另外还有很多模型可供选择。前几章已经讨论了一个基于训练数据集（例如井数据）模型的建立过程。一旦模型选定，就可以探索各种"替代"方案，如岩性、孔隙度和储层，对原始数据进行扰动，从而探讨这些替代方案对原始模型将产生怎样的影响。

第一个岩石物理替代公式是由 Gassmann（1951）提出的。目前，该方法常用来预测储层的响应，并假设井中测量的孔隙中的流体为"替代方案"。但是能直接对地震振幅进行这种流体替代吗？ Li 和 Dvorkin(2012) 表明，至少可以在一组假设条件下近似地完成，包括建立岩石物理模型，将弹性性质与孔隙度和矿物成分联系起来。问题是，如果泥岩、含水砂界面的反射是已知的（反之亦然），是否有一些简单的方法可以指导泥岩、含气砂界面反射的预测？

Zhou 等（2006）的一项先期工作提出了基本相同的观点。利用测井数据的趋势对地震振幅进行了流体替代，并给出了一个令人信服的现场实例来证明该技术的有效性。他们的假设是，除孔隙流体外，储层自下而上都是相同的。同一团队的其他人也做了很多重要的工作（Ren 等，2006；Hilterman 和 Zhou，2009；Zhou 和 Hilterman，2010），提出了不同地震属性对含水饱和度和岩石类型的敏感性。

这里使用的方法是在三层地质模型上通过岩石物理驱动的合成地震正演开展研究，其中储层夹在两个相同的泥岩半空间之间。在接下来的正演模拟过程中，将包含泥岩和砂体的岩性、孔隙度、以及砂体的厚度的大部分情况。利用这些合成结果，可以直接比较储层中振幅随流体的变化。

17.2 入门：基于模型的两个半空间之间的反射

首先，计算两个弹性半空间界面处的反射，其中上部为含水的泥岩，而下部为含水的或部分含气饱和砂岩。通过假设水和气体的体积模量分别为 2.540GPa 和 0.053GPa，密度分别为 0.980g/cm³ 和 0.166g/cm³。将储层中含水饱和度设定为 40%，通过计算各组分体积模量的调和平均数作为水 / 气体混合物的体积模量，而混合物的密度是各组分体积密度的算术平均数。计算得到的体积模量和密度分别为 0.087GPa 和 0.492g/cm³。

然后，随机选取上覆泥岩的黏土含量为 0.6～1.0，孔隙度为 0.1～0.3。在砂岩中，这些参数分别在 0～0.2 和 0.1～0.4 之间变化。对于每一类不同性质的砂岩和泥岩，通过软砂岩或硬砂岩模型，计算了它们的纵波阻抗。通过计算砂泥岩之间波阻抗差异除以它们的平均阻抗值就得到了垂直入射时的反射系数。这样就得到了四种组合，即软泥岩和软砂岩、软泥岩和硬砂岩、硬泥岩和软砂岩、硬泥岩和硬砂岩。最后，绘制了含气砂岩和含水砂岩的垂直反射系数交会图。将这些随机实验重复数百次，用以填充所有可能发生的交会图。

图 17-1 分别绘制了四种速度—孔隙度模型组合在泥岩、含气砂界面处的垂直纵波（P—P）反射系数与在泥岩、含水砂岩界面处的垂直纵波（P—P）反射系数的交会图。由于在正演模拟中使用的岩石性质的变化范围非常大，从而也得到了致密流体替代交会图。

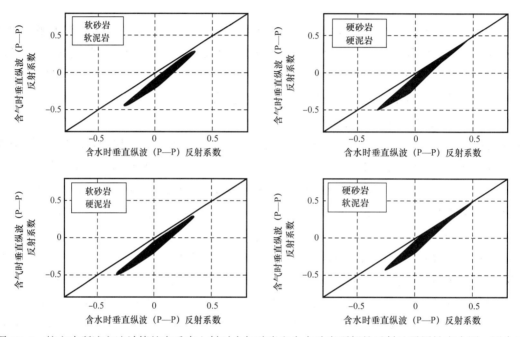

图 17-1 按文中所述方法计算的在垂直入射时含气砂岩和含水砂岩顶部的反射地震属性交会图，图中已经注明了正演所使用的模型（据 Li 和 Dvorkin，2012）

例如，对于软泥岩 / 软砂岩组合，如果含水砂岩在反射地震中不可识别，即截距为零，预计含气砂顶部的截距约为 −0.25～−0.15（图 17.2 左）。如果含水砂岩处的截距为 −0.25，则在气砂处的截距应在 −0.45～−0.35 之间变化。反过来，如果含气砂岩顶部的截距为 −0.2，则含水砂岩顶部的截距预计将在 −0.1～0 之间变化。如果前者为 −0.4，则后者约为 −0.2（图 17.2 右）。当然，同样的练习也可以用于另一个非零角度的反射。

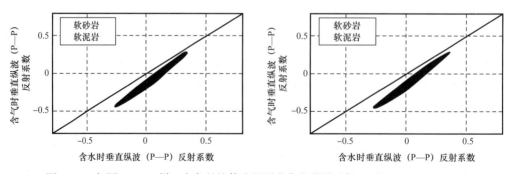

图 17-2 与图 17-1 一样，白色的柱体为预测变化的范围（据 Li 和 Dvorkin，2012）

在该先期研究中，没有考虑的一个关键参数是储层的厚度。在下面的合成地震模拟中将考虑到这一因素的影响。

17.3　模型实验中储层厚度的影响

这里使用的地质模型包括夹在两个无限宽、厚度完全一样的泥岩体之间的一层砂岩（图 17-3）。根据岩石的深度和固结程度，至少可以采用两种岩石物理模型来描述弹性特性与孔隙度和矿物成分之间的关系。它们是表示固结岩石的硬砂模型和表示松散非胶结地层的软砂模型（详见第 2 章）。在正演模拟时对模型进行了限制，假设：（1）泥岩和砂岩都是固结（硬）；（2）泥岩和砂岩都是松散（软）的。

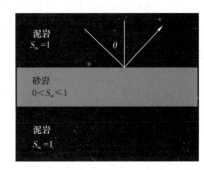

从硬砂模型开始进行正演模拟，首先需要确定周围泥岩的性质。假设围岩，即泥岩是含水的，孔隙度为 0.15，黏土含量为 0.70。假设地层水的体积模量为 2.54GPa，密度为 0.98g/cm³。砂岩层的厚

图 17-3　合成地震正演中所有的地质模型

度、孔隙度和黏土含量都是可以变化的。厚度变化为波长（λ）的一部分，波长的变化介于 $\lambda/2$ 和 $\lambda/16$ 波长之间。硬砂岩的孔隙率在 0.10～0.30 之间变化，黏土含量在 0～0.20 之间。这种砂可以是含水的或部分气体饱和的，假定在含水时水饱和度为 40%，气体的体积模量为 0.053GPa，密度为 0.166g/cm³。在部分水饱和时分别采用调和平均计算体积模量，算术平均计算密度，从而得到了孔隙流体的等效性质。

在接下来的一组正演模拟计算中，将软砂模型用于泥岩和砂岩的模型估算中。泥岩的孔隙度和矿物成分与上述硬砂岩模型中的泥岩相同，但是，砂岩的孔隙度在 0.15～0.35 之间，黏土含量变化范围与在硬砂岩模型中的变化范围一致。此外，由于未固结岩石的深度通常比固结岩石浅，将气体的体积模量降低至 0.026GPa，其密度为 0.119g/cm³。

在对砂体弹性特性的正演模拟中，在上述范围内随机而独立地改变其孔隙度和黏土含量。接下来，利用 Zoeppritz（1919）公式模拟了储层顶部的合成纵波（P—P）地震反射，并将由此产生的反射系数与固定频率的 Ricker 子波进行褶积。这些例子中的入射角从 0° 变化到 30°。利用 Shuey（1985）对 Zoeppritz（1919）公式的近似，从叠前地震数据中计算出 AVO 属性，即截距（R_0）和梯度（G）：

$$R_{\mathrm{pp}}(\theta)=R_{\mathrm{pp}}(0)+\left[ER_{\mathrm{pp}}(0)+\frac{\Delta v}{(1+\bar{v})^2}\right]\sin^2\theta+\frac{1}{2}\frac{\Delta v_{\mathrm{p}}}{\bar{v}_{\mathrm{p}}}\left(\tan^2\theta-\sin^2\theta\right) \quad （17-1）$$

式中，$R_{\mathrm{pp}}(\theta)$ 是在入射角为 θ 时的反射振幅；v 为泊松比；v_{p} 为纵波速度。另外：

$$E=F-2(1-F)\left(\frac{1-2\bar{v}}{1-\bar{v}}\right),F=\frac{\Delta v_{\mathrm{p}}/\bar{v}_{\mathrm{p}}}{\Delta v_{\mathrm{p}}/\bar{v}_{\mathrm{p}}+\Delta\rho/\bar{\rho}} \quad （17-2）$$

其中

$$\Delta v = v_2 - v_1, \bar{v} = (v_2 + v_1)/2$$

$$\Delta v_p = v_{p2} - v_{p1}, \bar{v}_p = (v_{p2} + v_{p1})/2 \qquad (17\text{–}3)$$

$$\Delta \rho = \rho_2 - \rho_1, \bar{\rho} = (\rho_2 + \rho_1)/2$$

式中，ρ 为体密度；下标为"1"的物理量表示上半空间岩石的性质，下标为"2"的物理量表示下半空间岩石的性质。

当入射角 $\theta < 30°$ 时，根据 Hilterman（1989）的研究结果，式（17–1）中的第三项非常小，可以在应用中忽略不计，因而可以用前两项来计算，采用 Zoeppritz（1919）计算反射振幅的公式简化为：

$$R_{pp}(\theta) = R_{pp}(0) + \left[ER_{pp}(0) + \frac{\Delta v}{(1 - \bar{v})^2} \right] \sin^2 \theta \qquad (17\text{–}4)$$

式中，等式右边第一项 $R_{pp}(0)$ 表示截距，即 R_0；第二项中在 $\sin^2 \theta$ 之间的系数通常表示梯度，即 G。在大多数泥岩—砂岩的情况下，梯度通常为负值，反射幅值随入射角的增加而减小。

目标是计算含水储层和含气储层这两种情况下的 AVO 属性。接下来，将完全水饱和状态和部分水饱和状态时的截距和梯度进行比较，并总结出完全水饱和时与部分水饱和时截距以及梯度的关系，并产生含水储层和含气储层时截距以及梯度最佳拟合关系，以及它们随储层厚度、孔隙度、黏土含量的变化关系。

（1）黏土含量固定，孔隙度变化。

图 17–4 显示了硬砂岩和泥岩储层的厚度测试结果，厚度分别为 $\lambda/2$、$\lambda/4$、$\lambda/8$ 和 $\lambda/16$。图 17–5 显示了相同的正演结果，但是截距不同。可以观察到，在砂岩厚度确定时，含水储层和含气储层的 AVO 特征与孔隙度变化几乎是非常紧密的线性关系。

此外，如果将图 17–4 中的四个图形叠加在一起，并对图 17–5 中的图形进行同样的处理，仍然可以观察到对于所有的储层厚度都存在相当紧密的线性关系（图 17–6）。

对图 17–3 所示的地质模型进行了同样的正演研究，基于软砂岩模型，将未固结的泥岩和砂岩弹性性质与孔隙度和矿物成分联系起来。泥岩的孔隙度和矿物组分与前面试验时相同，而砂的孔隙度在 0.15～0.35 之间变化，黏土含量固定在 0.10。图 17–7 显示了不同厚度下含气砂岩与含水砂岩的梯度和截距的变化。

与硬砂岩模型时相比，在这种情况下的计算值更明显地分布在最佳拟合线附近。但是，考虑到实际地震数据中误差通常比较大，这种方法仍然是可以接受的。

（2）孔隙度固定，黏土含量变化。

为了探究储层中的黏土含量如何影响含水储层和含气储层的 AVO 属性，在研究中将硬砂岩储层的孔隙度设定为 0.25，其黏土含量从 0 变化到 0.20。图 17–8 显示了在不同储层厚度时硬砂岩 / 泥岩模型时 AVO 属性的交会图。

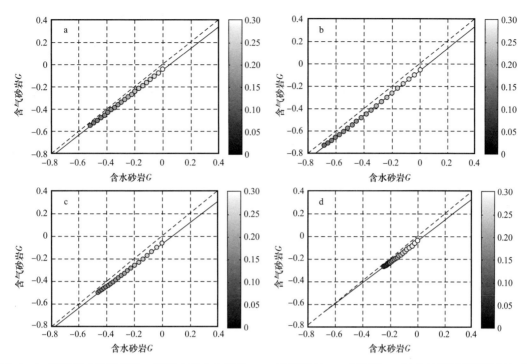

图 17-4 硬砂岩 / 泥岩模型，储层中黏土含量为 0.1，孔隙度从 0.1 变化到 0.3 时含气储层顶部梯度与含
水时储层顶部梯度的交会图（据 Li 和 Dvorkin，2012）

a—储层厚度为 λ/2；b—储层厚度为 λ/4；c—储层厚度为 λ/8；d—储层厚度为 λ/16；图中颜色表示孔隙度，虚线为对角线

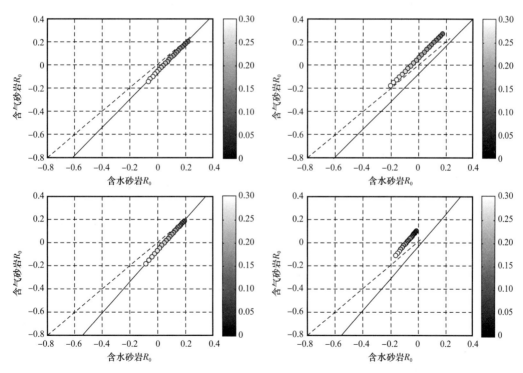

图 17-5 硬砂岩 / 泥岩模型，含气储层顶部梯度与含水时储层顶部截距的交会图，其余内容含义与
图 17-4 一样（据 Li 和 Dvorkin，2012）

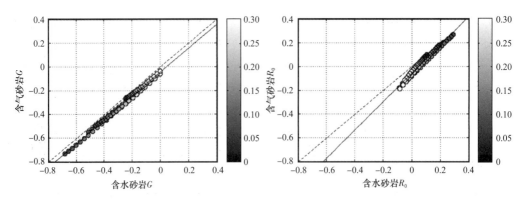

图 17-6　硬砂岩 / 泥岩模型，左图为图 17-4 中数据叠置而成；右图为图 17-5 中数据叠置而成，直线为
模型计算得到数据的最佳拟合（据 Li 和 Dvorkin，2012）

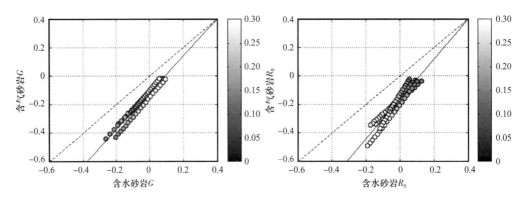

图 17-7　与图 17-6 类似，但为软砂岩 / 泥岩模型，直线为模型数据的最佳拟合（据 Li 和 Dvorkin，
2012）

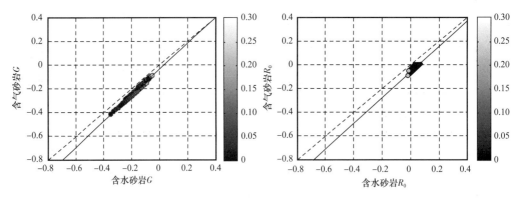

图 17-8　硬砂岩 / 泥岩模型，孔隙度固定，黏土含量可变（色棒所示范围），与图 17-6 所示内容一样
（据 Li 和 Dvorkin，2012）

　　图 17-9 显示了在软砂岩 / 泥岩模型下进行完全相同的正演结果。这种情况下的线性
拟合不如图 17-8 所示的情况那么精确。

　　（3）黏土含量和孔隙度都可变化。

　　同时改变硬砂岩 / 泥岩的孔隙度和黏土含量，泥岩的性质与上面示例的相同。硬砂岩
的孔隙度和黏土含量变化范围与上面示例也基本相同。针对砂岩储层孔隙度和黏土含量的

各种组合以及含水储层和含气储层的情况，进行了砂岩储层弹性性质的地震正演模拟。同时计算了储层厚度为 $\lambda/2$、$\lambda/4$、$\lambda/8$、$\lambda/16$ 时弹性特征的变化。

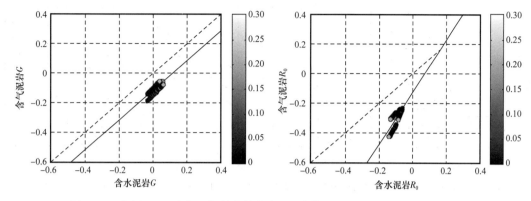

图 17-9 与图 17-8 类似，但是为软砂岩 / 泥岩模型（据 Li 和 Dvorkin，2012）

总结了含水储层和含气储层的梯度差 $\Delta G = G_{含水} - G_{含气}$，截距差为 $\Delta R_0 = R_{0含水} - R_{0含气}$。表 17-1 列出了储层厚度一定时，不同孔隙度和黏土含量时 ΔG 和 ΔR_0 的平均值、最小值和最大值。最后一行为四种不同的储层厚度时截距和梯度差的平均值、最小值和最大值。

表 17-1 如文中所述，硬砂岩 / 泥岩模型中含水储层和含气储层的梯度和截距之差
（最小值、平均值和最大值）

储层厚度	ΔG_{min}	ΔG_{mean}	ΔG_{max}	ΔR_{0min}	ΔR_{0mean}	ΔR_{0max}
$\lambda/2$	0.0317	0.0428	0.0498	0.0156	0.0434	0.0853
$\lambda/4$	0.0476	0.0591	0.0669	0.0168	0.0559	0.0928
$\lambda/8$	0.0328	0.0548	0.0682	0.0101	0.0503	0.1221
$\lambda/16$	0.0185	0.0321	0.0416	0.0050	0.0295	0.0794
All	0.0185	0.0472	0.0682	0.0050	0.0448	0.1221

对软砂岩 / 泥岩模型进行了相同的操作，所用参数与前几节中对软砂岩 / 泥岩的参数完全相同，结果列于表 17-2。图 17-10 展示了硬砂岩 / 泥岩和软砂岩 / 泥岩模型中梯度和截距差的平均值、最小值和最大值随储层厚度的变化。

表 17-2 与表 17-1 一样，但是为软砂岩 / 泥岩模型

储层厚度	ΔG_{min}	ΔG_{mean}	ΔG_{max}	ΔR_{0min}	ΔR_{0mean}	ΔR_{0max}
$\lambda/2$	0.0838	0.1184	0.1516	0.1057	0.1581	0.2076
$\lambda/4$	0.1001	0.1310	0.1919	0.1502	0.1689	0.1821
$\lambda/8$	0.1132	0.1721	0.2238	0.1118	0.2230	0.3093
$\lambda/16$	0.0675	0.1123	0.1405	0.0617	0.1585	0.2750
All	0.0675	0.1334	0.2238	0.0617	0.1771	0.3093

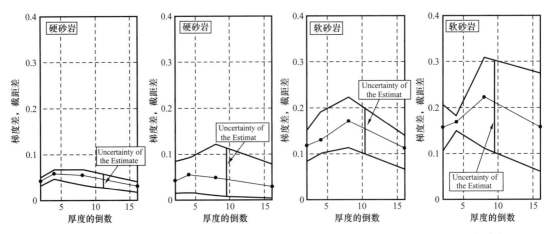

图 17-10　表 17-1 和表 17-2 中的数据随储层厚度倒数的变化，横坐标中，5、10、15 分别表示 λ/5、λ/10、λ/15，灰色垂线为平均值的变化范围（据 Li 和 Dvorkin，2012）

由图 17-10 可见，误差非常大，这表明如果不知道储层孔隙度和黏土含量的准确值，实际中含水储层和含气储层之间反射振幅的流体替换并不可行，为了减少这种情况的发生，必须想出解决对策。在许多砂岩模型中，黏土含量和孔隙度是相互关联的，著名的 Thomas-Stieber 模型给出了层状泥岩地层中或者类似结构的泥岩地层中的孔隙度（Mavko 等，2009）。一旦建立了这样的关系（见第 5 章 5.2 节），就不必单独改变黏土含量和孔隙度，只需改变黏土含量并指定纯砂岩和纯泥岩结构中的孔隙度值。下面的现场研究实例总结了这种方法。

17.4　应用基于模型的方法进行的实例研究

在理论模拟上开发的地震尺度流体替代方法被应用于潜在储层具有强负振幅的全叠加地震剖面上（图 17-11）。没有叠前数据或角度叠加数据可用。前期认为在 3.7~3.8km 处砂岩中含气，因而部署了一口井，然而钻井工程结束后发现该位置处的砂层 100% 含水。假如砂层中含气，那么全叠加的地震剖面将会有怎样的响应特征的呢？

图 17-12 所示为潜在储层区域的测井数据。图 17-11 上图中双程旅行时为 3.15s 时出现的负振幅，是由低波阻抗、低伽马的砂岩层所产生的，其上覆为高波阻抗的地层，位于 3.72~3.73km 之间有更明显地增强的高波阻抗脉冲，该地层可能是碳酸盐条带或高度压实的泥岩。

井中的总孔隙度（ϕ）由体密度（ρ_b）计算得到，其中假设矿物组分的密度为 2.65g/cm³，流体的密度为 1.00g/cm³，则

$$\phi = (2.65 - \rho_b)/1.65 \qquad (17\text{-}5)$$

在伽马测井曲线上，通过设定以最小伽马值为纯砂剖面、最大伽马值为纯黏土（泥岩），通过线性重采样自然伽马曲线来计算黏土含量 C。

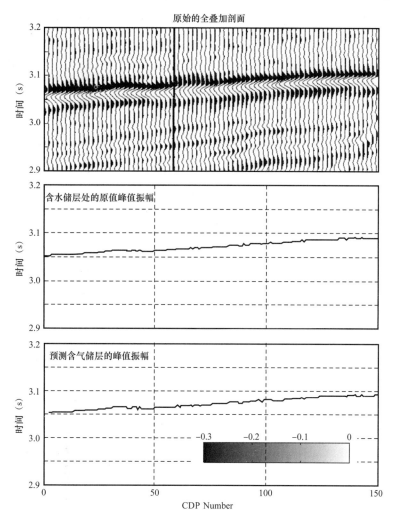

图 17-11　上图：全叠加地震剖面，垂线为井所在的位置；中图：原始地震剖面中提取的波谷（含水储层）处振幅值；下图：利用式（17.8）中第三个表达式预测的中图所示位置波谷处振幅值。该全叠加剖面早期被认为是含气储层（据 Li 和 Dvorkin，2012）

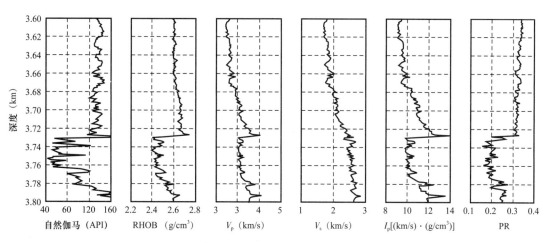

图 17-12　研究案例中的测井曲线（据 Li 和 Dvorkin，2012）

这口井的速度—孔隙度交会图如图 17-13 所示。这里可以观察到砂体和泥岩在速度—孔隙度特性上有明显的区别，表现为：（1）砂岩的孔隙度较高，接近 0.15，而泥岩的孔隙度不超过 0.05；（2）在相同孔隙度范围内，砂岩的速度大于泥岩的速度。当将模型曲线叠加到数据上时，后一点变得更加明显。

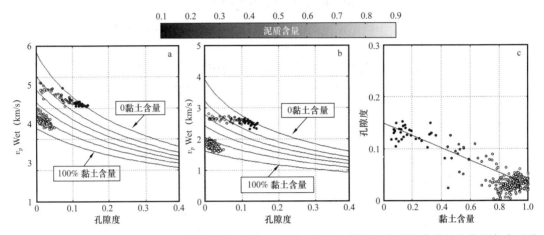

图 17-13　左图：地层中纵波速度随孔隙度的变化；中图：地层中横波速度随孔隙度的变化颜色表示黏土含量。曲线为常胶结模型（constant-cement model），最上面的曲线为纯石英组成的含水岩石（黏土含量为 0），最下面的曲线为纯黏土组成的含水岩石，中间曲线表示黏土含量逐渐变化，间隔为 20%；右图：孔隙度和黏土含量交会图，颜色表示黏土含量。图中曲线由式（17-7）在纯砂岩和泥岩间插值计算而得，据 Li 和 Dvorkin（2012）

本文采用的模型为常胶结模型（constant-cement model）（配位数为 15 的软砂模型），压差为 40MPa，临界孔隙度为 0.40，流体（水）的体积模量为 2.60GPa，密度为 1.00g/cm³。矿物组分是石英和黏土的混合物，其参数见表 2-1。该模型能准确地模拟岩石的性质特征，可用于流体替代。

图 17-13a 为总孔隙度与黏土含量的交会图。随着黏土含量的增加，岩石从纯砂岩过渡到纯泥岩，孔隙度逐渐减小。为了简单起见，用线性趋势近似观察：

$$\phi=(1-C)\phi_{SS}+C\phi_{SH};\ C=(\phi_{SS}-\phi)/(\phi_{SS}-\phi_{SH})\qquad（17-6）$$

式中，ϕ_{SS} 为砂岩中孔隙度的极限值，ϕ_{SS} 为纯黏土（泥岩）孔隙度的极限值。当 $\phi_{SS}=0.15$、$\phi_{SS}=0.03$ 时，可以得到黏土—孔隙度的关系，即：

$$C=-8.33\phi+1.25,\ \phi=0.12(1.25-C)\qquad（17-7）$$

图 17-13c 中的直线根据式 17-7 绘制而成，将纯砂岩和纯泥岩的孔隙度极限值连起来。

当然，这种关系是局限的，在不同的沉积环境中也可能发生变化。此外，黏土含量 C 与孔隙度 ϕ 的关系也并不一定是线性的（Mavko 等，2009）。

为了开展地震尺度的含水—含气砂转换研究，再次使用图 17-3 所示的三层地质模型。采用图 17-13 所示的常胶结模型（constant-cement model）计算了砂体周围含水泥岩的弹性特性，孔隙率为 0.04，黏土含量为 0.80。对于砂体，将孔隙率设定为 0.05~0.20，根据式（17-7）估算相应的黏土含量。采用上文中描述的相同方式综合计算这两种情况下的反射振幅：（1）含水砂岩的厚度在 $\lambda/16 \sim \lambda/2$ 之间变化；（2）含气砂岩中含气饱和度为 60%，气体的体积模量为 0.05GPa，密度为 0.17g/cm^3。

图 17-14 为砂岩中孔隙度、厚度变化时储层顶部的 AVO 梯度、截距和全叠振幅（最大入射角为 30°）的交会图。由此结果拟合产生的关系接近线性，可以近似地表示为：

$$G_{\text{Gas}} = 1.0954 G_{\text{Wet}} - 0.0559, \ R^2 = 0.9932$$
$$R0_{\text{Gas}} = 1.2447 R0_{\text{Wet}} - 0.0617, \ R^2 = 0.8942 \quad\quad （17-8）$$
$$RS_{\text{Gas}} = 1.0945 RS_{\text{Wet}} - 0.0674, \ R^2 \, 0.7000$$

式中，R_{S} 为在 0°~30° 全叠加时的振幅。

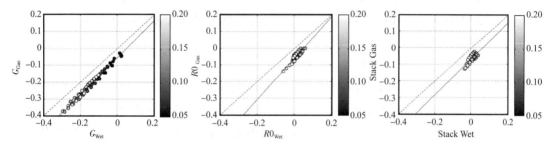

图 17-14　从左到右依次为在合成地震正演得到在含气储层顶部与含水储层顶部的梯度、截距和反射振幅的交会图。符号上填充的不同颜色表示不同的孔隙度。不同组的线性趋势表示不同的储层厚度。直线　为根据公式 17-8 所计算得到数据的最佳拟合近似。虚线为对角线（据 Li 和 Dvorkin，2012）

现在可以将式 17-8 中第三个表达式所表示的含水—含气转换应用于储层顶部的全叠加地震振幅预测，并将其转化为可能的含气储层处的振幅（图 17-11c）。图 17-15 绘制了预测振幅与原始振幅的比值。

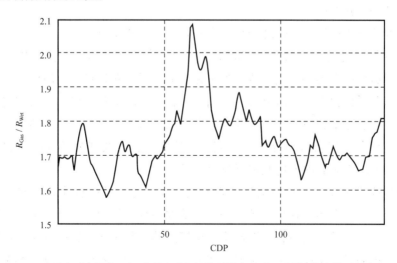

图 17-15　全叠加地震剖面中预测得到含气储层的振幅与原始的含水储层振幅的比值
（据 Li 和 Dvorkin，2012）

17.5 经验和结论

在本章中提出的问题是，是否可能（至少是近似地）把含水储层记录的地震振幅，转换成与含水储层完全相同但含有气体的假设储层的振幅。换句话说，是否可以直接对地震数据进行流体替代？

通过地震正演模拟解决了这个问题，该地震正演模拟是在一个简单的三层的地质模型上进行的，其中砂层夹在两个相同的泥岩体之间。通过大量的计算实验，发现含水储层的梯度和截距属性与含气储层的梯度和截距属性近似地呈线性关系。随着储层孔隙度和厚度的变化，这些关系似乎相当稳定。但是，如果同时改变储层孔隙度和黏土含量，这种关系的误差就会变大。这就是为什么加入了一个附加的限制条件，即孔隙度与黏土含量成反比。一旦这种转换有了设定关系，含水储层与含气储层之间的振幅转换的不确定性就降低了。

通过在实例中应用这种方法，在含气时储层的孔隙度和黏土含量与含水时储层完全一样，另外储层上下泥岩的特征也在完全一样的假设下，可以直接将含水储层的全叠加振幅转换为含气储层的全叠加振幅。因为没有与含水储层地震数据可比较的含气储层地震数据，本实例研究并没有进行实际验证。因此，本研究中使用基于岩石物理的流体替代技术用天然气来替代水，可以作为实际地震数据变换的一个例子。

与基于岩石物理的研究一样，这里提出的方法也是基于以下大量的假设：

（1）除了孔隙中流体不同外，含水储层和含气储层性质特征完全相同；

（2）储层周围围岩（即泥岩）的弹性特性是已知且不变的；

（3）已知水和烃（气）的性质以及含气饱和度是已知的；

（4）可以用一个简单的三层模型来近似真实的地质结构；

（5）子波是已知的；

（6）已经建立了速度—孔隙度和孔隙度—黏土岩物理模型。

尽管这些假设对最终结果有一定的限制，但笔者认为它们并不比传统地震建模研究中使用的许多假设严重得多，这意味着本书给出的结果有效且具有实用性。然而，笔者建议，读者可将此讨论视为一种研究方法，而不是直接采用这里给出的公式并将它们应用到另一个区域。在实际案例研究中，需要基于严格的岩石物理分析结果，结合岩石类型和真实的地质结构特征，完善该研究的工作流程。这样的岩石物理模型可以通过测井数据建立，也可以根据所掌握的地质情况进行简单假设。

需要再次强调的是，这里所描述的直接基于反射地震流体替代方法取决于了解储层中存在何种流体这一事实。在检验的案例中，从井中数据得知储层是含水的。如果缺乏井的控制该怎么办？这种情况下，应该使用一个模拟的伪井来建立转换关系，然后使用"假设"方法，通过假设原始储层是含水的以转换生成含气储层的振幅，反之亦然。然后，将得到的振幅与实际地震数据进行比较，以确定钻井和完井的风险。

17.6　实际应用

如何在没有测井资料的情况下使用这种方法呢？首先要建立一个合适的地质模型，需要假设压实过程对储层和非储层岩石性质的影响，如第 5 章和第 11 章所讨论的。还需要对矿物组分做出假设，例如，假设对地下地质沉积环境已有足够的了解。然后，在孔隙度和黏土含量的合理范围内，选择合理的岩石物理模型，针对具体的地质情况根据式 17–8 开展类似于图 17–14 所示的转换。最后，这些转换将应用于感兴趣的地震属性，从而可以回答以下问题：如果假设储层是含水的，那么这些属性在储层含气或含油时表现出怎样的特征；反之，如果假设储层是含油或含气的，那么这些属性在储层含水时表现出怎样的特征。这种"如果"模型将会更好地识别潜在目标及其风险。另外还需注意的是，在实际应用中重要的一步是振幅标定（Hilterman，2001）。

18　岩石物理和地震波阻抗

地震波阻抗反演是地球物理探测中常用的方法。许多商业应用程序的目的是将反映弹性特性的地震道转换成地震绝对阻抗体。这个目的是很明显的：因为是绝对阻抗，而不是相对阻抗，可以通过岩石物理，将它与孔隙度、矿物成分、构造和流体进行转换，从而生成地震波阻抗体，从而确定地下岩石的性质。关于这种方法和实践的详细阐述，请读者参阅 Latimer（2011）关于地震阻抗反演的专著，书中也列出了许多学者和他们的出版物。

由 Dvorkin 和 Alkhater（2004）基于简单的岩石物理逻辑的案例进行了研究，以描述地震波阻抗剖面中的孔隙度和流体。研究目标储层由相对松软的砂体组成。结果表明，气饱和砂层的声波阻抗远小于油饱和或者水饱和砂层的声阻抗。这种巨大的阻抗差使得能够从纵波数据中识别孔隙流体，而不需要使用炮检距信息。因此，通过叠后地震资料的波阻抗反演可以描述孔隙流体和孔隙度。

在北海某个区域反演得到的纵波阻抗剖面如图 18-1（上图）所示。其中气/油接触位置大概位于双程旅行时约 1700ms 处。储层形态在剖面中部突然发生变化，这是台阶状近海沉积物的典型几何特征。

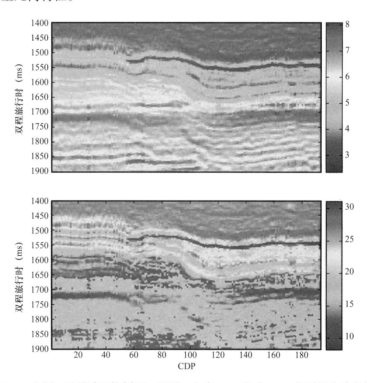

图 18-1　上图：地震波阻抗剖面；下图：由式 18-1 和式 18-2 得到的孔隙度剖面
（据 Dvorkin 和 Alkhater，2004）

用于此次波阻抗反演的两口井分别位于共深度点（CDP）道集中 CDP 号为 3 和 190 处。在这条地震线上的两口井都是生产井，它们都穿过一个巨大的气顶，以及下面的油层和水层（如图 18-2 中的测井曲线）。储层中的孔隙流体系统包括气、油和水。假设气/油界面以上只有气和水，气/油和油/水界面之间只有油和水。换句话说，油气在油藏中并不是共存的。在含水岩石之上的薄油段含水饱和度很小。尽管地层中伽马值有一定的变化，但岩石基本上是干净的砂体，泥岩含量较小。

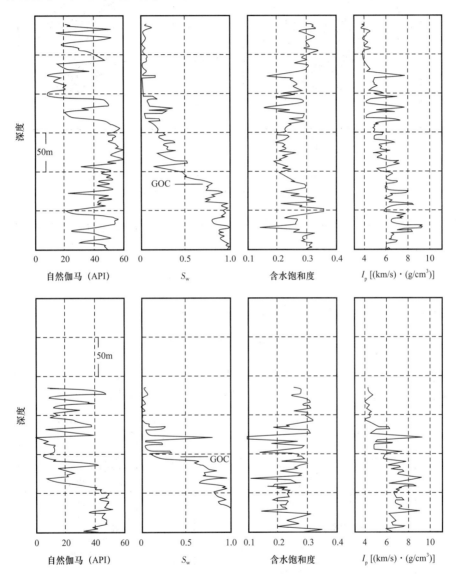

图 18-2　井 1（上图）和井 2（下图）平滑后的深度域测井曲线。图中横线为气/油界面

如图 18-1（上图）所示的反演地震波阻抗与两口井中波阻抗变化非常吻合：在双程旅行时约 1700ms 处出现平点，波阻抗急剧增加，它标志着此处为油气界面（GOC）。相比较而言，GOC 以下的阻抗变化很小。

图 18-3 为基于井数据的阻抗—孔隙度交会图。这里并没有进行完整的岩石物理分析，

而只是基于一定原则上得到了一个简单的近似规律：气顶的波阻抗小于 $6\left[(km/s)\cdot(g/cm^3)\right]$，油饱和和水饱和储层波阻抗大于 $6\left[(km/s)\cdot(g/cm^3)\right]$。这个阈值可作为图 18-1 所示波阻抗剖面中的流体指标。

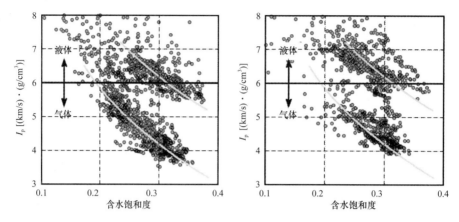

图 18-3　井 1（左图）和井 2（右图）中波阻抗和孔隙度的交会图。
灰色曲线由式（18-1）和式（18-2）计算得出

接下来专门研究两口井的产油气层数据。一个近似多项式拟合趋势给出了孔隙度和波阻抗关系公式：

$$\phi \approx 0.775 - 0.151 I_p + 0.009_p^2 \qquad (18\text{-}1)$$

当 $I_p < 6\left[(km/s)\cdot(g/cm^3)\right]$（即在含气储层中）时：

$$\phi \approx 1.100 - 0.185 I_p + 0.009 I_p^2 \qquad (18\text{-}2)$$

当 $I_p > 6\left[(km/s)\cdot(g/cm^3)\right]$（即在液体相储层中）时，将各自的曲线叠加在图 18-3 中的井数据上。图 18-4 显示了使用 10 点平均窗口进行粗化的井数据曲线。

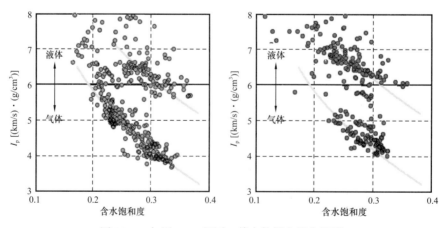

图 18-4　与图 18-3 相同，其中数据由粗化得到

最后，利用阻抗剖面平点上下方数据，根据式（18-1）和式（18-2），从地震剖面得到了孔隙度（图 18-1 右图）。从本质上说，通过观察测井数据并理解其意义，已经同时从

地震波阻抗数据得到了孔隙度和流体剖面。

需要注意的是，孔隙度剖面与阻抗剖面有本质上的不同：它没有反映出在平坦的气 / 油界面上强烈的水平阻抗差异。这是因为在使用阻抗—孔隙度变换之前，先确定了孔隙流体，然后在气体段和液体段使用了不同的变换公式。

在这个案例中，将岩石物理应用于地震数据的方法只是粗略的研究，对岩石物理进行详细研究仍然十分必要。只有理解了岩石—流体系统，才能通过捷径得到一个简单的近似解。此外，本章讨论的例子是基于特定研究区的，式 18-1 和式 18-2 不应该简单地推广到其他研究区和盆地中。

另一种将地震数据转换成岩石特征和条件的方法是逆岩石物理正演，它将岩石物理和反演理论结合了起来（Grana 和 Della Rossa，2010）。该项工作使用了概率方法，将地震振幅转化为岩石性质的结果并非唯一（详见第 1 章）。

将岩石物理应用到地震资料中有许多问题，其中之一是测量尺度问题。从井中采集的井数据得出的趋势能适用于大到 100 英尺的地震尺度（Dvorkin 和 Cooper，2005；Dvorkin 和 Uden，2006；Dvorkin，2008d）。

通过综合岩石物理和地震勘探数据得到的储层性质的分辨率仍然不超过地震分辨率。因此，在没有其他严格假设的情况下，在亚地震分辨率下得出储层的性质并不现实。使用本书中描述的确定性方法，只能确定岩石平均性质，如平均孔隙度等。

第七部分
岩石物理前沿技术

19 计算岩石物理

19.1 控制实验数据的第三来源

实验室实验和测井数据是控制性实验数据的主要来源，控制性实验数据是在不同条件下对同一样品进行的一些物理性质的测量，如饱和度和压力。第 2 章讨论了如何使用这些数据来推导理论模型以及建立这些模型与岩石类型的相关性。

第三个来源是计算岩石物理，也称为数字岩石物理或 DRP。这种技术的原理是"图像和计算"。刻画岩石的孔隙结构，并数值模拟该空间中的各种物理过程，包括：绝对渗透率下的单相黏性流体流动；相对渗透率下的多相流体的流动；电阻率电流；对弹性性质的加载和应力分析。

DRP 的原理很简单，但它的实现过程却不简单，至少需要三个重要步骤，即成像、图像处理与切割、物理性质模拟。

岩石样品的三维成像通常是在 CT 扫描仪中 X 射线照射旋转样品来进行的。实际的三维模型从这些原始数据和图像通过灰度阴影的断面重构。在这样的三维图像中，每个像素的亮度直接受到物质的有效原子数的影响，并且与它的密度近似成正比。例如，密度大的黄铁矿会显得明亮，而密度小的石英会显为浅灰色。空的孔隙空间是黑色的，而其中充满水或沥青的部分是深灰色的。如果想要对碳酸盐岩中的泥岩或泥晶中非常小的特征进行成像，即使是最精细的 CT 的分辨率可能仍然不够。需要另外一种技术，即所谓的光纤扫描电镜（FIB-SEM），在使用时，通过聚焦的离子束逐渐刮去样品的薄片，扫描电子显微镜将暴露的二维表面成像（拍照），以产生一系列紧密间隔的二维图像。这种技术的分辨率可以达到 5～10nm。在成像中，总是有分辨率和视野之间的冲突：分辨率越高，视野越小。事实上，一个典型的砂岩或碳酸盐岩样品成像的大小是毫米级。对于泥岩来说，它甚至更小。这么小的样本中是否能了解到关于岩石储层尺度的特征？这个问题将在下一节中讨论。

这样获得的图像必须进行切割，从而将孔隙从颗粒中分离出来，并在颗粒中识别出不同的矿物成分。矿物成分在应力—加载数值实验中很重要，因为不同的矿物具有不同的弹性特性，因此它们的形变也不同。分割过程可以像图像处理过程一样复杂。它为孔隙空间物理过程的数值模拟提供了关键输入，因为孔隙的连通性和其他几何特性取决于孔隙与颗粒的分离方式。然而，尽管存在以上困难，图像的切割还是成功地完成了，正如提供了可验证的岩石物理特性的数值实验结果所表明的那样（见本章后面的例子）。图 19-1 为沥青砂的分割图像示例，颗粒、沥青和空腔相互分离。

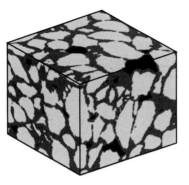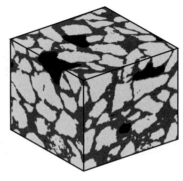

图 19-1　对沥青砂岩不同部位切割得到的图像

矿物颗粒为白色，沥青为灰色，空腔为黑色（据 Courtesy Cenovus and Ingrain 公司）

用于模拟实验的计算引擎有许多。绝对渗透率和相对渗透率可以通过网格—玻尔兹曼法（LBM）模拟单相流体和多相流体计算得到（Tolke 等，2010）。对于电学模拟和电动力学模拟，可以使用有限元法（FEM）（如 Garboczi 和 Day，1995）。在所有的模拟中，合适的局部物理常数被分配给每个像素（如矿物体积模量和剪切模量、电导率、黏度、润湿性角和界面张力）。在流动模拟中，这些参数必须来自实验室试验，或根据可用的参数表和公式根据相关油藏条件进行计算。一方面，这一要求似乎非常苛刻；另一方面，这种灵活性是非常有利的，因为可以快速计算和处理与储层条件有关的各种场景，这在物理实验室即便不是不可能的，也是非常困难的。在电流模拟中，对于充满导电卤水且由非导电矿物（如石英或方解石）构成的岩石，分配局部导电率是相当简单的。当存在导电黏土、黄铁矿或导电微孔元素（如泥晶）时，这种方法虽具有挑战性，但也是可以操作的。计算岩石物理学的一个主要优点是，所有的实验都是在同一数字对象上进行的，并且可以一直存储，在出现新问题和需要时重新再访问。

大量的出版物中都有关于 DRP 的研究。在这里向读者推荐其中的一些：Bosl 等，1998；Keehm 等，2001；Arns 等，2002；Øren 和 Bakke，2003；Knackstedt 等，2003；Dvorkin 等，2008；Dvorkin，2009；Sharp 等，2009；Tolke 等，2010；Dvorkin 等，2011。

19.2　实验尺度和趋势

受控岩石物理实验的规模从 DPR 的亚毫米级到实验室的几厘米和井中的几十厘米不等。地震调查的规模是几十英尺，甚至几百英尺。如何将这些小尺度实验结果与地下大型目标的性质联系起来？具体来说，DRP 的准确性如何，又如何验证其结果？

一个直观的答案是将显微镜测试中获得的 DRP 特性与在实验室或在更大的宿主样本上测量的特性相匹配。性质通常是不匹配的（Dvorkin 和 Nur，2009）。因为天然岩石在各个尺度上都是各向异性的，一个用于成像和计算子样品的属性不需要匹配边长为 1cm 正方体的宿主属性，所以实验室样本测得的属性不需要符合一个利用遥感手段推断为 30.5m（100ft）大小的地质体。

可以使用一种不同的方法评估 DRP 有效性，最终结果适用于油田尺度问题：相比于将在不同的尺度上获得的属性进行对比，而更应该比较由成对的数据点形成的规律，如孔隙度和渗透率，地层电性因子和孔隙度、孔隙度和弹性模量等。Kameda 和 Dvorkin（2004）表明，通过将单个数字样本细分为若干个更小的子样本，并计算每个子样本的上述性质，就可以获得真实的渗透率—孔隙度趋势。通过采样，可以扩大孔隙度范围，因为即使在毫米级的岩石测试中，孔隙度也是不均匀的。值得注意的是，如果将子样品计算出的渗透率与孔隙度进行对比，通常会形成一定规律，而在整个样品中计算出的性质也符合这一规律。

子样品抽样的原理如图 19-2 所示。实际应用于 Berea 砂岩和稠油砂毫米级样品的采样如图 19-3 所示（Dvorkin 等，2011）。

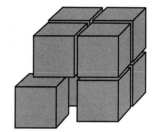

对 8 个子样品计算了相当大范围的孔隙度和渗透率。整个 Berea 样品孔隙度为 0.15，而子样品孔隙度为 0.11～0.18；整个样品的渗透率为 73mD，子样本的渗透率变为 16～122mD。这些物性参数范围甚至比油砂的物性参数范围更要大，油砂的孔隙度为 0.26，渗透率为 480mD。子样品孔隙度为 0.21～0.36，渗透率为 278～1432mD。图 19-4 为渗透率与孔隙度的交会图，从图中不难看出其关系非常密切。

图 19-2　将一个样品分割为 8 个同等大小的子样品

这种趋势经常出现在其他岩石属性中。例如，考虑实验室测量得到数据集，其中包含约 50 个碳酸盐岩露头样本（Scotellaro 等，2008）。试验室测得的纵波模量和剪切模量随孔隙度的变化如图 19-5 所示。在同一图中，绘制了三个数字样品计算的弹性模量，以及根据每个数字样品的 8 个子样品计算的弹性模量。

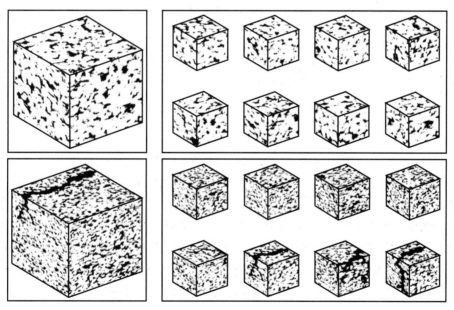

图 19-3　将 Berea 砂岩（左上图）和重油砂岩（左下图）分割为 8 个子样品（Berea 砂岩子样品位于右上图，重油砂岩的子样品位于右下图）（据 Dvorkin 等，2011）

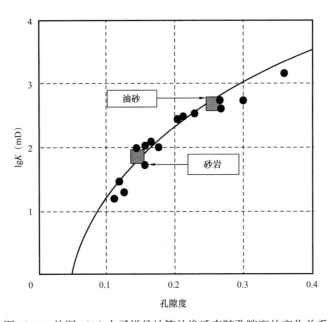

图 19-4 从图 19-3 中子样品计算的渗透率随孔隙度的变化关系

灰色方块为整块样品的结果，黑色圆圈为子样品的数据。曲线根据 Kozeny–Carman 公式（Mavko 等，2009）计算得到（据 Dvorkin 等，2011）

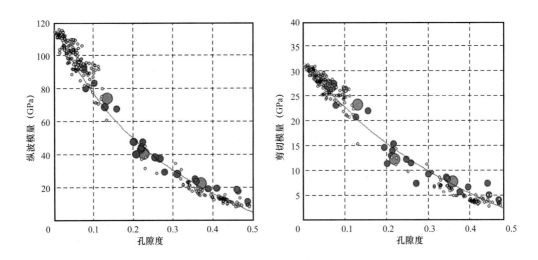

图 19-5 Scotellaro 等（2008）文章中的碳酸盐岩数据集

小亮点为实验室结果。大的灰色圆圈为三个数值样品的计算结果。小的灰色圆圈为三个数字样品的子样品的结果（每个数字样品被分为八个子样品）。曲线是由纯方解石在硬砂岩模型下计算得到的结果（据 Dvorkin 等，2011）

　　这里阐述的两个例子，一个用于渗透性，另一个用于弹性模量，表明物理性质计算几个微小的样品和他们的子样品可以形成一个趋势，且接近由大量的实验数据获得的趋势，也就是说，这种趋势持续存在于一个很宽的范围内。换句话说，这些趋势可能是在各个尺度范围内是稳定的。此外，在一个非常小的样品中同样可以得到这一趋势，这个小样品可由对整个大样品进行抽样获得。

　　因此，为了使 DRP 具有实用性，需要找到这种趋势，而不是分散孤立的数据点，这些数据点基本遵循实验室的规则，其中有用的数据集包含来自大量相同岩性样本的测量值。DRP 相对于物理实验的一个优势是，前者允许从少量的数字样本中快速创建这样的趋势。为了验证 DRP 结果，必须对比趋势变化，而不是分散的数据点。

19.3 实例

下面的实例来自 Dvorkin 等的研究，用来展示从 DRP 试验中获得的孔隙度和渗透率、孔隙度和地层电性因子，以及孔隙度和速度的关系。

图 19-6 中左图和右图分别为碳酸盐岩样品和高孔隙度油砂中获得的渗透率—孔隙度交会图。第一个趋势与实验室相关数据接近，第二个趋势与高孔隙度的 Ottawa 砂岩和 Fontainebleau 砂岩形成的实验室趋势一致。图 19-7 显示了 Fontainebleau 砂岩和泥晶碳酸盐岩的地层电性因子与孔隙度关系的计算结果，并与实验室数据进行了比较。图 19-8 为从两个碳酸盐岩数字样品中生成地层电性因子与孔隙度趋势的实例。

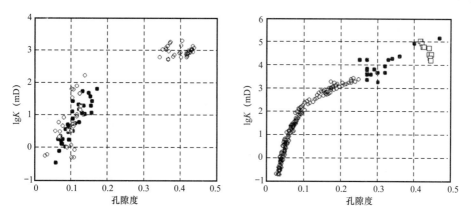

图 19-6　左图：碳酸盐岩样品中渗透率随孔隙度的变化，黑色点为计算的数据，浅色点为实验室数据（据 Dvorkin et al.，2011）；右图：高孔隙油砂计算得到的渗透率和孔隙度与 Fontainebleau 砂岩（Bourbie 和 Zinszner，1985）和高孔隙度 Ottawa 砂岩渗透率和孔隙度的比较

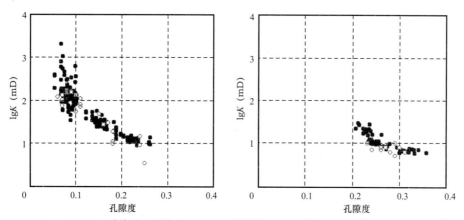

图 19-7　Fontainebleau 砂岩（左图）和 Micritic 碳酸盐岩（右图）地层电阻因子与孔隙度的关系
图中黑色数据为 DRP 计算的结果，左图浅色的数据为实验室测量得到的数据（据 Dvorkin 等，2011）

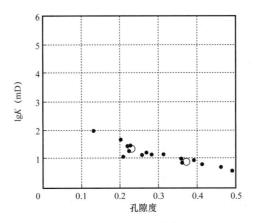

图 19-8　两个碳酸盐岩样品（黑色圆圈）及其子样品（灰色圆圈）的地层电阻因子随孔隙度的变化

图 19-9 为 Fontainebleau 砂岩计算和测量的速度与孔隙度之间的关系，而图 19-10 展示了碳酸盐岩孔隙度—速度的计算数据，以及实验室测量数据和根据方解石硬砂岩模型计算的理论曲线。

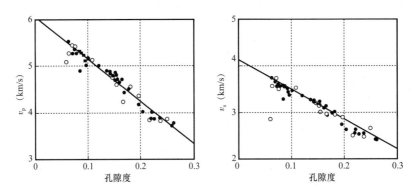

图 19-9　Fontainebleau 砂岩速度随孔隙度的变化

黑色圆圈为 DRP 计算结果，灰色圆圈为实验室测量结果，黑色线为纯石英在硬砂岩模型下计算的结果

（据 Dvorkin 等，2011）

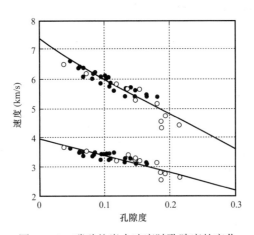

图 19-10　碳酸盐岩中速度随孔隙度的变化

黑色圆圈为 DRP 计算结果，灰色圆圈为实验室测量结果，黑色线为纯方解石在硬砂岩模型下计算的结果

（据 Dvorkin 等，2011）

19.4 多相流体的流动

Tolke 等（2010）讨论了数字孔隙空间中两相流的计算机模拟。进行这种 DRP 实验所花费的时间比在物理实验室要小几个数量级。此外，这种数字实验可以在完全相同的数字样品上重复进行，并且非常适合流体相的润湿性和黏度可以发生变化的情况。

图 19-11 为玻璃介质模型中癸烷—水系统中水的体积通量（定义为在单位时间所流出来所有流体相中水的体积比例）随水饱和度的变化曲线。在这个例子中，水是湿润相的流体。同一图中的第二个例子是水油的流动，其中水油的黏度比为 7∶1 和 1∶1。图 19-12 为数字砂岩样品的相对渗透率曲线。

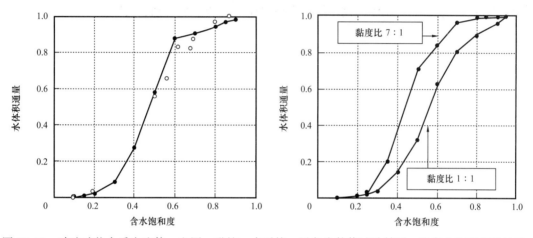

图 19-11　玻璃球状介质中流体，左图：癸烷—水系统，黑色为数值试验结果，浅色为物理实验结果；
右图：不同黏度比的水油系统（黏度比注明在图中）（据 Tolke 等，2010）

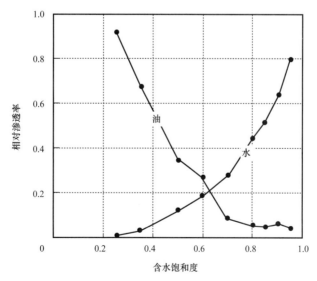

图 19-12　数字砂岩样品中流体，在水油系统中的相对渗透率曲线，水油黏度比为 7∶1，
表面张力为 7dyne/cm（据 Tolke 等，2010）

19.5 结论

计算岩石物理并不意味着忽视物理实验室数据的重要性，物理实验室数据将始终作为计算岩石物理的基础和验证来源。相反，DRP 可以丰富物理数据，尤其是在"假设"模式下。此外，在某些情况下，如只有形状不规则的小岩石样品（如钻屑）时，DRP 可以作为唯一的实验工具使用。

计算岩石物理是专为寻求不同岩石性质之间的转换而设计的，虽然实际上不可能对一个物理样品进行多次采样，并对每次采样的样品在实验室开展相同的实验，但在计算机上很容易完成这项任务。在此基础上，可以使用计算和分析技术来确保这种趋势在一定范围内的有效性。通过使用 DRP，也许能够实现"在一粒沙子里看到岩石"。

参 考 文 献

Aki K, Richards P G, 1980. Quantitative Seismology : Theory and Methods [M]. San Francisco : W. H. Freeman and Co.

Anselmetti F S, Eberly G P, 1997. Sonic velocity in carbonate sediments and rocks [M]. Tulsa : SEG.

Arns C H, Knackstedt M A, Pinczewski W V, 2002. Computation of linear elastic properties from microtomographic images : Methodology and agreement between theory and experiment [J]. Geophysics, 67: 1396-1405.

Athy L F, 1930. Density, porosity, and compaction of sedimentary rocks [J]. AAPG Bulletin, 14: 1-24.

Avseth P, 2000. Combining rock physics and sedimentology for seismic reservoir characterization of North Sea turbidite systems [D]. Stanford University.

Sondergeld C H, 2005. Quantitative Seismic Interpretation : Applying Rock Physics Tools to Reduce Interpretation Risk [J]. John Wiey & Sons, 86 (40): 45.

Avseth P, Dvorkin J, Mavko G, et al., 2000. Rock physics diagnostic of North Sea sands : Link between microstructure and seismic properties [J]. Geophysical Research Letters, 27: 2761-2764.

Bachrach R, Avseth P, 2008. Rock physics modeling of unconsolidated sands : Accounting for nonuniform contacts and heterogeneous stress fields in the effective media approximation with applications to hydrocarbon exploration [J]. Geophysics, 73: 197-209.

Backus G F, 1962. Long-wave elastic anisotropy produced by horizontal layering [J]. Journal of Geophysical Research, 67: 4427-4441.

Baldwin B, Butler C O, 1985. Compaction curves [J]. AAPG Bulletin, 69: 622-626.

Bangs N L, Sawyer D S, Golovchenko X, 1993. Free gas at the base of the gas hydrate zone in the vicinity of the Chile triple junction [J]. Geology, 21: 905-908.

Batzle M, Wang Z, 1992. Seismic properties of pore fluids [J]. Geophysics, 57: 1396-1408.

Batzle M L, Han D H, Hofmann R, 2006. Fluid mobility and frequency-dependent seismic velocity-Direct measurements [J]. Geophysics, 71: 1-9.

Berryman J G, 1992. Single-scattering approximations for coefficients in Biot's equations of poroelasticity [J]. The Journal of the Acoustical Society of America, 91: 551-571.

Blangy J P, 1992. Integrated Seismic Lithologic Interpretation : The petrophysical basis [D]. Stanford University.

Blatt H, Middleton G, Murray R, 1980. Origin of Sedimentary Rocks [M]. New Jersey : Prentice-Hall.

Boggs S, 1995. Principles of Sedimentology and Stratigraphy [M]. New Jersey : Prentice-Hall.

Bosl W, Dvorkin J, Nur A, 1998. A study of porosity and permeability using a lattice Boltzmann simulation [J]. Geophysical Research Letters, 25: 1475-1478.

Bourbie T, Zinszner B, 1985. Hydraulic and acoustic properties as a function of porosity in Fountainebleau sandstone [J]. Journal of Geophysical Research, 90: 11524-11532.

Bowers G L, 1995. Pore pressure estimation from velocity data : accounting for overpressure mechanisms besides undercompaction [J] . SPE Drilling and Completion, SPE 27488: 515–530.

Bowers G L, 2002. Detecting high overpressure [J] . The Leading Edge, 21: 174–177.

Box R, Lowrey P, 2003. Reconciling sonic logs with check–shot surveys : stretching synthetic seismograms [J] . The Leading Edge, 22: 510.

Box G E P, Draper N R, 1987. Empirical Model–Building and Response Surfaces [M] . Wiley.

Brie A, Pampuri F, Marsala A F, et al., 1995. Shear sonic interpretation in gas bearing sands [C] . Proceedings of SPE Annual Technical Conference and Exhibition, SPE 30595: 701–710.

Brown A, 2011. Interpretation of Three–Dimensional Seismic Data [M] . SEG.

Cadoret T, 1993. Effet de la Saturation Eau/Gas sur les proprietes Acoustiques des Roches [D] . University of Paris.

Calvert R, 2005. Insights and Methods for 4D Reservoir Monitoring and Characterization [M] . SEG and EAGE.

Castagna J P, Batzle M L, Eastwood R L, 1985. Relationships between compressional–wave and shear–wave velocities in clastic silicate rocks [J] . Geophysics, 50: 571–581.

Castagna J P, Batzle M L, Kan T K, 1993. Rock physics–The link between rock properties and AVO response, in Offset–dependent reflectivity–Theory and practice of AVO analysis [J] . Investigations in Geophysics, 8: 135–171.

Castagna J P, Sun S, Siegfried R W, 2003. Instantaneous spectral analysis : Detection of low–frequency shadows associated with hydrocarbons [J] . The Leading Edge, 22: 120–127.

Castagna J P, Swan H W, Foster D J, 1998. Framework for AVO gradient and intercept interpretation [J] . Geophysics, 63: 948–956.

Chatenever A, Calhoun J C, 1952. Visual examinations of fluid behavior in porous media–Part 1 [J] . AIME Petroleum Transactions, 195: 149–195.

Chen G, Matteucci G, Fahmy B, et al., 2008. Spectral–decomposition response to reservoir fluids from a deepwater West Africa reservoir [J] . Geophysics, 73: 23–30.

Connolly P, 1999. Elastic impedance [J] . The Leading Edge, 19: 438–452.

Cordon I, Dvorkin J, Mavko G, 2006. Seismic reflections of gas hydrate from perturbational forward modeling [J] . Geophysics, 71: 165–171.

Dai J, Xu H, Shyder F, et al., 2004. Detection and estimation of gas hydrates using rock physics and seismic inversion : Examples from the northern deepwater Gulf of Mexico [J] . The Leading Edge, 23: 60–66.

De Jager J, 2012. Prospect evaluation and risk and volume assessment [M] . Lecture notes.

Deutsch C V, Journel A G, 1996. GSLIB : Geostatistical software library and user's guide [M] . Oxford University Press.

Dickey P, 1992. La Cira–Infantas Field, Middle Magdalena Basin. In E. A. Beaumont and N. H. Foster, eds [J] . Structural Traps VII, AAPG Treatise of Petroleum Geology, Atlas for Oil and Gas Field, 323–347.

Domenico S N, 1977. Elastic properties of unconsolidated porous sand reservoirs [J] . Geophysics, 42: 1339–1368.

Dutta N C, 1987. Fluid flow in low permeable porous media, in Migration of hydrocarbons in sedimentary basins [C]. In B. Doligez, ed., 2nd IFP Exploration Research Conference, Carcans, France, June 15–19, Paris: Editions Technip.

Dutta N, Utech R, Shelander D, 2010. Role of 3D seismic for quantitative shallow hazard assessment in deepwater sediments [J]. The Leading Edge, 29: 930–942.

Dvorkin J, 2007. Self–similarity in rock physics [J]. The Leading Edge, 26: 946–950.

Dvorkin J, 2008a. Yet another Vs equation [J]. Geophysics, 73: 35–39.

Dvorkin J, 2008b. The physics of 4D seismic [J]. Fort Worth Basin Oil and Gas Magazine, October 2008: 33–36.

Dvorkin J, 2008c. Can gas sand have a large Poisson's ratio [J]. Geophysics, 73: 51–57.

Dvorkin J, 2008d. Seismic–scale rock physics of methane hydrates [J]. Fire in the Ice, 2008: 13–17.

Dvorkin J, 2009. Digital rock physics bridges scales of measurement [J]. E&P, 82 (9): 31–35.

Dvorkin J, Alkhater S, 2004. Pore fluid and porosity mapping from seismic [J]. First Break, 22: 53–57.

Dvorkin J, Brevik I, 1999. Diagnosing high–porosity sandstones: Strength and permeability from porosity and velocity [J]. Geophysics, 64: 795–799.

Dvorkin J, Cooper R, 2005. The caveat of scale [J]. E&P, 78 (10): 83–86.

Dvorkin J, Derzhi N, 2013. Rules for upscaling for rock physics transforms: Composites of randomly and independently drawn elements [J]. Geophysics, 77: 120–139.

Dvorkin J, Gutierrez M, 2001. Textural Sorting Effect on Elastic Velocities, Part II: Elasticity of a Bimodal Grain Mixture [J]. SEG Technical Program Expanded Abstracts, 2001: 1764–1767.

Dvorkin J, Gutierrez M, 2002. Grain sorting, porosity, and elasticity [J]. Petrophysics, 43 (3): 185–196.

Dvorkin J, Mavko G, 2006. Modeling attenuation in reservoir and non–reservoir rock [J]. The Leading Edge, 25: 194–197.

Dvorkin J, Nur A, 1996. Elasticity of high–porosity sandstones: Theory for two North Sea datasets [J]. Geophysics, 61: 1363–1370.

Dvorkin J, Nur A, 1998. Time–average equation revisited [J]. Geophysics, 63: 460–464.

Dvorkin J, Nur A, 2009. Scale of experiment and rock physics trends [J]. The Leading Edge, 28: 110–115.

Dvorkin J, Uden R, 2004. Seismic wave attenuation in a methane hydrate reservoir [J], The Leading Edge, 23: 730–734.

Dvorkin J, Uden R, 2006. The challenge of scale in seismic mapping of hydrate and solutions [J], The Leading Edge, 25: 637–642.

Dvorkin J, Mavko G, Gurevich B, 2007. Fluid substitution in shaley sediment using effective porosity [J]. Geophysics, 72: 1–8.

Dvorkin J, Mavko G, Nur A, 1999. Overpressure detection from compressional– and shear–wave data [J]. Geophysical Research Letters, 26: 3417–3420.

Dvorkin J, Derzhi N, Diaz E, et al., 2011. Relevance of computational rock physics [J]. Geophysics, 76:

141–153.

Dvorkin J, Nur A, Uden R, et al., 2003. Rock physics of a gas hydrate reservoir [J]. The Leading Edge, 22: 842–847.

Dvorkin J, Walls J, Uden R, et al., 2004. Lithology substitution in fluvial sand [J]. The Leading Edge, 23: 108–114.

Dvorkin J, Armbruster M, Baldwin C, et al., 2008. The future of rock physics: Computational methods versus lab testing [J]. First Break, 26: 63–68.

Dvorkin J, Derzhi N, Fang Q, et al., 2009. From micro to reservoir scale: Permeability from digital experiments [J]. The Leading Edge, 28: 1446–1453.

Eastwood J, Lebel P, Dilay A, et al., 1994. Seismic monitoring of steam-based recovery of bitumen [J]. The Leading Edge, 13: 242–251.

Eaton B A, 1975. The equation for geopressured prediction from well logs, Proceedings of Fall Meeting of the Society of Petroleum Engineers of AIME [J]. SPE: 5544.

Ebaid H, Tura A, Nasser M, et al., 2008. First dual-vessel high-repeat GoM 4D shows development options at Holstein field [M]. SEG Expanded Abstract.

Eberli G P, Baechle G T, Anselmetti F S, 2003. Factors controlling elastic properties in carbonate sediments and rocks [J]. The Leading Edge, 22: 654–660.

Ebrom D, 2004. The low-frequency gas shadow on seismic sections [J]. The Leading Edge, 23: 772.

Ecker C, Dvorkin J, Nur A, 2000. Estimating the amount of gas hydrate and free gas from marine seismic data [J]. Geophysics, 65: 565–573.

Einsele G, Ricken W, Seilacher A, 1991. Cycles and Events in Stratigraphy [M]. Heidelber: Springer-Verlag.

Evejen H M, 1967. Outline of a system of refraction interpretation for monotonic increase of velocity with depth [J]. Seismic Refraction Prospecting, SEG: 290.

Fabricius I L, Baechle G T, Eberli G P, 2010. Elastic moduli of dry and water-saturated carbonates – effect of depositional texture porosity and permeability [J]. Geophysics, 75: 65–78.

Fabricius I L, Mavko G, Mogensen C, et al., 2002. Elastic moduli of chalk as a reflection of porosity, sorting, and irreducible water saturation [J]. SEG Expanded Abstract: 1903–1906.

Fahmy W, 2006. DHI/AVO Best Practices Methodology and Application [M]. SEG/AAPG Distinguished Lecture.

Fahmy W A, Matteucci G, Parks J, et al., 2008. Extending the Limits of Technology to Explore Below the DHI Floor; Successful Application of Spectral Decomposition to Delineate DHI's Previously Unseen on Seismic Data [J]. SEG Technical Program Expanded Abstracts, 2008: 408–412.

Faust L Y, 1951. Seismic velocity as function of depth and geological time [J]. Geophysics, 16: 192–206.

Faust L Y, 1953. A velocity function including lithologic variation [J]. Geophysics, 18: 271–288.

Forrest M, Roden R, Holeywell R, 2010. Risking seismic amplitude anomaly prospects based on database trends [J], The Leading Edge, 29: 936–930.

Fournier F, Borgomano J, 2007. Geological significance of seismic reflections and imaging of reservoir architecture in the Malampaya gas field (Philippines) [J]. AAPG Bulletin, 92: 235-258.

Gal D, Dvorkin J, Nur A, 1998. A physical model for porosity reduction in sandstones, Geophysics, 63: 454-459.

Gal D, Dvorkin J, Nur A, 1999. Elastic-wave velocities in sandstones with non-load-bearing clay [J]. GRL, 26: 939-942.

Garboczi E J, Day A R, 1995. An algorithm for computing the effective linear elastic properties of heterogeneous materials : Three dimensional results for composites with equal phase Poisson ratios [J]. Journal of the Mechanics and Physics of Solids, 43: 1349-1362.

Gassmann F, 1951. Elasticity of porous media : Uber die elastizitat poroser medien : Vierteljahrsschrift der Naturforschenden [J]. Gesselschaft, 96: 1-23.

Ghaderi A, Landro M, 2009. Estimation of thickness and velocity changes of injected carbon dioxide layers from prestack time-lapse seismic data [J]. Geophysics, 74: 17-28.

Ghosh R, Sen M, 2012. Predicting subsurface CO_2 movement : From laboratory to field scale [J]. Geophysics, 77: 27-37.

Giles M, 1997. Diagenesis : A quantitative perspective and implications for basin modeling and rock property prediction [J]. Kluwer Academic Publishers, 85: 526.

Gommesen L, Dons T, Hansen H P, et al., 2007. 4D seismic signatures of North Sea chalk – the Dan field [J]. SEG Expanded Abstract : 2847-2851.

Grana D, Della Rossa E, 2010. Probabilistic petrophysical properties estimation integrating statistical rock physics with seismic inversion [J]. Geophysics, 75: 21-37.

Grana D, Mukerji T, Dvorkin J, et al., 2012. Stochastic inversion of facies from seismic data based on sequential simulations and probability perturbation method [J]. Geophysics, 77: 53-72.

Greenberg M L, Castagna J P, 1992. Shear-wave velocity estimation in porous rocks : Theoretical formulation, preliminary verification and applications [J]. Geophysical Prospecting, 40: 195-209.

Grotsch J, Mercadier C, 1999. Integrated 3-D reservoir modelling based on 3-D seismic : The Tertiary Malampaya and Camago buildups, offshore Palawan, Philippines [J]. AAPG Bulletin, 83: 1703-1728.

Grude S, Dvorkin J, Landro M, 2013. Rock physics estimation of cement type and impact on the permeability for the Snohvit Field, the Barents Sea [J]. SEG Expanded Abstract, 67: 1-5.

Guerin G, Goldberg D, 2002. Sonic waveform attenuation in gas-hydrate-bearing sediments from the Mallik 2L-38 research well, Mackenzie Delta, Canada [J]. Journal of Geophysical Research, 107: 1029-1085.

Guerin G, Goldberg D, Meltzer A, 1999. Characterization of in-situ elastic properties of gas-hydrate-bearing sediments on the Blake Ridge [J]. JGR, 104: 17781-17796.

Gutierrez M A, 2001. Rock physics and 3-D seismic characterization of reservoir heterogeneities to improve recovery efficiency [D]. Stanford University.

Gutierrez M A, Dvorkin J, 2010. Rock physics workflows for exploration in frontier basins [J]. SEG

Expanded Abstracts: 2441–2446.

Gutierrez M A, Braunsdorf N R, Couzens B A, 2006. Calibration and ranking of pore–pressure prediction models [J]. The Leading Edge 25: 1458–1460.

Hackert C L, Parra J O, 2004. Improving Q estimates from seismic reflection data using welllog–based localized spectral correction [J]. Geophysics, 69: 1521–1529.

Hamilton E L, 1972. Compressional–wave attenuation in marine sediments [J]. Geophysics, 37: 620–646.

Han D H, 1986. Effects of porosity and clay content on acoustic properties of sandstones and unconsolidated sediments [D]. Stanford University.

Hardage B A, 1985. Vertical Seismic Profiling, Part A, Principles, 2nd [J]. Elsevier.

Hardage B, Levey R, Pendleton V, et al., 1994. A 3–D seismic case history evaluating fluvially deposited thin–bed reservoirs in a gas–producing property [J]. Geophysics, 59: 1650–1665.

Hashin Z, Shtrikman S, 1963. A variational approach to the elastic behavior of multi–phase materials [J]. Journal of Mechanics and Physics of Solids, 33: 3125–3131.

Helgerud M, 2001. Wave speeds in gas hydrate and sediments containing gas hydrate: A laboratory and modeling study [D]. Stanford University.

Helgerud M, Dvorkin J, Nur A, et al., 1999. Elastic–wave velocity in marine sediments with gas hydrates: Effective medium modeling [J]. GRL, 26: 2021–2024.

Hill R, 1952. The elastic behavior of crystalline aggregate [J]. Proceedings of the Physical Society, London, 65: 349–354.

Hilterman F, 1989. Is AVO the seismic signature of rock properties [J]. SEG Expanded Abstracts: 559–562.

Hilterman F, 2001. Seismic amplitude interpretation [D]. SEG distinguished instructor short course.

Hilterman F, Z Zhou, 2009. Pore–fluid quantification: Unconsolidated versus consolidated sediments [J]. Expanded Abstract: 331–335.

Holbrook W S, Hoskins H, Wood W T, et al., 1996. Methane hydrate and free gas on the Blake Ridge from vertical seismic profiling [J]. Science, 273: 1840–1843.

Hyndman R D, Spence G D, 1992. A seismic study of methane hydrate marine bottom simulating reflectors [J]. JGR, 97: 6683–6698.

Japsen P, 1993. Influence of lithology and Neogene uplift on seismic velocities in Denmark; implications for depth conversion of maps [J]. AAPG Bulletin, 77: 194–211.

Japsen P, 1998. Regional velocity–depth anomalies, North Sea Chalk: a record of overpressure and Neogene uplift and erosion [J]. AAPG Bulletin, 82: 2031–2074.

Japsen P, Mukerji T, Mavko G, 2007. Constraints on velocity–depth trends from rock physics models [J]. Geophysical Prospecting, 55: 135–154.

Jizba D L, 1991. Mechanical and acoustic properties of sandstones and shales [D]. Stanford University.

Johnson D L, 2001. Theory of frequency dependent acoustics in patchy–saturated porous media [J]. The Journal of the Acoustical Society of America, 110: 682–694.

Kameda A, Dvorkin J, 2004. To see a rock in a grain of sand [J]. The Leading Edge, 23: 790–794.

Katahara K, 2003. Analysis of overpressure on the Gulf of Mexico Shelf [C]. Proceedings of Offshore Technology Conference.

Keehm Y, Mukerji T, Nur A, 2001. Computational rock physics at the pore scale: Transport properties and diagenesis in realistic pore geometries [J]. The Leading Edge, 20: 180–183.

Kenter J, Podladchikov F, Reinders M, 1997. Parameters controlling sonic velocities in a mixed carbonate-siliciclastic Permian shelf-margin (upper San Andres formation, Last Chance Canyon, New Mexico) [J]. Geophysics, 64: 505–520.

Klimentos T, 1995. Attenuation of P- and S-waves as a method of distinguishing gas and condensate from oil and water [J]. Geophysics, 60: 447–458.

Klimentos T, McCann C, 1990. Relationships among compressional wave attenuation, porosity, clay content, and permeability in sandstones [J]. Geophysics, 55: 998–1014.

Knackstedt M A, Arns C H, Pinczewski W V, 2003. Velocity-porosity relationships, 1: Accurate velocity model for clean consolidated sandstones [J]. Geophysics, 68: 1822–1834.

Knight R, Dvorkin J, Nur A, 1998. Seismic signatures of partial saturation [J]. Geophysics, 63: 132–138.

Koesoemadinata A P, McMechan G A, 2001. Empirical estimation of viscoelastic seismic parameters from petrophysical properties of sandstone [J]. Geophysics, 66: 1457–1470.

Krief M, Garat J, Stellingwerff J, 1990. A petrophysical interpretation using the velocities of P and S waves (full-waveform sonic) [J]. The Log Analyst, 31: 355–369.

Krumbein W C, Dacey M F, 1969. Markov Chains and Embedded Markov Chains in Geology: Mathematical [J]. Geology, 1 (1): 79–96.

Kvamme L, Havskov J, 1989. Q in southern Norway [J]. Bulletin of Seismological Society of America, 79: 1575–1588.

Kvenvolden K A, 1993. Gas hydrates as a potential energy resource – a review of their methane content [J]. In The Future of Energy Gases – U. S. G. S. Professional Paper 1570: 555–561.

Lancaster A, Whitcombe D, 2000. Fast-track 'colored' inversion [J]. SEG Expanded Abstract: 1572–1575.

Lander R H, Walderhaug O, 1999. Reservoir quality predictions through simulation of sandstones compaction and quartz cementation [J]. AAPG Bulletin, 83: 433–449.

Latimer R B, 2011. Inversion and interpretation of impedance data [J]. Interpretation of Three-Dimensional Seismic, 76: 98–103.

Laverde F, 1996. Estratigrafia de alta resolucion de la seccion corazonada en el campo [J]. La Cira: Ecopetrol, Technical report: 37.

Leary P, Henyey T, Li Y, 1988. Fracture related reflectors in basement rock from vertical seismic profiling at Cajon Pass [J]. Geophysical Research Letters, 15: 1057–1060.

Lebedev M, Toms Stewart J, Clennell B, et al., 2009. Direct laboratory observation of patchy saturation and its effects on ultrasonic velocities [J]. The Leading Edge, 28: 24–27.

Lee M W, 2002. Biot-Gassmann theory for velocities of gas hydrate-bearing sediments [J]. Geophysics,

67: 1711-1719.

Lee M W, 2006. A simple method of predicting S-wave velocity [J]. Geophysics, 71: 161-164.

Lilwall R, 1988. Regional mb : Ms, Lg/Pg amplitude ratios and Lg spectral ratios as criteria for distinguishing between earthquakes and explosions : A theoretical study [J]. Geophysical Journal, 93: 137-147.

Li J, Dvorkin J, 2012. Effects of fluid changes on seismic reflections : Predicting amplitudes at gas reservoir directly from amplitudes at wet reservoir [J]. Geophysics, 77: 129-140.

Lucet N, 1989. Vitesse et attenuation des ondes elastiques soniques et ultrasoniques dans ler roches sous pression de confinement (Velocity and attenuation of elastic sonic and ultrasonic waves in rocks under confining pressure) [D]. University of Paris.

Lucia F J, 2007. Carbonate Reservoir Characterization, 2nd [M]. New York : Springer.

Marion D, Jizba D, 1997. Acoustic properties of carbonate rocks : Use in quantitative interpretation of sonic and seismic measurements [J]. Seismology, Geophysical Developments : 75-94.

Marion D, Mukerji T, Mavko G, 1994. Scale effects on velocity dispersion : From ray to effective medium theories in stratified media [J]. Geophysics, 59: 1613-1619.

Marsden D, Bush M D, Sik Johng D, 1995. Analytic velocity functions [J]. The Leading Edge, 14: 775-782.

Mavko G, Jizba D, 1991. Estimating grain-scale fluid effects on velocity dispersion in rocks [J]. Geophysics, 56: 1940-1949.

Mavko G, Chan C, Mukerji T, 1995. Fluid substitution : Estimating changes in Vp without knowing Vs [J]. Geophysics, 60: 1750-1755.

Mavko G, Mukerji T, Dvorkin J, 2009. The Rock Physics Handbook : Tools for Seismic Analysis of Porous Media [M]. Cambridge University Press.

Menezes C, Gosselin, 2006. From logs scale to reservoir scale : upscaling of the petroelastic model [C]. Proceedings of SPE Europec/EAGE Annual Conference and Exhibition.

Miall A D, 1996. The Geology of Fluvial Deposits : Sedimentary facies, basin analysis and petroleum geology [M]. New York : Springer-Verlag.

Miall A D, 1997. The Geology of Stratigraphic Sequences [M]. New York : Springer-Verlag.

Miller J J, Lee M W, Von Huene R, 1991. An analysis of a Seismic Reflection from the base of a gas hydrate zone, offshore Peru [J]. AAPG Bull, 75: 910-924.

Mindlin R D, 1949. Compliance of elastic bodies in contact [J]. Transactions ASME, 71: 259.

Minshull T A, Singh S C, Westbrook G K, 1994. Seismic velocity structure at a gas hydrate reflector, offshore western Colombia, from full waveform inversion [J]. JGR, 99: 4715-4734.

Morales L G, Podesta D J, Hatfield W C, et al., 1958. General geology and oil occurrences of the Middle Magdalena Valley, Colombia : Habitat of Oil Symposium [J]. American Association of Petroleum Geologists, 16: 641-695.

Mukerji T, Jorstad A, Avseth P, 2001. Mapping lithofacies and pore-fluid probabilities in a North Sea reservoir : Seismic inversions and statistical rock physics [J]. Geophysics, 66: 988-1001.

Murphy W F, 1982. Effects of microstructure and pore fluids on the acoustic properties of granular sedimentary materials [D] . Stanford University.

Nur A, 1969. Effects of stress and fluid inclusions on wave propagation in rock [D] . MIT.

O'Brien J, 2004. Seismic amplitudes from low gas saturation sands [J] . The Leading Edge, 23: 1236– 1243.

Oren P E, Bakke S, 2003. Reconstruction of Berea sandstone and pore-scale modeling of wettability effects [J] . Journal of Petroleum Science and Engineering, 39: 177–199.

Osdal B, Husby O, Aronsen H A, et al., 2006. Mapping the fluid front and pressure buildup using 4D data on Norne Field [J] . The Leading Edge, 25: 1134–1141.

Ostrander W J, 1984. Plane-wave reflection coefficients for gas sands at non-normal angles of incidence [J] . Geophysics, 49: 1637–164.

Paillet F, Cheng C, Pennington W, 1992. Acoustic waveform logging : advances in theory and application [J] . Log Analyst, 33: 239–258.

Palaz I, Marfurt K J, 1997. Carbonate Seismology, Geophysical Developments [M] . Tulsa : SEG.

Pearson C, Murphy J, Hermes R, 1986. Acoustic and resistivity measurements on rock samples containing tetrahydrofuran hydrates : laboratory analogues to natural gas hydrate deposits [J] . JGR, 91: 14132– 14138.

Pickett G R, 1963. Acoustic character logs and their applications in formation evaluation [J] . Journal of Petroleum Technology, 15: 650–667.

Pratt R G, Bauer K, Weber M, 2003. Cross-hole waveform tomography velocity and attenuation images of arctic gas hydrates [J] . SEG Expanded Abstract, 2255–2258.

Pride S R, Harris J M, Johnson D L, et al., 2003. Permeability dependence of seismic amplitudes [J] . The Leading Edge, 22: 518–525.

Quan Y, Harris J M, 1997. Seismic attenuation tomography using the frequency shift method [J] . Geophysics, 62: 895–905.

Ramm M, Bjørlykke K, 1994. Porosity/depth trends in reservoir sandstones ; assessing the quantitative effects of varying pore-pressure, temperature history and mineralogy, Norwegian shelf data [J] . Clay Minerals, 29: 475–490.

Raymer L L, Hunt E R, Gardner J S, 1980. An improved sonic transit time-to-porosity transform [C] . Transactions of the Society of Professional Well Log Analysts, 21st Annual Logging Symposium.

Ren H, Hilterman F, Zhou Z, et al., 2006. AVO equation without velocity and density [J] . SEG Expanded Abstract : 239–243.

Rider M, 2002. The Geological Interpretation of Well Logs, 2nd [M] . Whittles Publishing.

Rio P, Mukerji T, Mavko G, et al., 1996. Velocity dispersion and upscaling in a laboratory-simulated VSP [J] . Geophysics, 61: 584–593.

Roden R, Forrest M, Holeywell R, 2005. The impact of seismic amplitudes on prospect risk analysis [J] . The Leading Edge, 24: 706–711.

Roden R, Forrest M, Holeywell R, 2012. Relating seismic interpretation to reserve/resource calculations :

Insights from a DHI consortium [J] . The Leading Edge, 31: 1066–1074.

Rose P, 2001. Risk analysis and management of petroleum exploration ventures [J] . AAPG Methods in Exploration : 12.

Ruiz F J, 2009. Porous grain model and equivalent elastic medium approach for predicting effective elastic properties of sedimentary rocks [D] . Stanford University.

Russell B, 1998. Introduction to Seismic Inversion Methods [M] . SEG.

Rutherford S R, Williams R H, 1989. Amplitude versus offset variations in gas sands [J] . Geophysics, 54: 680–688.

Sain R, 2010. Numerical simulation of pore-scale heterogeneity and its effects on elastic, electrical, and transport properties [D] . Stanford University.

Sakai A, 1999. Velocity analysis of vertical seismic profiling (VSP) survey at Japex/JNOC/GSC Mallik 2L-38 gas hydrate research well, and related problems for estimating gas hydrate concentration [J] . GSC Bulletin, 544: 323–340.

Sams M S, Williamson P R, 1993. Backus averaging, scattering and drift [J] . Geophysical Prospecting, 42: 541–564.

Sayers C M, 2002. Stress-dependent elastic anisotropy of sandstones [J] . Geophysical Prospecting, 50: 85–95.

Schon J H, 2004. Physical Properties of Rocks : Fundamentals and Principles of Petrophysics [M] . Elsevier.

Scotellaro C, Vanorio T, Mavko G, 2008. The effect of mineral composition and pressure on carbonate rocks [J] . SEG Expanded Abstract : 1684–1689.

Sen M, Stoffa P L, 2013. Global Optimization Methods in Geophysical Inversion, 2nd [M] . N Y : Elsevier.

Sharp B, DesAutels D, Powers G, et al., 2009. Capturing digital rock properties for reservoir modeling [J] . World Oil, 230 (10): 67–68.

Sheriff R, Geldart L, 1995. Exploration Seismology [M] . Cambridge University Press.

Shuey R T, 1985. A simplification of the Zoeppritz equations [J] . Geophysics, 50: 619–624.

Slotnick M M, 1936. On seismic computations with applications [J] . Geophysics, 1: 9–22.

Spencer J W, Cates M E, Thompson D D, 1994. Frame moduli of unconsolidated sands and sandstones [J] . Geophysics, 59: 1352–1361.

Strandenes S, 1991. Rock physics analysis of the Brent Group Reservoir in the Oseberg Field [J] . Stanford Rock Physics and Borehole Geophysics Project, special volume.

Su Y, Tao Y, Wang T, et al., 2010. AVO attributes interpretation and identification of lithological traps by prestack elastic parameters inversion-A case study in K Block, South Turgay Basin [J] . SEG Expanded Abstract : 439–443.

Taner M T, Koehler F, Sheriff R E, 1979. Complex seismic trace analysis [J] . Geophysics, 44: 1041–1063.

Tarantola A, 2005. Inverse Problem Theory [M] . SIAM.

Timur A, 1968. An investigation of permeability, porosity, and residual water saturation relationships for sandstone reservoirs [J] . The Log Analyst : 9, 4, 8–17.

Tolke J, Baldwin C, Mu Y, et al., 2010. Computer simulations of fluid flow in sediment : From images to permeability [J] . The Leading Edge, 29: 68–74.

Toms J, Muller T M, Cizc R, et al., 2006. Comparative review of theoretical models for elastic wave attenuation and dispersion in partially saturated rocks [J] . Soil Dynamics and Earthquake Engineering, 26: 548–565.

Trani M, Arts R, Leeuwenburgh O, et al., 2011. Estimation of changes in saturation and pressure from 4D seismic AVO and time–shift analysis [J] . Geophysics, 76: 1–17.

Vanorio T, Mavko G, 2011. Laboratory measurements of the acoustic and transport properties of carbonate rocks and their link with the amount of microcrystalline matrix [J] . Geophysics, 76: 105–115.

Vanorio T, Scotellaro C, Mavko G, 2008. The effect of chemical processes and mineral composition on the acoustic properties of carbonate rocks [J] . The Leading Edge, 27: 1040–1048.

Vanorio T, Nur A, Ebert Y, 2011. Rock physics analysis and time–lapse rock imaging of geochemical effects due to the injection of CO_2 into reservoir rocks [J] . Geophysics, 76: 23–33.

Vasquez G F, Dillon L D, Varela C L, et al., 2004. Elastic log editing and alternative invasion correction methods [J] . The Leading Edge, 23: 20–25.

Vernik L, Fisher D, Bahret S, 2002. Estimation of net–to–gross from P and S impedance in deepwater turbidites [J] . The Leading Edge, 21: 380–387.

Walls J, Dvorkin J, Smith B, 1998. Modeling seismic velocity in Ekofisk chalk [J] . SEG Expanded Abstract : 1016–1019.

Wang Z, 1988. Wave velocities in hydrocarbons and hydrocarbon saturated rocks – with application to EOR monitoring [D] . Stanford University.

Wang Z, 1997. Seismic properties of carbonate rocks. In Carbonate Seismology [J] . Geophysical Developments : 29–52.

Wang Z, 2000. Velocity–density relationships in sedimentary rocks [J] . Seismic and Acoustic Velocities in Reservoir Rocks, Geophysics reprint series, 19: 258–268.

Waters K H, 1992. Reflection Seismology : A tool for energy resource exploration, 3rd [M] . Krieger.

White J E, 1983. Underground Sound : Application of seismic waves [M] . Elsevier.

Williams D M, 1990. The acoustic log hydrocarbon indicator [C] . SPWLA 31st Logging Symposium, Paper W.

Winkler K, 1979. The effects of pore fluids and frictional sliding on seismic attenuation [D] . Stanford University.

Wood A W, 1955. A Textbook of Sound [M] . N Y : The MacMillan Co.

Wood W T, Stoffa P L, Shipley T H, 1994. Quantitative detection of methane hydrate through high–resolution seismic velocity analysis [J] . Journal of Geophysical Research, 99: 9681–9695.

Wood W T, Holbrook W S, Hoskins H, 2000. In situ measurements of P–wave attenuation in the methane hydrate–and gas–bearing sediments of the Blake Ridge. In Paull, C. K., Matsumoto, R., Wallace, P. J. and Dillon, W. P. [J] . 21: 41–70.

Yilmaz O, 2001. Seismic data analysis [M]. Tulsa, OK : SEG.

Yin H, 1992. Acoustic velocity and attenuation of rocks : Isotropy, intrinsic anisotropy, and stress-induced anisotropy [D]. Stanford University.

Zhou Z, Hilterman F, Ren H, 2006. Stringent assumptions necessary for pore-fluid estimation. SEG Expanded Abstract : 244-248.

Zhou Z, Hilterman F, 2010. A comparison between methods that discriminate fluid content in unconsolidated sandstone reservoirs [J]. Geophysics, 75: 47-58.

Zimmer M A, 2003. Seismic velocities in unconsolidated sands : measurements of pressure, sorting, and compaction effects, [D]. Stanford University.

Zoeppritz K, 1919. Erdbebenwellen VIIIB, On the reflection and propagation of seismic waves [J]. Gottinger Nachrichten, 1: 66-84.

图　版

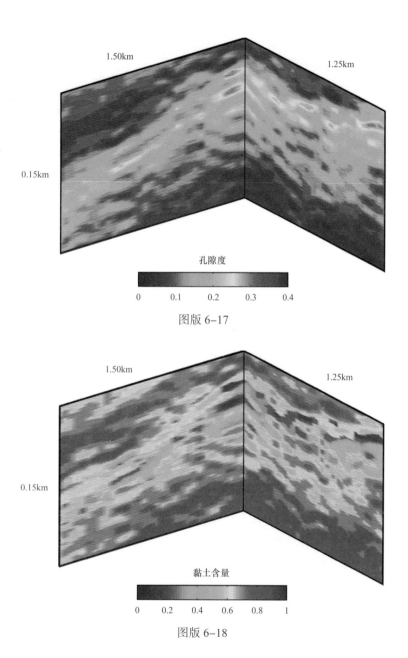

1.50km

1.25km

0.15km

孔隙度

0   0.1   0.2   0.3   0.4

图版 6-17

1.50km

1.25km

0.15km

黏土含量

0   0.2   0.4   0.6   0.8   1

图版 6-18

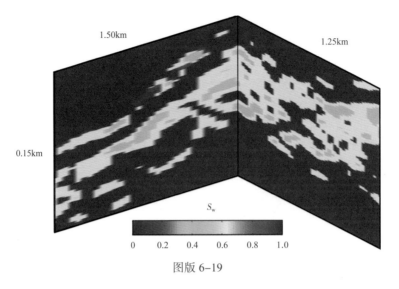

图版 6-19

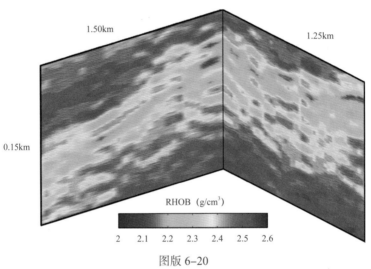

图版 6-20

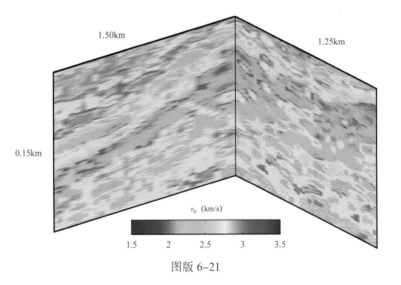

图版 6-21

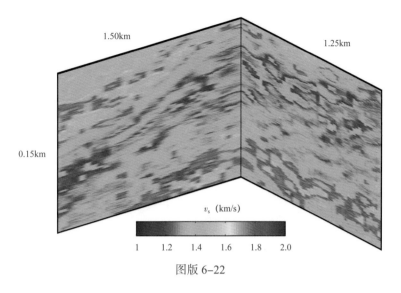

1.50km

1.25km

0.15km

v_s (km/s)

1 1.2 1.4 1.6 1.8 2.0

图版 6-22

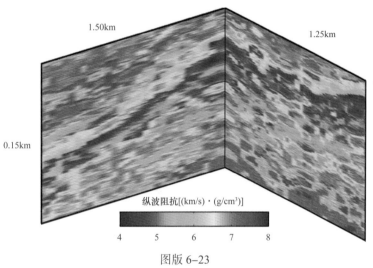

1.50km

1.25km

0.15km

纵波阻抗[(km/s)・(g/cm³)]

4   5   6   7   8

图版 6-23

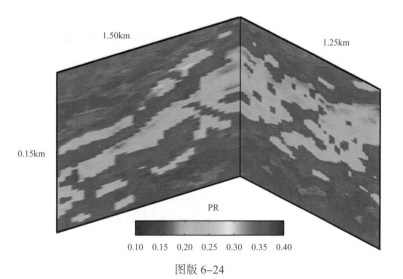

1.50km

1.25km

0.15km

PR

0.10 0.15 0.20 0.25 0.30 0.35 0.40

图版 6-24

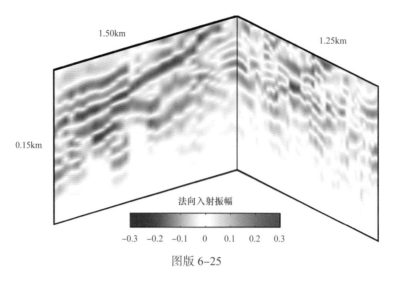

法向入射振幅

-0.3　-0.2　-0.1　0　0.1　0.2　0.3

图版 6-25

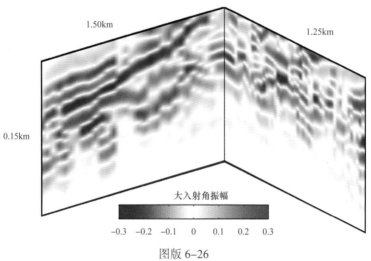

大入射角振幅

-0.3　-0.2　-0.1　0　0.1　0.2　0.3

图版 6-26

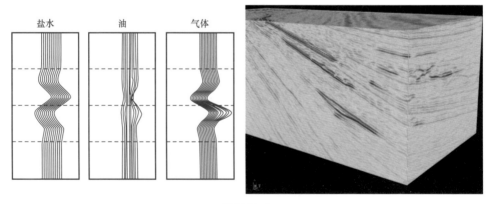

盐水　　　油　　　气体

图版 11-1

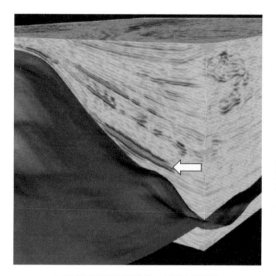

SAIL(地震近似阻抗测井)—近叠加数据体

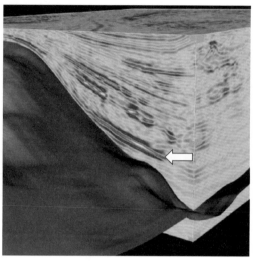

SAIL(地震近似阻抗测井)—远叠加数据体

图版 12-1

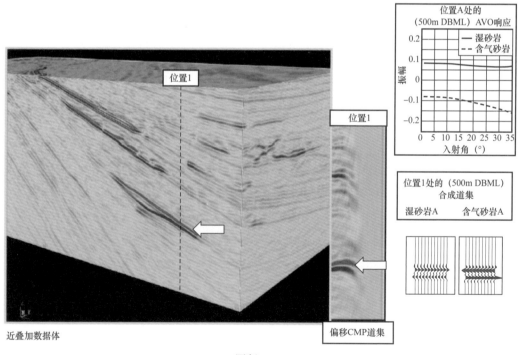

近叠加数据体

偏移CMP道集

位置A处的
(500m DBML）AVO响应

位置1处的 (500m DBML)
合成道集

湿砂岩A　　含气砂岩A

图版 12-2

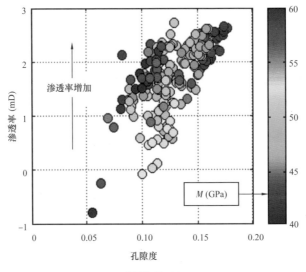

图版 13-19

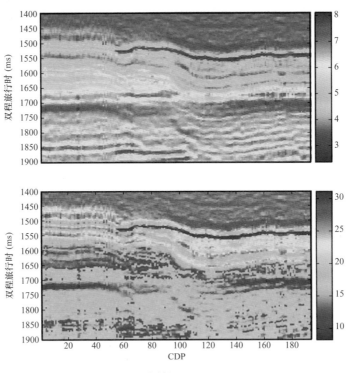

图版 18-1